Überleben mit Physik

Werner Gruber

UNGLAUBLICH EINFACH.
EINFACH UNGLAUBLICH.

Werner Gruber

UNGLAUBLICH EINFACH. EINFACH UNGLAUBLICH.

Überleben mit Physik

ecowin

7. Auflage

Gesetzt aus der Palatino, Brandon Text

Medieninhaber, Verleger und Herausgeber:
Red Bull Media House GmbH
Oberst-Lepperdinger-Straße 11–15
5071 Wals bei Salzburg, Österreich

Satz: Buch.Bücher.Theiss
Gesetzt aus der Sabon

Printed in Austria

ISBN 978-3-7110-0048-4

Für meine beiden Großmütter
Maria Gruber und Karoline Stadler
und
meine Mutter Jutta Gruber

Inhaltsverzeichnis

Überlegung: Wie könnte es warum womit funktionieren?

Anleitung: So klappt es sicher am besten!

Erklärung: So funktioniert es!

Experiment: Probieren Sie es doch selber aus!

Achtung: Das sollte man lieber nicht ausprobieren!

Warnung: Das sollte man ganz sicher nicht, niemals, unter gar keinen Umständen ausprobieren! Lebensgefahr – wirklich!

Vorwort

Sehr geehrte Leserin,
sehr geehrter Leser!

Erlauben Sie mir, mich kurz vorzustellen. Mein Name ist Werner Gruber und ich bin am Institut für Experimentalphysik der Universität Wien als Lehrbeauftragter beschäftigt. Dort halte ich Lehrveranstaltungen auf dem Gebiet der Neurophysik und Physikdidaktik. Zu meinem Forschungsgebiet gehört vor allem das Gehirn. Nun mag man sich fragen, wie kommt man als Physiker zur Gehirnforschung. Das Gehirn ist wohl eines der komplexesten Gebilde, das wir im Universum kennen. So komplexe Gebilde können teilweise recht gut mit der Chaostheorie, die aus der Physik stammt, beschrieben werden. Seit März 2013 bin ich Direktor am Planetarium der Stadt Wien und an der Kuffner- und Urania-Sternwarte.

In meiner Freizeit koche ich gerne. Diese Leidenschaft verdanke ich meinen Großmüttern und meiner Mutter. Leider esse ich das Ganze auch jedes Mal. Als gelernter Experimentalphysiker gilt hier das Motto: „Jedes Mal kochen – ein Experiment, jedes Mal essen – eine Messung". Genau so schaut es in meiner Küche aus.

Wenn ich einmal keine Ideen habe oder unkonzentriert bin, dann fröne ich einer anderen Leidenschaft: ich baue Papierflieger. Der erste wird nicht besonders schön, der zweite meist schon besser und meist ist der dritte dann perfekt. Das führt zu einer wunderbaren Konzentration und als Belohnung gibt es einen Flug, bei dem der Flieger ästhetisch durch die Wohnung gleitet.

Wenn Sie dieses Buch durchlesen, so erfahren Sie diese oder jene persönliche Anekdote aus meinem Leben. Sie erleben eine Zugfahrt nach Söchau, eine Diskussion über das perfekte Vanillekipferl in meiner Familie und vieles mehr. Physiker ist man eben nicht von neun Uhr in der Früh bis siebzehn Uhr am Abend.

Sie werden in diesem Buch sicherlich Unterhaltsames, Spannendes und Neues erfahren – oder wissen Sie schon, wie man sich bei der Kontaktaufnahme mit Außerirdischen verhält?

Überall treffen wir auf die Physik, ohne es zu ahnen – oder wissen Sie, warum man Socken trägt? Man findet die Physik genauso im Kaffeehaus wie am Mount Everest. Sie kann uns nützen, um unsere Gewinnchancen im Casino zu erhöhen oder uns helfen, in der Wüste zu überleben. Aber bevor ich Ihnen das Inhaltsverzeichnis aufliste, lesen Sie doch bitte selber weiter. Mit einer „Opferwurst" schmecken Frankfurter besser und mit einer speziellen Formel gelingt auch das 3-Minuten-Frühstücksei perfekt. Aber vielleicht möchten Sie etwas über den Ursprung des Universums wissen? Auch darüber erfahren Sie in diesem Buch, genauso wie über Phänomene der Alltagsphysik. Sie finden hier viele Experimente, die Sie problemlos zu Hause durchführen können.

Manche Kapitel sind mit einem Augenzwinkern geschrieben, während andere das Hauptaugenmerk auf die Information legen. Trotz vieler Vereinfachungen und Modelle aus der Natur hoffe ich, dass es dadurch nicht zu Missverständnissen kommt. So unglaublich Ihnen auch manches erscheinen mag, so einfach ist es, und manchmal ist es das Schwierigste, das Einfache so zu akzeptieren, wie es ist. Das Universum funktioniert tatsächlich wie beschrieben, und das schon seit rund 13.7 Milliarden Jahren.

Ich möchte mich herzlich bei meinem Verleger Hannes Steiner bedanken. Christian Rupp und Natascha Riahi sei für die persönlichen, physikalischen, wichtigen und netten Anmerkungen, Anregungen und Ideen von Herzen gedankt – ohne euch wäre das Buch ziemlich fad geworden und einiges wäre falsch „rübergekommen". Genauso sei den Kollegen am physikalischen Institut der Universität Wien für interessante Detailinformationen und wohlmeinende Ratschläge gedankt. Bei meinem Lektor Arnold Klaffenböck bedanke ich mich für die gewissenhafte Korrektur dieses Buches, dadurch wurde vieles leichter.

Auch meine Eltern leisteten ihren Beitrag zu diesem Buch. So sei meinem Vater als unbezahltem Chauffeur sowie für einige Anregungen und meiner Mutter (nicht nur) für die Versorgung mit

Gulasch und Semmelknödeln in der Zeit, während dieses Buch entstand, gedankt.

Sollten Sie Anregungen, Wünsche oder auch Beschwerden haben, so schicken Sie mir doch einfach eine E-Mail: *www.unglaublicheinfach.at*

Danke für die bisherigen E-Mails, und ich bedaure, dass ich leider nicht immer sofort antworten kann. Im Moment bekomme ich pro Tag ungefähr 200 E-Mails. Würde ich pro E-Mail rund zwei Minuten zum Antworten benötigen, dann wären das 400 Minuten, also über sechs Stunden. Ich käme dann nicht mehr zum Arbeiten ...

Auf dieser Webpage finden Sie auch noch zusätzliche Informationen – zum Beispiel wie man über glühende Kohlen gehen kann, ohne Schmerzen zu verspüren oder was das Liebesleben der Glühwürmchen mit der Entstehung eines Gedankens gemein hat – und alle Darstellungen in Farbe!

Ich hoffe aufrichtig, werte Leserinnen und Leser, dass ich mit diesem Buch Ihre Neugier und die Freude an der Physik sowie der Naturwissenschaft geweckt habe.

Wien, 26. Juli 2006

Vorwort zur Neuauflage

Geschätzte Leserin, werter Leser,

einige kleine Fehler wurden ausgemerzt, danke für die E-Mails, einige nette Dinge sind hinzugekommen, etwa eine kurze Erklärung der Funktionsweise des Gehirns oder was das Higgs-Teilchen wirklich ist, und der Rest wurde gleich gelassen – weil er mir gefällt – hoffentlich Ihnen auch!

Herzlichst Ihr

Wien, 31. Juli 2013

Physik in Extremsituationen

Zum Glück führen wir großteils ein eher ruhiges Leben. Wir sind in Europa nicht von Krieg bedroht und es belasten uns mehr die Alltagssorgen, die uns schlaflose Nächte bereiten. Trotz Befürchtungen fahren wir auf Urlaub und begeben uns auf unbekanntes Territorium. Normalerweise sollte der Urlaub erholsam sein, doch leider ist das nicht immer gegeben. Sicherlich, was kann jemandem schon großartig in einem der immer beliebter werdenden Clubs entlang der Mittelmeerküste passieren? Einiges, wie wir noch sehen werden. Ich möchte in diesem Buch keine Panik verbreiten oder in einer Weltuntergangsstimmung schwelgen, obwohl ich das sehr gut könnte. Die folgenden „Überlebenstipps" dienen mehr als Anregung, um in einer brenzligen Situation etwas geschickter – aus physikalischer Sicht – zu reagieren als sonst üblich.

Ein guter Freund und ich flogen vor ein paar Jahren, als die USA noch leichter per Flugzeug erreichbar waren, nach Kalifornien und die benachbarten Staaten. Es erwartete uns ein wunderbarer Urlaub: der Atem beraubende Ausblick über den Grand Canyon, das glitzernde und pulsierende Las Vegas, das laute und geheimnisvolle China Town in San Francisco, die nebeligen Strände in Venice Beach und das mörderisch heiße Death Valley. Letzteres ist eine Talwüste, in der es eigentlich nie wirklich kalt wird. Natürlich wollten wir auch dieses Tal mit seiner bizarren Schönheit erleben. Für uns als Österreicher war eine solche Einöde faszinierend. Große Tafeln mit einem Totenkopf am Rand der Straße ins Death Valley wiesen darauf hin, doch ausreichend Trinkwasser mitzuführen. Zusätzlich wurde man ersucht, die Klimaanlage auszuschalten, da sonst der Motor überlastet wird und der Wagen dann möglicherweise liegen bleibt. Natürlich hielten wir uns daran und kauften ein paar Gallonen Wasser, ein paar extra Bier und schalteten die Klimaanlage aus. Wir schwitzten zwar umso mehr, aber man konnte ja nie wissen. An der Grenze zum National Park „Death Valley“ meldeten wir uns bei der Ranger-Station, um den Eintritt zu bezahlen und um uns zu erkundigen, ob es noch freie Plätze auf dem Campingplatz gibt. Der Ranger schaute verblüfft aus dem Fenster und fragte, ob wir wirklich mit einem Zelt im Death Valley nächtigen wollen. Er wies uns auf die Temperaturen von über 50°C hin und wollte wissen, aus welchem Land wir denn kommen. Mit einem verschmitzten Lächeln antworteten wir: „Aus Österreich“, worauf der Park Ranger nur mürrisch in seinen imaginären Bart murmelte: „Muss wohl ein verdammt heißes Land sein.“ Nachdem wir uns als außerordentlich zähe Naturburschen, denen über 50°C im Schatten wohl nichts ausmachten, vorgestellt hatten, war der Ranger sehr freundlich. Er meinte, wir könnten überall im Death Valley, nicht nur am Campingplatz, zelten, aber wir müssten einen Park-Sheriff informieren, wann und wo wir nächtigten. Hin und wieder würde ein Sheriff vorbeischauen, ob es uns denn noch gäbe. Wir nahmen den Campingplatz, einfach weil es dort zumindest primitive Sanitäranlagen gab und wir sowieso fast die einzigen Gäste waren. Trotzdem wunderten wir uns darüber, dass man sich an- beziehungsweise abmelden sollte. Durch das Death Valley reisen jedes Jahr abertausende Touristen, da sollte es doch keine Probleme geben, sollte man meinen. Was wir in der Nacht auf dem Campingplatz erlebt hatten, wäre ein eigenes Buch wert, aber es ging nicht um Physik und wird deswegen hier nicht näher erwähnt. Nur so viel sei gesagt, es war einer der spannendsten Abende meines Lebens.

Nachdem wir wieder zu Hause in Österreich waren, lasen wir die Zeitungen, die unsere Eltern aufgehoben hatten. Eine kleine Notiz machte uns nervös. Ziemlich genau zu dem Zeitpunkt, als wir das Tal des Todes besucht hatten, war ein deutsches Ehepaar ebenfalls ins Death Valley gefahren. Allerdings hatten sie nicht den Park-Sheriff verständigt und eine kaum befahrene Straße benutzt. Mit ausreichend Wasser hatten sie sich auch nicht versorgt gehabt. Nach ein paar Kilometer war das Auto stecken geblieben, das Ehepaar hatte offenbar beschlossen, zu Fuß nach Hilfe zu suchen. Rund eine Woche später fand man ihre Leichen. Sie waren verdurstet.

Es hätte jedem von uns passieren können und wir hatten nicht nur Glück, sondern wir wären auf eine solche Situation alleine durch ausreichend Wasser vorbereitet gewesen. Es kann immer noch genügend Unvorhergesehenes passieren, überfordern wir also nicht unser Glück.

Die Eskimoregel

In einer Krisensituation sollte man am besten im ersten Moment nichts tun. Dies klingt ziemlich kontraproduktiv, ist aber in den meisten Situationen durchaus sinnvoll. Ein Fehler oder besser gesagt ein Problem kann durch fremdes oder eigenes Verschulden auftreten. Die Schuldfrage ist in der kritischen Situation von sekundärer Bedeutung – sie kann später geklärt werden. Viel wichtiger – womöglich überlebenswichtig – ist vielmehr: Wie reagiert man angemessen auf das Problem? Am besten gar nicht. Die Regel stammt von den Inuit. Diese meinen, wenn ein Unglück (oder wenigstens beinahe) passiert, sollte man sofort einen Iglu bauen, etwas schlafen und erst dann weiterreisen. Sicherlich kann man in der Wüste nicht einen Iglu bauen, trotzdem sollte man versuchen, auch hier dem Ratschlag der Inuit zu folgen. Jeder Mensch ist in einer Krisensituation aufgeputscht. Das Adrenalin jagt durch die Adern – der Körper wird in Alarmbereitschaft versetzt. Wir entwickeln extreme Kräfte, diese werden uns aber in den meisten Fällen sehr wenig nützen. Meist ist nämlich Köpfchen angesagt. Nach ein paar Stunden hat man die brauchbaren Möglichkeiten im Geiste durchgespielt. Erst dann sollte man einen Plan für das weitere Vorgehen schmieden.

Betrachten wir die brennende Bratpfanne, sie ist ein typisches Beispiel für das Fehlverhalten in Krisensituationen.

Die Bratpfanne brennt – na und!

Fleisch sollte mit einer möglichst hohen Temperatur gebraten werden. Es kann vorkommen, dass die Temperatur zu hoch wird und sich das Fett entzündet. Wie reagieren viele Menschen? Im ersten Moment reißen sie die Bratpfanne vom Herd. Dabei kommt es zu zwei interessanten Effekten. Das Fett will an seiner Position bleiben. Es besitzt eine Trägheit, was bedeutet, dass es in seinem Ruhezustand verharrt. Durch die Bewegung der Pfanne verschüttet man leicht etwas brennendes Fett auf den neuen Teppichboden, der sogleich Feuer fängt. Das zweite Problem bemerken wir erst nach ein paar Sekunden: Die Flammen in der Pfanne produzieren Wärmestrahlung, die man schmerzhaft auf der Hand spürt. Also ab mit der Pfanne in die Spüle – doch leider steht dort so viel Geschirr, dass man dort die Pfanne nicht abstellen kann. Wo ist noch ein freier Platz? Die Hand tut schon weh, der Teppichboden brennt fröhlich vor sich hin und so schüttet man die Pfanne mit dem brennenden Fett doch in die Abwasch. Aber da war doch etwas, was man vergessen hatte? Oftmals wurde man davor gewarnt, was war das bloß? Buuum!!! Ach ja, brennendes Fett und Wasser. Das brennende Fett ist über die schräg in die Spüle gestellte Pfanne zum Wasser geronnen. Das Wasser verdampft schlagartig und das brennende Fett wird mit nach oben gerissen. Aus der brennenden Fettschicht entstehen nun abertausende feinste Öltröpfchen, die sich in der Küche ausbreiten und aufgrund der großen Oberfläche explosionsartig verbrennen. Das hat den Vorteil, dass durch die Druckwelle der Teppich aufhört zu brennen, dafür sind die Fenster zerstört und Sie tragen Verbrennungen dritten Grades an den Händen und im Gesicht davon.

Also, was ist zu tun? Am besten bewahren Sie ruhig Blut, lehnen sich zurück und überlegen, ob Sie einen passenden Deckel für die Pfanne griffbereit haben. Wenn ja, einfach auf die Pfanne geben und die Herdplatte abschalten, fertig.

Sollten Sie keinen Deckel finden, so nehmen Sie ein feuchtes –

kein nasses! – Tuch und geben es vorsichtig über die Pfanne. Dadurch gelangt kein Sauerstoff mehr zum brennenden Fett und der Brand wird sofort erstickt. Sollten Sie sich das nicht trauen, so öffnen Sie das Fenster, damit der Ruß entweichen kann und lassen das Fett abbrennen. Meist befindet sich nicht so viel Fett in der Pfanne, sodass der Brand schon nach einer halben Minute von selbst erlischt.

Weil wir schon in der Küche sind. Ein Bekannter beging einen folgenschweren Fehler. Er hatte einen Schweinsbraten im Backrohr. Leider schlief er ein und nach drei Stunden wurde er durch einen beißenden Geruch geweckt. Er bemerkte sofort, dass es aus dem Backrohr qualmte. Er holte sich einen großen Pulverfeuerlöscher aus der Werkstatt und öffnete das Backrohr. Durch die Sauerstoffzufuhr begann der Braten jedoch erst so richtig zu brennen. Kein Problem, denn mit dem Pulverfeuerlöscher kann man diese kleinen Flammen schön rasch ersticken … und dabei die eigene Wohnung zerstören. Mein Bekannter benötigte nachher nicht nur einen neuen Herd, sondern auch eine komplette Einrichtung. Das Pulver des Feuerlöschers konnte man noch nach Monaten in manchen Ritzen finden.

Die Lehre daraus: Nicht in Panik geraten, sondern über die Chemie der Verbrennung nachdenken: Ohne Sauerstoff kein Feuer – also Bratrohr zulassen und abstellen. Fenster öffnen, damit der wenige Rauch abziehen kann und Feuerwache neben dem Bratrohr halten. Man weiß ja nie. So einfach könnte es funktionieren, mit wenigen Handgriffen und ein bisschen Köpfchen kann man meist mehr erreichen als mit Panik oder Gedankenlosigkeit.

Stromunfälle – Verhalten bei Gewitter

Prinzipiell sollte man nicht in Steckdosen herumfingern. Muss man es aber trotzdem, so hat man sich sicherlich persönlich mit einem Spannungsprüfer davon überzeugt, dass kein Strom in der Leitung fließt. Zur Sicherheit prüfen Sie auch den Spannungsprüfer auf die volle Funktionstüchtigkeit. Natürlich hat man zuvor auch die Sicherung herausgedreht beziehungsweise heruntergedrückt. Zusätzlich weist ein kleines Schild beim Sicherungskasten auf Wartungsarbeiten hin, sodass niemand die Sicherung wieder hineindreht. Also können Stromunfälle in Wohnungen gar nicht passieren.

Im Freien schaut die Welt freilich ganz anders aus. Ein Gewitter zieht auf, man achtet nicht auf das Wetterleuchten und selbst die Donnergeräusche bringen einen nicht aus der Ruhe. Doch dann wird es schnell gefährlich und Sie wollen sich in Sicherheit bringen. Aber wo? Zuerst sollte man einen geschützten Raum, womöglich mit einem Blitzableiter, aufsuchen. Ein Auto bietet sogar einen besseren Schutz als eine Holzhütte ohne Blitzableiter. Schlägt der Blitz ein, so wollen sich die Ladungsträger entlang des geringsten elektrischen Widerstandes bewegen. Der Blitz wird über das elektrisch leitende Metall des Autos direkt zum Boden geleitet. In einem Auto sind wir sicher. Berghütten ohne Blitzableiter bieten nur einen scheinbaren Schutz. In einem Gewitter sind diese Hütten lebensgefährlich. Meist stehen sie an erhöhten Stellen und sind damit ein lohnendes Ziel für einen Blitz. Solche Hütten sollte man meiden oder noch besser einen Blitzableiter montieren. Aber Vorsicht, es genügt nicht, ein Stück Metall auf die Hütte zu stecken! Das Metall des Blitzableiters muss bis tief in den Boden reichen und dort mit einem vorher eingegrabenen Bandeisen oder einem anderen schweren großen Metallteil verbunden sein. Früher wurden diese Blitzableiter auch „Furchtableiter" genannt. Wie es zu diesem Namen kam, können Sie in dem interessanten Buch „Dr. Bodingbauers Sammelsurium physikalischer Besonderheiten" nachlesen.

Aber was tun auf freiem Feld, mit ein paar Bäumen im Hintergrund? Auf jeden Fall sollte man einzelne Bäume meiden.

Der Spruch

„Vor den Eichen sollst du weichen,
und die Weiden sollst du meiden,
zu den Fichten flieh mitnichten,
doch die Buchen sollst du suchen!"

ist lebensgefährlicher Unsinn!

Vermutlich handelt es sich um einen Übertragungsfehler. Früher wurden Sträucher als „Bucken" bezeichnet. Irgendwann wurden dann aus den „Bucken" die lebensgefährlichen Buchen. Den Spruch könnte man eher so interpretieren, dass man sich ins Gebüsch schlagen und nicht hohe Bäume aufsuchen sollte.

Der Grund ist ganz einfach. An spitzen und hohen Gegenständen kann das elektrische Feld besonders groß werden. Für die Elektronen, die von der Wolkenunterseite kommen, ein gefundenes Fressen. Deshalb sollte man auch allgemein Erhöhungen meiden. Am besten ist es, sich hinzuhocken, den Kopf einzuziehen und die Füße, so nahe es geht, zusammenzubringen. Unter gar keinen Umständen sollte man sich hinlegen! Ist man in einer Gruppe unterwegs, so sollte man sich über einen größeren Bereich verteilen. Der Abstand der einzelnen Gruppenmitglieder sollte mindestens zehn Meter betragen. Wird einer in der Gruppe getroffen, so sind die anderen in ziemlich sicherer Entfernung und können rasch Erste Hilfe leisten.

Warum aber sollte man sich nicht hinlegen und die Füße zusammenstellen? Stellen wir uns vor, wir stehen mit einer Grätsche im Gelände. In zehn Meter Entfernung schlägt der Blitz ein. Das bedeutet, dass aus einem größeren Bereich der Erdoberfläche Ladungsträger zur Wolke wandern. Steht man in diesem Bereich, so ist ein Fuß wahrscheinlich näher an der Einschlagstelle als der andere Fuß. Die Ladungsträger nehmen den Weg des geringsten elektrischen Widerstandes. Auch die von der Einschlagstelle entfernten Ladungsträger wollen zur Einschlagstelle. Folglich benützen sie die Abkürzung durch Ihren Körper. Dadurch können sie rund einen Meter Distanz mit einem geringen elektrischen Widerstand einfacher zurücklegen, als wenn sie durch das Erdreich müssten. Stehen die Füße aber beieinander, so gibt es keine Ersparnis, der Blitz wird auf der Erdoberfläche bleiben. Zusätzlich kann man sich noch, sofern vorhanden, auf eine dicke Scheibe Styropor hinhocken, denn dieses Material können die Ladungsträger nicht durchdringen.

Wie überlebe ich mit Hilfe der Physik einen Flugzeugabsturz?

Am besten reisen Sie mit einem Schiff. Also im Ernst, die Chancen für einen Flugzeugabsturz sind sehr gering. Was kann alles passieren?

Sie haben Angst vor einer Bombe? Dann nehmen Sie sicherheitshalber selber eine Bombe mit. Die Wahrscheinlichkeit, dass sich zwei Bomben an Bord eines Flugzeuges befinden, ist astronomisch gering.

Trotzdem, eine Bombe kann das Flugzeug sprengen. Dann lesen Sie bitte im nächsten Unterkapitel weiter, wie man einen Flug aus 6 000 Meter Höhe ohne Fallschirm überlebt.

Es gibt Probleme beim Start oder bei der Landung. Das sind auch die typischen Unfälle. Womit müssen wir rechnen? Zunächst mit dem Aufschlag und später mit Feuer beziehungsweise mit dem dadurch entstehenden Rauch.

Betrachten wir den Aufschlag. Unser Körper bewegt sich gemeinsam mit dem Flieger. Wird der Flieger schneller, so wird unser Körper zunächst in den Sitz gepresst und dadurch schneller. Verlangsamt sich das Flugzeug, will sich unser Körper noch weiter bewegen. Wir werden nach vorne gedrückt und der Sicherheitsgurt hält uns im Sessel. Bei einer Vollbremsung im Auto bewegt sich Ihr Körper ebenfalls weiter. Würden Sie keinen Sicherheitsgurt angelegt haben, so bewegten Sie sich weiter, selbst wenn das Auto bereits steht! Meist fliegt man dann durch die Windschutzscheibe. Normalerweise beschleunigt oder verlangsamt sich ein Flugzeug so behutsam, dass wir das gar nicht bemerken. Nicht so bei einem Absturz auf die Piste oder wo auch immer hin. Deshalb ist es wichtig, einen extrem starken Kontakt mit dem Flugzeug zu haben und gleichzeitig sollte der Körper möglichst langsam abgebremst werden.

Unser Körper ist mit dem Sitz durch den Gurt verbunden. Somit wird unser Körper gemeinsam mit dem Flugzeug langsamer. Aber leider nicht der ganze Körper. Unser Kopf und die Arme können sich fast unabhängig vom Körper bewegen. Sie werden beim Absturz wild umhergebeutelt. Deshalb sollte man den Kopf auf die Beine und die Arme darüber legen. Damit baumeln der Kopf und die Arme nicht unkontrolliert durch den Raum und gleichzeitig ist der Kopf vor umherfliegenden Teilen geschützt. Wenn genügend Platz zwischen dem Gurt und Ihren Hüften ist, können Sie dazwischen ein kleines Polster einklemmen. Werden Sie abgebremst, so haben Sie mit dem Polster noch einen zusätzlichen Bremsweg: Das Abbremsen erfolgt langsamer und Ihre Überlebenschancen steigen. Ein Teil der Bewegungsenergie Ihres Körpers wird in die Verformungsenergie des Gurtes und des Polsters umgewandelt.

Sobald das Flugzeug auf der Piste oder woanders liegt, sollte man es relativ rasch verlassen. Sitzen Sie am Gang in der Nähe des Notausstieges, so sind Sie bevorzugt. Hoffentlich tragen Sie bequeme Kleidung, denn nun zählt jede Sekunde. Trotzdem sollte man nichts überhasten. Der Pilot hat den Tower über allfällige Probleme verständigt und das Flugzeug wird sofort mit Schaum besprüht. Am Flughafengelände ist die Gefahr eines Brandes relativ gering, zumal die Piloten bei kritischen Landungen zuvor Treibstoff ablassen. Trotzdem kann sich Rauch durch verbrannte Elektronik bilden. Daher den Kopf unten halten, ein feuchtes Tuch, sofern vorhanden, auf den Mund pressen und ab zum Notausgang. Dort sollten Sie einfach die Arme über den Brustkorb legen und, mit den Beinen voraus, nach unten springen. Direkt unter dem Notausgang entrollt sich eine Kunststoffbahn. Damit diese nicht aufreißt und unbrauchbar wird, sollten Damen mit Stöckelschuhen diese ausziehen. Sie gleiten langsam nach unten, bis Sie den Boden erreichen. Blicken Sie nicht nach unten, der Abstand zwischen dem Notausgang und dem Boden kann ein paar Meter betragen. Dann verlassen Sie bitte möglichst rasch die Gefahrenzone. Begeben Sie sich zu einem der Einsatzfahrzeuge, behindern Sie aber bitte nicht die Einsatzkräfte mit lästigen Fragen. Damit wären Sie gerettet – hoffentlich.

Wie überlebe ich mit Hilfe der Physik einen Fall aus 6 000 Meter Höhe ohne Fallschirm?

Die Frage „Wo haben Sie eine höhere Überlebenswahrscheinlichkeit, beim freien Fall aus 600 oder aus 6 000 Meter Höhe?“ kann man mit Hilfe der Physik leicht beantworten. Der Fall aus 6 000 Meter Höhe bietet geringe, aber dennoch realistische Überlebenswahrscheinlichkeiten. Betrachten wir die einzelnen Parameter des Überlebens näher. Wir wissen seit Galileo Galilei (1564–1642), dass alle Körper, egal wie schwer sie sind, gleich schnell zur Erdoberfläche fallen, wenn man den Luftwiderstand vernachlässigt. Der Körper wird immer schneller, bis er auf dem Boden aufprallt. Aber in diesem Fall spielt der Luftwiderstand eine wesentliche Rolle. Der Luftwiderstand wirkt dem Fallen entgegen. Nach rund 20 Sekunden ergibt sich für einen menschlichen Körper eine Fallgeschwindigkeit von ungefähr 45 m/s, die nicht mehr größer wird. Das entspricht 162 km/h. Dieser Wert hängt aber von ein paar weiteren Parametern ab. Wiegt man mehr, so erreicht man eine höhere Höchstgeschwindigkeit; macht man sich größer, durch Spreizen der Beine und Arme, und legt sich mit dem ganzen Körper gegen den Luftstrom, so fällt die Höchstgeschwindigkeit geringer aus. Nur während der ersten 20 Sekunden wird man schneller, dann fällt man mit gleich bleibender Geschwindigkeit. Fällt man aus einer Höhe von 6 000 Meter, so braucht es etwas über 2 Minuten, bis man den Boden erreicht.

Worin liegt nun der Vorteil, aus 6 000 Meter Höhe zu fallen? Fällt man aus 600 Meter Höhe, so benötigt man ein paar Sekunden, bis man sich orientiert hat. Meist ist es dann schon zu spät. Fällt man aber aus 6 000 Meter, so hat man Zeit, etwas über zwei Minuten, sich etwas zu überlegen. Würde man langsam genug abgebremst, so könnte man den Aufprall überleben. Wie werden wir langsam genug abgebremst? Durch einen steilen Abhang oder durch Bäume. Betrachten wir die erste Möglichkeit. Fallen wir auf einen wirklich steilen Abhang, so werden wir kurzfristig aufprallen und ein Teil der Bewegungsenergie wird in Reibungsenergie umgewandelt. Gleichzeitig werden wir vom Abhang wieder abgeworfen, um ein paar Sekunden später wieder auf dem Abhang aufzuprallen. Auch bei diesem Aufprall wird wieder ein Teil der Bewegungsenergie in Reibungsenergie umgewandelt. Mit jedem Aufprall werden wir ein wenig langsamer. Nach dem fünften oder sechsten Aufprall sollte die Bewegungsenergie vom Fall vollständig in Reibungsenergie umgewandelt worden sein. Wir bleiben liegen und können nun aufstehen – im Idealfall. Wahrscheinlich haben wir ein paar Prellungen und Abschürfungen davongetragen. Der Abhang sollte möglichst glatt sein – optimal wäre ein wirklich steiler Hang aus Schnee. Befinden sich Äste oder Unebenheiten wie Felsbrocken auf dem Abhang, so können diese unseren Körper zu rasch abbremsen und wir überleben möglicherweise nicht. Sollte man sich für einen Abhang entscheiden, so sollten sich bei der Landung die Füße voraus befinden. Die Arme über den Kopf halten und die Beine anspannen. Die Muskeln des Körpers anspannen, dadurch wird die Bewegungsenergie des gesamten Körpers – und nicht nur einzelner Gliedmaßen – in Reibungsenergie übertragen. Beim ersten Aufprall sollte man möglichst mit dem ganzen Körper aufkommen. Berührt man zuerst mit den Füßen oder anderen Körperteilen den Boden, so kann es passieren, dass sich der Körper unkontrolliert zu drehen beginnt. Man würde dann sehr viele Purzelbäume schlagen und sich möglicherweise noch weitere Verletzungen zuziehen.

Aber nicht immer stürzt man über den Alpen oder dem Himalaja vom Himmel. Was tut man, wenn sich unter einem eine flache oder hügelige Landschaft mit kleinen Wäldern offenbart? Wunderbar, nützen wir die Bäume. Die Chancen stehen nicht schlecht. Lassen Sie sich in die Baumkrone fallen. Denken Sie daran, Sie haben nicht mehr als 200 km/h drauf – das kann man überleben. Die einzelnen Zweige können Sie Ast für Ast abbremsen. Suchen Sie sich den dichtesten Baum aus und ab in die Blätter oder Nadeln – je nachdem. Hier sollte man aber anders fallen als bei einem Abhang: der Rücken zuerst und die Hände und Fußspitzen vom Körper möglichst weit abspreizen. Je größer die Kontaktfläche ist, umso mehr Äste „berühren" Sie und desto langsamer werden Sie. Wenn bei dieser Aufprallart die Bewegungsenergie in Reibungsenergie umgewandelt wird, so klappt Ihr Körper zusammen. Sollten Sie mit dem Bauch zuerst aufkommen, so würden Sie sich ziemlich sicher das Kreuz brechen.

Das war nun die Theorie. Wie sieht die Praxis aus? Es haben tatsächlich schon mehrere Menschen nachweislich einen Fall aus 6 000 Meter Höhe überlebt. Die Stewardess Vesna Vulovic überlebte sogar einen Sturz aus zehn Kilometer Höhe – das Flugzeug brach bei einer Explosion auseinander.

Der Brite Nicholas Alkemade wurde im Zweiten Weltkrieg über Deutschland abgeschossen. Sein Fallschirm brannte, daher stieg er einfach ohne ihn aus. Er erlitt nur Schürfwunden. Auch der US-Bomber-Schütze Alan Magee und der russische Pilot Ivan Chisov überlebten einen Sturz aus über 6 000 Meter Höhe. Man sollte aber erwähnen, dass es einen Unterschied zwischen Überleben und schwer verletzt Überleben gibt. Die Stewardess Vulovic verbrachte über 16 Monate im Spital. Aber alle nutzten steile Abhänge oder Baumkronen. Natürlich muss man sich im Klaren sein, dass diese Anleitungen keine Garantie darstellen, einen Fall aus dieser Höhe zu überleben. Wichtig ist jedoch, dass die Überlebenswahrscheinlichkeit nicht null ist. Man kann so einen Fall überleben, sicher auch mit etwas Glück, vor allem aber mit Physik. Das könnte dann der Moment sein, wo sich der Spruch „Nicht für die Schule, sondern für das Leben lernen wir" bestätigt.

Wie überlebe ich mit Hilfe der Physik in der Wüste?

Ich habe schon zu Beginn dieses Kapitels beschrieben, welche Probleme bei einem Ausflug in die Wüste auftreten können. Es ist heiß, meist zu wenig Wasser vorhanden und man weiß nicht, wohin man gehen sollte. Es stellen sich gleich mehrere Probleme. Wie schützt man sich vor der Hitze, wie kommt man zu Wasser und wie wird man gefunden? Mit Physik ist alles kein so großes Problem.

Die Hitze wird durch die Sonne und den Boden verursacht. Man sollte untertags der Sonne aus dem Weg gehen, sprich ein schattiges Plätzchen aufsuchen. Das kann der Schatten eines Autos sein oder der Schatten eines hohen Berges. Man vermeidet damit, dass man noch mehr schwitzt. Auch sollte man sich nicht allzu viel in der Hitze bewegen. Am besten setzt oder legt man sich nieder – aber bitte nicht direkt auf den Boden. Dort könnten sich Skorpione direkt unter dem Sand befinden und außerdem ist der Boden sehr heiß. Der Körper würde zusätzlich der Hitze ausgesetzt sein. Besser ist es, sich auf einer Liege auszustrecken oder auf einen Stuhl zu setzen. Diese wertvollen 30 Zentimeter bedeuten meist 20°C Temperaturunterschied! Bleiben Sie möglichst angezogen. Das ist zwar nicht so angenehm, aber für Ihren Wasserhaushalt wichtig. Die Kleidung verhindert das rasche Verdunsten des Schweißes. So bleibt das Wasser etwas länger in Ihrem Körper.

Das zweite Problem besteht im Wasser. Am besten hat man einige Liter Wasser dabei. Dann sollte das Überleben kein Problem sein. Aber was ist, wenn man aus ein paar tausend Meter Höhe in die Wüste stürzt, unverletzt überlebt und leider vergessen hat, im Flieger noch ein paar Kanister Wasser mitzunehmen? Diese Möglichkeit ist zwar sehr unwahrscheinlich, aber dennoch denkbar. Doch auch hier können Sie sich relativ simpel behelfen. Man gräbt im Laufe des frühen Morgens ein rund ein Meter tiefes Loch, das einen Durchmesser von rund einem Meter aufweist. In die Mitte der Grube stellt man einen Behälter und legt eine Kunststofffolie, zum Beispiel einen Regenschutz, über das Loch und beschwert die Folie am Rand mit Steinen. In die Mitte der Folie legt man einen leichten Stein, sodass sich die Folie nach unten wölbt – sie bildet einen Trichter. In der Hitze des Tages dringt Wärmestrahlung der Sonne in das Loch ein. Es wird dort enorm heiß und das Wasser aus dem Sand verdunsten. In der Kühle der Nacht kondensiert das Wasser an der Folie und rinnt zur tiefsten Stelle ab. Es tropft in den Behälter. Auf diese Weise lassen sich pro Loch rund ein bis zwei

Liter Wasser pro Tag gewinnen. Man kann auch einen Ast mit einer durchsichtigen Folie, einem Müllbeutel oder einem Kunststoffsack umwickeln. Die Flüssigkeit aus dem Ast wird durch die Hitze verdunsten und an der Folie kondensieren. Auch damit kann man etwas Wasser gewinnen.

Sollte man mit einem Fahrzeug in der Wüste stecken bleiben, so kann man auch das Wasser, das zur Kühlung des Motors dient, nützen. Hoffentlich hat man aber kein europäisches oder nordamerikanisches Fahrzeug. In diesen Fahrzeugen wird dem Kühlwasser nämlich ein Antikorrosionsmittel oder auch Frostschutzmittel beigefügt. Dadurch rosten die Rohre des Wassersystems weniger beziehungsweise frieren die Rohre bei Frost nicht ein. Dieses Kühlwasser sollte man nicht trinken. Befinden sich diese Stoffe aber nicht im Kühlwasser, einfach beim Kühler die untere Schraube lösen, ein Gefäß unterstellen und das Wasser ablassen. Dieses sollte man ein paar Minuten stehen lassen, damit sich das Öl oben sammeln und der Rost unten absetzen kann. Es wird nicht sonderlich gut schmecken, aber für das Überleben reicht es.

Wie wird man in der Wüste gefunden? Sicher haben Sie jemand verständigt, wo genau Sie sich in den nächsten Tagen befinden werden. Also sollten Sie sich keine Sorgen machen. Um auf sich aufmerksam zu machen, haben Sie mehrere Möglichkeiten. Sie können mit einer Alufolie ein oder mehrere Hilfesignale setzen. Diese werden aber nur von tief fliegenden Flugzeugen gesehen. Die einzige Chance, ein Linienflugzeug (Flughöhe bis zu 10 000 Meter) auf sich aufmerksam zu machen, besteht im Verbrennen eines Autoreifens. Montieren Sie einen Autoreifen ab, legen Sie ihn in einiger Entfernung vom Fahrzeug ab und verwenden Sie etwas Benzin zum Anzünden des Reifens. Herrscht Windstille, so kann eine Rauchsäule von über 8 000 Meter Höhe entstehen – ein weithin sichtbares Zeichen. Das funktioniert, wie gesagt, aber nur bei Windstille und tagsüber. In der Nacht kann man sich durch mehrere kleine Feuer bemerkbar machen. Zünden Sie drei oder, wenn möglich, noch mehr Feuer in einem größeren Areal an. Die Feuer müssen nicht groß sein, sondern wichtig ist die geometrische Anordnung. Drei Feuerstellen bilden ein Dreieck, vier ein Quadrat und mit fünf lässt sich ein großes X bilden. Die Feuer werden wahrscheinlich von niemandem auf der Erde gesehen, aber die Satelliten, die über uns kreisen, können ein solches Signal auflösen und erkennen. Deshalb ist es wichtig, dass die Feuerstellen mindestens 100 Meter voneinander entfernt sind.

Wie überlebe ich mit Hilfe der Physik einen Liftabsturz?

Ein Lift ist das sicherste Verkehrsmittel, das es gibt. In der Anfangszeit war dem nicht so. Es wurden verschiedenste Sicherheitssysteme entwickelt, die aber nicht immer wirklich funktioniert haben. Erst die Sicherheitsbremse von Elisha Otis (1811–1861) brachte den Durchbruch. Sie verhindert einen Absturz nach unten. Bleibt ein Aufzug stecken, so kann man die Gondel auch nicht nach unten, sondern immer nur nach oben ziehen. Das Sicherheitssystem verhindert jede Bewegung der Gondel nach unten.

Trotzdem, was tun, wenn es dennoch passiert? Die Idee, zum richtigen Zeitpunkt nach oben zu springen, bringt nichts. Fällt ein Gegenstand aus zehn Meter Höhe, so muss man, genau wenn man unten aufprallt, mit einer gleich großen Kraft nach oben hüpfen. Das bedeutet, dass Sie genau beim Aufprall zehn Meter hoch hüpfen müssen, um still zu stehen. Das ist natürlich unrealistisch. Kein Mensch kann zehn Meter hoch springen. Gut trainierte SportlerInnen schaffen aus dem Stand, ohne Anlauf, eine Höhe von einem Meter. Sicherlich, wenn man aus drei oder vier Meter Höhe fällt, dann kann dieses nach-oben-Hüpfen etwas den Aufprall lindern – aber nur, wenn man genau zum richtigen Zeitpunkt springt. Aufgrund unserer Reaktionszeit von mindestens zwei Zehntel Sekunden würden wir den richtigen Zeitpunkt verpassen und uns die Beine brechen.

Sollte der Lift abstürzen, herrscht im Inneren der Kabine Schwerelosigkeit. Genießen Sie es – ein paar Sekunden Schwerelosigkeit kosten schließlich viel Geld. Prallen wir auf, so sollte die Bremsstrecke verlängert werden. Werden wir zu schnell abgebremst, so sterben wir. Optimal wäre es, wenn wir ein paar Decken unter uns stapeln würden. Aber wer hat die schon immer dabei. Zudem kommt das Problem der Orientierungslosigkeit dazu. Wir sind es nicht gewohnt, in Schwerelosigkeit manuelle Tätigkeiten durchzuführen – noch dazu in sehr kurzer Zeit. Folglich gibt es nur eins: Vertrauen wir auf die Entwicklung von Elisha Otis.

Wie rette ich mich mit Hilfe der Physik aus einem sinkenden Auto?

In vielen Hollywood-Action-Filmen sieht man den Helden, wie er sich mit seinem Fahrzeug in das kühlende Nass rettet oder einfach nur aus Unfähigkeit hineinstürzt. Kann es bei uns nicht geben, sollte man meinen. In Europa haben wir genügend Seen mit wunderbaren Straßen entlang des Ufers. Besonders beeindruckend war die Salzkammergut-Bundesstraße am westlichen Rand des Traunsees, bevor sie verbaut wurde – leider.

Versetzen Sie sich in folgende Situation: Das Auto stürzte in das Wasser. Nachdem Sie sich von dem Schock erholt haben, lösen Sie den Sicherheitsgurt, öffnen die Türe und verlassen mit den anderen Passagieren das Auto so schnell wie möglich. So einfach könnte es gehen. Aber nicht immer erholt man sich so rasch von den Folgen des Aufpralls.

In der Regel wird das Fahrzeug vornüberkippen, da der Motor schwerer ist als der hintere Bereich des Autos – seien Sie darauf vorbereitet. Aufgrund des Wasserdrucks werden sich die Türen nicht mehr öffnen lassen. Jetzt gilt es die Ruhe zu bewahren. Da wahrscheinlich die Autoelektrik versagen wird, lassen sich die Fensterscheiben nicht nach unten bewegen. Also müssen wir warten. Sobald uns das Wasser bis zum Kinn steht, atmen wir einmal tief ein, öffnen die Türen und schwimmen hinaus. Atmen Sie während des Auftauchens aus, um die Lungen zu schonen. Sollten sich mehrere Personen im Fahrzeug befinden, stimmen Sie sich vorher ab. Die Türen sollten gleichzeitig geöffnet werden und bitte vergessen Sie nicht auf Kinder oder den Vierbeiner auf dem Rücksitz. Nehmen Sie die Kleinen an der Hand und ab nach oben. Da sich das Ufer in der Nähe befindet, sollte das Überleben gesichert sein.

Bomben selbst entschärft

„Der rote oder der blaue Draht, welcher gehört durchgeschnitten?“, fragen sich manche Filmhelden unsicher, wenn sie eine Bombe entschärfen müssen. Daran erkennt man wieder mal die grenzenlose Phantasie der Drehbuchautoren, denn diese Frage könnte höchstens der Konstrukteur beantworten. Der hat es aber vorgezogen, die sichere Deckung zu suchen und wird sich wahrscheinlich nicht mehr an die Farben der einzelnen Drähte erinnern …

Betrachten wir eine Bombe vom Standpunkt der Physik aus. Am einfachsten gehen Sie ihr aus dem Weg. Wenn Sie nicht wissen, worum es sich handelt, so entfernen Sie sich möglichst weit von dem verdächtigen Gegenstand. Die meisten Unfälle passieren dadurch, dass Laien noch nachschauen, was denn da Merkwürdiges im Papierkorb liegt oder gar den tickenden Aktenkoffer unter der Parkbank öffnen wollen. Also nichts wie weg von der möglichen Bombe!

Was tun, wenn dies nicht möglich ist? Nun müssen wir auf unser Glück vertrauen und hoffen, dass es sich um eine einfache Bombe handelt. Die meisten Bastler sind schon froh, dass die Bombe zum richtigen Zeitpunkt am richtigen Ort hochgeht. Für Fallen, welche die Bombe beim Versuch der Entschärfung vorzeitig auslösen, bleibt meist keine Zeit mehr. Die Fallen machen auch die Bombe als Ganzes viel empfindlicher, was dazu führt, dass sie schon vorzeitig hochgeht. Schützen aufwändige Fallen die Bombe, so wäre es auf jeden Fall besser, wenn Sie Ihr Heil in der Flucht suchen. Meist können uns schon ein paar Decken und eine Tischplatte vor einer kräftigen Explosion schützen.

Eine Bombe besteht aus einem Zündmechanismus, einer Zündkapsel und Sprengstoff. Der Zündmechanismus sorgt dafür, dass zum richtigen Zeitpunkt Strom durch die Zündkapsel fließt. Explodiert die Zündkapsel im Sprengstoff, so explodiert auch der Sprengstoff. Können Sie diese drei Teile der Bombe sehen, so sind wahrscheinlich keine gröberen Fallen eingebaut. Eigentlich muss man nur die Zündkapsel vom Sprengstoff trennen. Die Bombe wird zwar hochgehen, aber sie schädigt niemanden. Es explodieren die Zündkapseln, das verursacht zwar einen lauten Knall, aber sie richten keinen Schaden an. Die Batterien sollte man auf keinen Fall angreifen. Es könnte ein Selbsthalterelais geben, das eine Explosion auslöst, sobald die Schaltung nicht mehr mit Strom versorgt wird. In einem Kondensator oder einer kleinen unscheinbaren Knopfbatterie könnte sich noch genügend Strom befinden, um die Sprengkapseln zu zünden.

Aber noch einmal: Spielen Sie nicht den Helden oder die Heldin und versuchen keinesfalls aus Spaß, eine Bombe zu entschärfen. Bomben sind mitunter ziemlich heimtückisch. Es kann ein lichtempfindlicher Sensor eingebaut sein, der auf jede Änderung des Lichtes reagiert. Ein kleines Mikrophon kann Schallwellen aufnehmen und bei Gesprächen die Bombe zünden oder Metalldetektoren können Körperschmuck registrieren. Wird die Bombe bewegt, so gibt es mehrere Sensoren, die darauf reagieren und so weiter. Einem geübten Bastler fallen sicher noch viel mehr Möglichkeiten ein, also lassen Sie lieber die Finger davon. Entfernen Sie sich und informieren Sie die Polizei und Feuerwehr. Aber bitte nicht vom Handy aus, sondern von einem Festnetzanschluss. Ein Handy-Gespräch in der Nähe der Bombe aktiviert möglicherweise diese und dann …

Also Finger weg.

Unter der Webpage *www.unglaublicheinfach.at* finden Sie noch für weitere brenzlige Situationen Lösungsansätze und Lösungen. So zum Beispiel auch, wie man eine Atombombenexplosion überlebt und anderes …

Physik zu besonderen Anlässen

Die Thermodynamik des Kuschelns

Jeder Mensch hat ein Grundbedürfnis zu kuscheln. Kleine Kinder verlassen die Wohnung nur mit ihrem Kuscheltier, Erwachsene sehnen sich nach der Berührung durch den/die PartnerIn. Sich einfach wohl fühlen und die Sorgen des Alltages vergessen, sich fallen lassen ... und schmusen.

So einfach kann es sein. Aber auch hier hat die Physik einiges mitzureden. Man braucht zwar keine Physik, um das Kuscheln zu verstehen, aber es bereitet dann vielleicht noch mehr Vergnügen. Und wenn der Sinn geschärft ist, können Sie an den Feinheiten des Kuschelns arbeiten und diese verbessern. Sie sehen, Kenntnisse der Physik mehren Ihr Glücksgefühl und heben Ihre Lebensqualität!

Was hat die Wärmelehre mit dem Kuscheln zu tun? Sehr viel, denn ohne die Lehre von der Wärme und der Wärmeausbreitung würde das Kuscheln keinen Spaß machen. Oder haben Sie schon einmal mit einem Stück Metall gekuschelt und sich dabei wohl gefühlt? Sicher nicht.

Was ist für das Kuscheln wichtig? Ein(e) PartnerIn beziehungsweise ein Plüschtier, Zeit und Streicheleinheiten. Was passiert beim Kuscheln oder Schmusen? Man schmiegt sich aneinander, bis einem angenehm warm wird. Streicheleinheiten sorgen für eine beträchtliche Steigerung des Wohlbefindens. Wir müssen aber zwischen mehreren Arten von Kuschelwesen unterscheiden. Es gibt einfache Plüschtiere, die ihre Oberflächentemperatur der Außentemperatur anpassen, und Kuschelwesen wie uns Menschen, die eine konstante Oberflächentemperatur besitzen. Diese menschlichen Kuschelwesen können mit der Umgebung durch Streicheln interagieren. Sie werden in weiterer Folge als interaktive Kuschelwesen bezeichnet.

Jedes Kuschelwesen, ob interaktiv oder nicht, besteht aus Atomen beziehungsweise aus Molekülen (das sind zusammengesetzte Atome) und sie verfügen über eine bestimmte Temperatur. Die Temperatur kann sinken, wenn sich die Moleküle langsamer bewegen und umgekehrt steigt die Temperatur, wenn sich die Moleküle schneller bewegen. Wenn wir ein Kuschelwesen streicheln, dann berühren wir mit unserer Hand, bestehend aus Atomen beziehungsweise aus Molekülen, das Kuschelwesen. Streichelt unsere Hand das andere Wesen, so bringen wir die Moleküle auf der Oberfläche der Hand und der Oberfläche des Kuschelwesens zusätzlich in Bewegung. Die Temperatur erhöht sich auf beiden Oberflächen. Die Wärme, die Summe der Bewegungsenergien der kleinsten Teilchen, gelangt dann in das Innere des Körpers. Bei interaktiven Kuschelwesen wird die Wärme über das Blut rasch in das Innere des Körpers weitergeleitet. Deshalb muss durch weitere Streicheleinheiten die Oberfläche weiter erwärmt werden. Aber nicht zu heftig, sonst steigt die Temperatur zu rasch an und das Wohlbefinden sinkt.

Auch bei nicht interaktiven Kuschelwesen ist es wichtig für das eigene Wohlbefinden, über einen längeren Zeitraum zu streicheln. Die Handfläche wird durch das Streicheln erwärmt, genauso wie das Fell des Plüschtiers. Aber auch das Blut, das unter unserer Haut strömt, transportiert die Wärme rasch ab. Deshalb ist es wichtig, weiter zu streicheln. Durch das Streicheln bewegen sich die Moleküle in den Körpern der Kuschelwesen schneller, die Temperatur steigt. Man darf aber nicht zu heftig streicheln, besonders nicht bei interaktiven Kuschelwesen. Die Körpertemperatur würde zu stark steigen und der Körper zu schwitzen beginnen. Ein leichter Lufthauch, der dann die Haut streichelt, führt dazu, dass der Schweiß verdunstet und die betroffene Körperoberfläche abkühlt. Dadurch regelt sich zwar die Oberflächentemperatur von selber, aber es wäre ein unnötiger Energieaufwand. Das gilt es zu vermeiden.

Der Wärmeaustausch sollte nur zwischen den Kuschelwesen stattfinden und nicht mit der Umgebung. Den Fußboden zu streicheln hätte wenig Sinn. Er wird es einem nicht danken, das Kuschelwesen dagegen sehr wohl. Deshalb sollte man ein abgeschlossenes System schaffen. Eine Bettdecke reicht schon aus. Befinden sich nun zwei Kuschelwesen unter einer Decke, so kann die Wärme, die durch das Kuscheln entsteht, nicht nach außen abgegeben werden. Hier muss man allerdings eine Fallunterscheidung treffen.

Erstens: Schmusen zwei interaktive Kuschelwesen, so darf nicht allzu heftig gekuschelt werden, denn sonst erhöht sich die Temperatur unter der Bettdecke zu stark. Schwitzen wäre die Folge. Damit die Temperatur konstant gehalten wird, empfiehlt es sich hier, die Bettdecke etwas zur Seite zu legen, vor allem auf die möglicherweise ungekuschelten Stellen des Körpers.

Zweitens: Schmusen eines interaktiven Kuschelwesens mit einem Plüschtier. Hier empfiehlt es sich, dass sich beide Kuschelwesen unter der Bettdecke befinden. Da das nicht interaktive Plüschtier selbst keine Wärme produzieren kann, kommt diese ausschließlich von den Streicheleinheiten beziehungsweise von der Körperwärme des interaktiven Kuschelwesens (Mensch). Wichtig ist, dass das nicht interaktive Kuschelwesen weich ist. Dadurch kann die Kontaktfläche zwischen den beiden Kuschelwesen optimiert werden. Das bedeutet, dass eine größtmögliche Oberfläche gekuschelt werden kann. Auch sollte das nicht interaktive Kuschelwesen leicht zu streicheln sein. Ist die Reibung zwischen den Kontaktflächen beim Streicheln zu groß, dann ist das Streicheln zwar sehr effektiv – das bedeutet, es tritt eine starke Erhöhung der Temperatur auf –, aber es besteht auch die Gefahr, dass die Hand oder andere Oberflächen der Haut dabei verletzt werden. In Anlehnung an die Wärmelehre können wir eine wichtige Erkenntnis formulieren:

Erster Hauptsatz der Kuschellehre: Die innere Energie eines Kuschelwesens kann durch Streicheln oder durch Schmiegen an ein wärmeres Kuschelwesen erhöht werden.

Unter der inneren Energie versteht man unter anderem die Wärmeenergie, die ein Kuschelwesen besitzt. Primär kann man sagen, dass es beim Kuscheln darum geht, die Körpertemperatur zu erhöhen. Dies kann durch Streicheln oder Anschmiegen erfolgen. Bei den interaktiven Kuschelwesen muss man eine Einschränkung machen. Ein Kuschelwesen kann durch Schmiegen an ein wärmeres Kuschelwesen seine eigene Temperatur erhöhen. Kuschelt es hingegen mit einem Kuschelwesen, das eine geringere Temperatur aufweist, so wird das etwas wärmere abkühlen. Das bringt uns zur nächsten Erkenntnis:

Zweiter Hauptsatz der Kuschellehre: Wärme geht von selbst nur von einem heißeren zu einem kälteren Kuschelwesen über und niemals umgekehrt.

Bei den interaktiven Kuschelwesen ist Folgendes zu unterscheiden: Es gibt männliche und weibliche Kuschelwesen. Im statistischen Schnitt weisen die männlichen Kuschelwesen eine etwas erhöhte Körpertemperatur im Gegensatz zu weiblichen Kuschelwesen auf. Dies hat mehrere Gründe. Weibliche Wesen haben einen Stoffwechsel, der rund 10 Prozent geringer aktiv ist. Das führt dazu, dass weniger Wärme produziert wird. Einerseits sind die Hormone dafür verantwortlich, andererseits die Muskelmasse. Frauen verfügen über eine um 15 Prozentpunkte geringere Muskelmasse als Männer. Diese besitzen, im Durchschnitt und weltweit gesehen, rund 40 Prozent Muskelmasse, Frauen hingegen nur 25 Prozent Muskelmasse. In den Muskeln wird einerseits Körperwärme produziert, sprich chemische Energie in Wärmeenergie umgewandelt. Außerdem lassen sich Muskeln leichter aufwärmen als Fett und Bindegewebe. Frauen weisen einen etwas höheren Fettanteil auf als Männer. Dies hat viele Vorteile, auch wenn es die Modebranche noch nicht begriffen hat. Fett wirkt bekanntlich wärmeisolierend. Nur tragen Frauen keine durchgehende Fettschicht um den

Körper wie Männer, sondern sie ist bei ihnen auf einige wenige wichtige und – von der männlichen Warte aus betrachtet – interessante Stellen konzentriert: Po, Busen und Hüften. Damit kann das Fett nicht optimal die Wärme im Körper zurückhalten. Zusätzlich sind Frauen meist etwas kleiner und leichter. Das bedeutet, sie weisen eine größere Oberfläche auf im Verhältnis zum Volumen. Pro Kilogramm Körpergewicht haben sie mehr Haut. Je größer die Körperoberfläche ist, desto mehr Wärme kann abgestrahlt werden. Deshalb frieren weibliche Kuschelwesen leichter als männliche.

Umgekehrt ist den männlichen Kuschelwesen meist zu warm. Um diesen unhaltbaren Zustand zu überwinden, sind alle Kuschelwesen zum Kuscheln verpflichtet. Das hat natürlich Vorteile. Im Frühling und im Herbst sind die Temperaturen für die beiden Kuschelwesen nicht optimal. Das eine Wesen friert, während es dem anderen zu warm ist. Durch gegenseitiges Kuscheln kann ein Ausgleich erzielt werden. Die Wärme geht von dem wärmeren Kuschelwesen, im Regelfall vom männlichen, zum kälteren, dem weiblichen, über. Damit ist beiden gedient.

Warum bestehen Kuschelwesen nicht aus Metall? Sie können aber auch Fragen stellen! Der Grund ist ganz einfach. Metalle nehmen die Wärme gut auf beziehungsweise geben diese auch gut ab. Nehmen wir ein metallenes Plüschtier, das sich ein paar Stunden im Raum aufgehalten hat. Damit besitzt es Raumtemperatur. Versucht man mit diesem Wesen zu kuscheln, so wird die Wärme vom interaktiven Kuschelwesen mit einer Körpertemperatur von rund 37°C auf das metallene Kuschelwesen übertragen. Deshalb erscheinen uns Metalle kühler als zum Beispiel Stoff. Stoffe, aus denen Plüschtiere hergestellt werden, nehmen die Wärme nur schlecht auf und geben sie auch wieder langsam ab. Dadurch erscheinen uns Plüschtiere aus Stoff auch viel angenehmer, obwohl sie im Regelfall eine geringere Temperatur als interaktive Kuschelwesen haben.

Ab wann ist das Kuscheln nicht mehr möglich? Das Kuscheln hängt von der Temperatur ab. Da die Temperatur ein Maß für die ungeordnete Bewegung der einzelnen Atome oder Moleküle ist, ergibt sich eine minimale Temperatur, die nicht unterschritten werden kann. Wenn sich in einem Körper die Teilchen überhaupt nicht mehr bewegen, so ist diese Temperatur erreicht.

Dritter Hauptsatz der Kuschellehre: Man kann nicht unter –273,15° Celsius kuscheln.

Natürlich wird es auch schon vorher ungemütlich. Beim Kuscheln oder Schmusen sind aber nicht nur Effekte aus der Wärmelehre beteiligt. Auch aus dem Bereich der Medizin gibt es einiges zu berichten. Beim Streicheln oder beim bloßen Hautkontakt steigt die Durchblutung. Das ist die Folge der erhöhten Wärmeproduktion. Interessanterweise werden auch die Stresshormone im Körper der beiden Kuschelwesen reduziert, gleichzeitig das Immunsystem und die Verdauung angeregt. Beides erklärt sich aus dem Ersten Hauptsatz der Kuschellehre. Für das Streicheln muss chemische Energie in mechanische Energie umgewandelt werden. Je mehr wir uns bewegen, umso stärker wird der Stoffwechsel aktiviert. Beim gekuschelten Wesen steigt die Körpertemperatur. Auch hier kommt es zu einer Anregung des Stoffwechsels. Zusätzlich steigt beim Hautkontakt die Ausschüttung des Neuropeptids Oxytocin. Es handelt sich um eine Art Wohlfühlhormon mit opiumartiger Wirkung. Es wird im Gehirn im Hypothalamus produziert, in der Hypophyse zwischengelagert und bei Bedarf ausgeschüttet. Beim Stillen übt es eine beruhigende Wirkung auf Mütter aus. Viel Oxytocin im Blutkreislauf führt zu einer Reduzierung des Stresshormons Cortisol. Messungen haben ergeben, dass dieses Neuropeptid am stärksten ausgeschüttet wird, wenn man 40-mal pro Minute gestreichelt wird. Interessanterweise streicheln alle Menschen unabhängig davon, welchen Kulturen, Religionen oder sozialen Schichten sie angehören, genau mit dieser Frequenz. Dieses Neuropeptid wird auch als „Kuschelhormon“ bezeichnet.

Man sollte die psychologische Bedeutung eines Plüschtieres nicht unterschätzen. So kann es ein wertvoller Freund sein, der einen durch das ganze Leben begleitet. Wenn es mal nicht so läuft, so hilft es einem alleine dadurch, dass es da ist. Man müsste der Frage nachgehen, ob die Diktatoren, welche die Menschen versklavt und erniedrigt haben, Plüschtiere besaßen. Wahrscheinlich nicht. So lautet meine Forderung: ein Plüschtier für jedes Kind auf dieser Welt – nie wieder Diktaturen!

Die Physik zu Weihnachten

Weihnachten kann ein wunderbares Fest sein – oder die Hölle. Es kommt nur darauf an, was man daraus macht. In vielen Familien hat die religiöse Bedeutung abgenommen. Darüber kann man denken, wie man will. Trotzdem ist es ein wichtiges Fest, bei dem die Familie zusammenkommt und sich vielleicht die Alltagssorgen vergessen lassen. Wenn man Weihnachten richtig plant, so hat man Zeit für sich selbst und kann auch anderen Menschen hilfreich zur Seite stehen. Dies sollte man zwar immer, aber gerade Weihnachten bietet einen besonders schönen Anlass dazu. Was gilt es zu bedenken?

Erledigen Sie alles zeitgerecht. Nur bei besonders großen Geschwindigkeiten, nahe der Lichtgeschwindigkeit, ist die Relativitätstheorie anwendbar. Dann vergeht die Zeit besonders langsam. Leider gilt das für die Weihnachtszeit nicht. Gerade im Advent verrinnt die Zeit ziemlich schnell. Deswegen sollten Sie in Stressmomenten unbedingt die Eskimoregel (siehe „Physik in Extremsituationen“) beachten.

Ein prächtig geschmückter Weihnachtsbaum mit glitzernden Kugeln, die den sanften Schein der Kerzen widerspiegeln, Lametta, Engelshaar und Tannenduft erfüllt das Wohnzimmer. So schön könnte es sein …

Will man jedoch einen netten Zimmerbrand, so gilt es Folgendes zu beachten. Der Baum sollte richtig trocken sein. Am besten lässt man ihn schon ein paar Tage vor

Weihnachten ohne Wasser im warmen Wohnzimmer stehen. Dann ordnet man die Kerzen so an, dass auf jeden Fall die Kerzen die darüber liegenden Äste anzünden. Zur Sicherheit kann man noch ein paar Wunderkerzen im oberen Bereich des Baumes befestigen. Optimalerweise stellt man den Baum in die Fensternähe, damit auch die Vorhänge rasch zu brennen beginnen. Natürlich darf man keinen Kübel mit Sand oder Wasser bereitstellen, denn sonst wäre der kleine Zimmerbrand sofort gelöscht und man könnte keinen vollständigen Feuerwehrtrupp zum Abendessen begrüßen.

Damit müssen wir uns nur mehr um das Weihnachtsmenü kümmern. Ich empfehle:

- Knoblauch-Rahmsuppe mit geröstetem Brot
- Weihnachtsgans mit vier Geschmacksrichtungen, gefüllt mit Semmelknödelteig und Orangenobers
- Vanillekipferl

Dieses Festmahl hat den Vorteil, dass fast alles schon vorbereitet werden kann. Man muss am Weihnachtstag kaum mehr Zeit in das Menü investieren, sodass am Feiertag selbst kein Stress mehr aufkommt.

Die Knoblauch-Rahmsuppe

Diese Rahmsuppe kann auch nach längeren – durchzechten – Nächten weiterhelfen. Das Rezept stammt von meiner Großmutter väterlicherseits und hat mir schon nach manchem Silvesterabend wieder Hoffung und Mut für das nächste Jahr gegeben.

Man vermengt

1 L Milch
1 ½ L Wasser
1 ½ Häuptel Knoblauch, zerdrückt
1 Kaffeelöffel Salz

1 Kaffeelöffel Kümmel
$1/4$ L Schlagobers (Süßrahm)

und lässt dies vorsichtig aufkochen. Achtung, es handelt sich um eine Milchsuppe! Das bedeutet, dass die Milch überlaufen kann. Nach dem ersten Aufkochen versprudelt man 2 EL Mehl mit 5 EL Essig und $1/4$ L Schlagobers. Das Ganze bei kleiner Flamme noch 10 Minuten kochen lassen.
Dunkles Brot in Würfel schneiden. Diese Brotwürfel ohne Öl kurz anrösten und über die Suppe streuen.

Dabei setzt die Maillard-Reaktion ein. Louis-Camille Maillard (1878–1936) war ein Arzt, der sich eigentlich dafür interessierte, wie sich Aminosäuren und Zuckermoleküle miteinander verbinden. Dabei bilden sich Geschmacksmoleküle. Diese können unterschiedliche Ausprägungen besitzen, wodurch verschiedene Geschmacksstoffe entstehen. Die Reaktionen sind sehr komplex und viele Details hat man bis heute noch nicht verstanden. Sie kommt erst bei einer Mindesttemperatur von 140°C zustande. Optimal für uns beim Kochen sind Temperaturen um die 180°C, dabei tritt eine heftige Maillard-Reaktion auf, aber das Fleisch oder andere Lebensmittel verbrennen nicht. Der Geschmack der gerösteten Kaffeebohne, die wunderbare Kruste des Schweinsbratens und viele andere Aromen entstehen durch die Maillard-Reaktion. Louis-Camille Maillard starb, ohne zu wissen, dass er eine der wichtigsten chemischen Reaktionen für das Kochen und Zubereiten von Speisen gefunden hatte. Durch das Rösten der Brotwürfel bilden sich noch mehr dieser wunderbaren Aromen im Kochtopf aus – sie geben der Knoblauch-Rahmsuppe erst die richtige Würze.

Weihnachtsgans mit vier Geschmacksrichtungen, gefüllt mit Semmelknödelteig

Eine Weihnachtsgans stellt für den Koch oder die Köchin eine große Herausforderung dar. Einerseits neigt Geflügel dazu, schnell auszutrocknen, wenn es zu lange erhitzt wird. Andererseits gibt es kaum etwas Unangenehmeres, als wenn das Fleisch bei den Knochen noch roh ist. Wie kommt das? Manche Freilandgänse sind „faul“, andere dagegen richtig „sportlich“. Das Geflügel, das sich viel bewegt, wird mehr Kollagen, also viele Sehnen bilden. Dieses Kollagen umhüllt die Fleischfasern und ist für die Zähigkeit des Geflügels verantwortlich. „Sportliche“ Gänse bilden eine ausgeprägte Kollagenstruktur und müssen daher etwas länger braten als „faule“ Gänse. Durch die Temperatureinwirkung wandelt sich das Kollagen in Gelatine um, das Fleisch wird dadurch mürbe. Das passiert bei Temperaturen ab 75°C. Leider ziehen sich die Kollagenfasern bei Temperaturen von über 80°C zusammen und pressen den Fleischsaft heraus. Damit das Eiweiß im Inneren der Fasern gerinnt, das Fleisch durch ist, benötigt man bei einer Gans eine Innentemperatur von rund 75°C.

Wir müssen hier einen Kompromiss schließen. Die Weihnachtsgans darf nur so lange im Backrohr sein als unbedingt notwendig, jedoch keine Minute länger. Viele machen den Fehler, dass sie die Gans totbraten, dabei ist das Tier doch schon tot …

Um das Risiko gering zu halten, dass die Gans misslingt, nehmen wir die Physik zu Hilfe. Angenommen, die Gans sei eine Kugel – was in erster Näherung durchaus stimmt –, dann gibt es einen Zusammenhang zwischen dem Radius und dem Gewicht des Tieres: Der Radius π ist proportional zur dritten Wurzel der Masse m. Wir müssen also nicht mit einem Maßband den Umfang und daraus den Radius bestimmen, es gilt:

$$V_{Kugel} = \frac{4 \cdot \pi \cdot r^3}{3}$$

Die Bratdauer t ist proportional zu r^2 und daraus folgt $t \, \alpha \sqrt[3]{m^2}$. (Achtung: Wir treffen hier die Annahme, dass die Kugel voll ist!) Natürlich müssen noch die Backrohrtemperatur und die gewünschte Innentemperatur berücksichtigt werden. Mit Hilfe der Thermodynamik kann man die genaue Bratdauer berechnen, leider ist die Formel ziemlich kompliziert.

Mit folgender Näherungsformel kann man sich aber ganz gut behelfen:

$$t = \left(\frac{\sqrt[3]{m}}{\kappa \cdot (T_{BA} - T_{Zentrum})} \right)^2 \text{ mit } \kappa = 0.0008526 \left[\frac{\mathrm{kg}^{\frac{1}{3}}}{\mathrm{min}^{\frac{1}{2}}\,{}^\circ\mathrm{C}} \right]$$

Die Masse m wird in Kilogramm angegeben – das Gewicht der Gans, T_{BA} ist die eingestellte Backrohrtemperatur und $T_{Zentrum}$ die gewünschte Innentemperatur. Empfehlenswert ist $T_{BA} = 220°C$ und $T_{Zentrum} = 75°C$. Die Konstante κ muss einfach nur eingesetzt werden: $\kappa = 0.0008526$. Sie wurde durch das Braten von zehn Gänsen im Laufe der letzten zehn Jahre zu Weihnachten ermittelt. Setzt man in die obige Formel ein, so ergibt sich die Bratdauer in Minuten – eher unüblich in der Physik, aber praktisch für Sie. Wenn Ihnen das Ausrechnen zu lange dauert, sehen Sie einfach in der Tabelle auf der nächsten Seite nach.

In dieser Tabelle finden Sie auch Werte mit einem Kilogramm. Sie werden sich freilich schwer tun, solch leichtgewichtige Gänse zu bekommen. Aber schließlich ist diese Formel auch auf Hühner anwendbar.

Die Formel gibt die maximale Bratdauer von gefülltem Geflügel in Minuten an. Wenn Sie die Gans nicht füllen, dann verringert sich die Bratdauer um ein Drittel. Manchen von Ihnen wird die Zeit für die Bratdauer für diese Temperaturen zu gering erscheinen. Aber die Physik lügt nicht. Die Regel „rund eine Stunde Bratdauer pro Kilogramm" stammt noch aus einer Zeit, als die Öfen nicht so heiß und die Gänse noch „sportlich" waren. Natürlich ist diese Formel nur eine Näherung, das heißt, bei niederen Temperaturen ändert sich durch verschiedene Mechanismen die Wärmeübertragung – die Formel wird dann versagen.

gewünschte Innentemperatur = 75°C

	T_{BA} = 220°	T_{BA} = 200°	T_{BA} = 180°
1.0 kg	65	88	125
2.0 kg	104	139	198
3.0 kg	136	183	259
3.2 kg	142	191	271
3.4 kg	148	199	282
3.6 kg	153	207	293
3.8 kg	159	214	304
4.0 kg	165	222	314
4.5 kg	178	240	340
5.0 kg	191	257	365
5.5 kg	204	274	389
6.0 kg	216 [min]	291 [min]	412 [min]

Die Gans sollte man rund 2 Tage vor dem Braten im Backrohr mit Salz stark einreiben, das Innere nicht vergessen, und dann im Kühlschrank lagern. Die Gans wird dabei etwas Wasser verlieren, aber das stellt kein Problem dar.

Bevor die Gans zubereitet wird, sollte sie nochmals mit Salz eingerieben werden. Ohne Salz würde die Gans nicht diesen wunderbaren Geschmack bekommen.

Wie geben wir der Gans nun die unterschiedlichen Geschmäcker? Ganz einfach, mit einer Injektionsnadel und einer Spritze. Sie haben richtig gehört, auch wenn Ihnen das zunächst verrückt erscheinen mag. Ich unterteile die Gans in vier gleich große Bereiche. In einen Sektor wird Orangenlikör, in einen anderen Weißwein und im vorletzten Bereich frischer Ananassaft (nicht aus der Dose) injiziert. Ein Bereich bleibt unbehandelt, um den Geschmack besser vergleichen zu können. Ich empfehle die Politik der 1 000 Nadelstiche. Der frische Ananassaft gibt der Gans nicht nur einen interessanten Geschmack – „Gans-Hawaii" –, sondern das Enzym Papain zerstört das Kollagen. Durch das Papain im Ananassaft wird die Gans schön mürbe.

In einem Radiointerview wurde ich über die Zubereitung der Weihnachtsgans befragt – in Deutschland. Leider vergaß ich, die Menge des Ananassafts zu erwähnen. Das führte dazu, dass manche ganze Ananas püriert und versaftet wurde, in manche Gänse wurde teilweise bis zu einem Liter Ananassaft hineingespritzt.

Ich bekam dann einige nette, leider auch einige böse, teilweise auch augenzwinkernde Kommentare über diese Weihnachtsessen. Um es kurz zu machen: Bei einigen fiel das Fleisch vom Knochen – wenn sie Glück hatten, bei anderen blieb nur Sauce übrig und Gerippe. Die Bilder waren wirklich beeindruckend – nur Gerippe. Die Sauce soll aber sensationell gewesen sein.

Also: Es reichen 5 Kubikzentimeter und die Gans wird als Ganzes zart und mürbe.

Zum Erwerb von Injektionsnadeln: Kaufen Sie bitte die Nadeln und Spritzen nicht in der Apotheke, in der Sie persönlich bekannt sind. Dies führt nur zu Verwirrungen, die Sie sich und Ihrer Umgebung ersparen können. Einmal hatte ich eine schwere Bronchitis und bekam von meinem Hausarzt ein Brausepulver verschrieben, das man in Wasser auflösen sollte und leider auch trinken musste. Ich dachte: „Wenn ich schon in der Apotheke bin, kann ich gleich Nadeln und Spritzen für die nächsten Kochexperimente kaufen." In der Apotheke zeigte ich artig mein Rezept gegen die Bronchitis und sagte: „Bitte, geben Sie mir noch fünf Spritzen mit je 5 Kubikzentimeter und die dicksten Nadeln, die Sie haben – mit einem Millimeter Durchmesser." Verwundert blickte mich die Verkäuferin an und meinte in einem sehr besorgten Ton: „Das Brausepulver dürfen Sie sich aber nicht spritzen." Meine Antwort, dass ich die Spritzen fürs Kochen verwenden wollte, zog eine ältere Dame, scheinbar ohne Hörprobleme, neben mir sofort in Zweifel: „Junger Mann, zum Kochen habe ich noch nie eine Spritze gebraucht. Das können Sie jemand anderem erzählen." Das war der Beginn eines wunderbaren Vortrages über die Zubereitung von Weihnachtsgänsen in einer Apotheke. Heute bekomme ich in dieser Apotheke (fast) alles – kommentarlos.

Die Spritzen sollte man auch nicht achtlos herumliegen lassen. Es besteht zwar nicht die Gefahr, dass sich jemand infiziert, aber trotzdem. Ich habe schon in meiner Studentenzeit Vorträge über das Kochen gehalten. Dafür hatte ich eine große Tasche, die mit ein paar Experimenten gefüllt war. Es gab ein Semester, in dem ich kaum Zeit hatte und meine Eltern nicht besuchen konnte. Das Problem bestand aber nicht in der Verarmung der Kommunikation zu meinen Eltern, es entwickelte sich ein viel profaneres Problem. Nach ein paar Wochen besaß ich keine saubere Wäsche mehr. So war meine Mutter so liebenswürdig und fuhr extra von Linz nach Wien, mit einer großen Tasche, gefüllt mit frischer Wäsche und wunderbaren Rindsrouladen, selbstverständlich mit Semmelknödeln. Am Westbahnhof gab es einen Austausch der Taschen. Meine mit Schmutzwäsche gefüllte Tasche gegen die Tasche mit den Rindsrouladen und der frischen Wäsche. Am nächsten Morgen läutete im Studentenheim am Gang um sieben Uhr das Telefon. Für einen Nichtstudenten entspricht dies einer Uhrzeit von vier Uhr in der Früh. Ein Kollege, der schon zu einer Vorlesung musste, weckte mich mit dem Kommentar: „Werner, deine Mutter, hoffentlich nichts Schlimmes mit der Familie!" Ich stürmte zum Telefon und die erste Frage lautete: „Wer ist gestorben?" Meine Mutter meinte nur, dass es der Familie gut geht und dass wir uns über alles in Ruhe und mit voller Ehrlichkeit unterhalten können. Schlaftrunken wusste ich nicht, worum es geht – ich hatte auch kein schlechtes Gewissen. Darauf kam die Frage, mit der ich nie gerechnet hatte: „Sohn, ich habe Spritzen und Injektionsnadeln in der Tasche mit der

Schmutzwäsche gefunden. Wie kannst du das erklären?" So erläuterte ich die Vorzüge der Spritzen, um Geschmacksträger in Fleisch einzubringen, im Gegensatz zur einfachen Marinade, die nur mit dem Phänomen der Osmose arbeitet. Es war ein relativ langer Vortrag. Am anderen Ende meinte meine Mutter erleichtert: „Nun bin ich beruhigt, ein Süchtiger würde sich nie eine solch obskure und abstruse Geschichte einfallen lassen. Schlaf weiter." Und ich schlief weiter und träumte von schönen saftigen Weihnachtsgänsen ...

Kommen wir nun zur Fülle: Es gibt hier mehrere Varianten, teils traditionsbewusste und teils praktische. In manchen Familien ist es üblich, die Gans mit Äpfeln zu füllen und als Beilage Erdäpfelknödel mit Blaukraut zusätzlich zu kochen. Natürlich möchte ich mich nicht gegen lieb gewonnene Traditionen stellen. Aber aus praktischen Gründen empfehle ich eine Semmelknödelfülle. Man muss nicht mehr extra Knödel kochen und auch dies spart Zeit, sodass man sich stärker den immer seltener werdenden Gesprächen in der Familie widmen kann. Natürlich lässt sich die Semmelknödelfülle speziell für Weihnachten noch weiter verfeinern, indem Sie tiefgefrorene Erbsen, zerhackte Maroni oder eine geschabte Gänseleber dem Teig beifügen. Will man den typischen Apfelgeschmack haben, so darf man unter keinen Umständen einen geriebenen Apfel verwenden, sondern ausschließlich kleine Apfelstückchen, die nur mit dem Messer geschnitten wurden. Reibt man den Apfel, so setzt er sehr viel Flüssigkeit frei. Der Semmelknödelteig wird patzig und nicht flaumig. Der Teig sollte in der Gans aufgehen und von kleinsten Luftblasen durchzogen sein. Diese Luftblasen erhält man am besten durch heiße Milch. Es ist wichtig, dass die verwendete Milch wirklich brennheiß und gerade noch nicht übergegangen ist, denn nur so bilden sich viele kleine Luftbläschen. Die Entstehung von Milchschaum finden Sie im Kapitel „Physik im Kaffeehaus" besprochen. Je mehr Luftbläschen wir in den Teig eingearbeitet haben, umso flaumiger wird der Semmelknödel. Da der Teig aufgeht, sollte man die Gans nur zu zwei Drittel füllen.

Rezept für den Semmelknödelteig

Man vermengt

35 dag Knödelbrot (1 dag entspricht 10 g)
1 ganzes Ei, Größe L bis XL
1 Kaffeelöffel Salz
1 Bund Petersilie, klein geschnitten

Wenn man alle Geschmäcker rausholen will, sollte man die Petersilie kurz in heißem Fett anschwitzen.

Dann erhitzt man

$\frac{1}{3}$ L Milch
$\frac{1}{6}$ L Wasser

und gibt das über das Knödelbrotgemenge. Das Ganze sollte man gut vermengen und nun mindestens eineinhalb Stunden rasten lassen. Erst zum Schluss 3–4 EL Mehl dazugeben und nochmals alles miteinander gut vermengen – immer von unten nach oben. Mit diesen Mengenangaben erhält man rund sechs Knödel oder die Füllung für eine mittelgroße Gans.

Nun haben wir eine Gans mit verschiedenen Geschmäckern, gefüllt mit Semmelknödelteig. Wir wissen, wie lange wir sie braten sollen und können Sie jetzt in das Backrohr schieben. Aber gemach. Vergessen wir nicht, wodurch die Gans erwärmt wird. Es muss ausreichend Dampf vorhanden sein. Das Wasser sollte nicht von der Gans kommen – trockenes Geflügel schmeckt nicht. Deshalb füllt man einen halben Liter wirklich heißes Wasser in den Gänsebräter. Aus diesem heißen Wasser bildet sich dann der Dampf. Manche verwenden Suppe, um zusätzliche Geschmacksstoffe einzubringen. Dagegen spricht nichts, aber übertreiben Sie es nicht mit den Geschmacksstoffen. Unter einem Gänsebräter versteht man einen größeren länglichen Topf, in dem man eine Gans im Backrohr zubereitet. Der Vorteil dieser Gänsebräter besteht darin, dass man das Rohr nachher nicht umständlich reinigen muss. Zusätzlich reduziert man das effektive Volumen, das erhitzt wird. Es muss sich der Wasserdampf nicht mehr im ganzen Backrohr ausbreiten, sondern nur mehr im Gänsebräter. Natürlich kann man dieses Ungetüm auch für andere Zwecke einsetzen. Meine Mutter verwendet den Deckel des Gänsebräters, um darin Buchteln zu machen – zum Leidwesen meines Vaters viel zu selten. Die Gans sollte man nicht einfach in den Gänsebräter legen und heißes Wasser dazugeben. Die Gans würde dann teilweise kochen. Besser ist es, sich einen kleinen Rost zu besorgen, der in den Gänsebräter passt und auf dem dann die Gans ruhen kann. Sie kommt dann nur mehr mit dem Wasserdampf in Berührung. Leider habe ich im Handel noch keinen geeigneten Rost gefunden. Die meisten angebotenen Roste sind zu filigran und der Abstand zwischen dem Boden und der Gans ist einfach zu gering. Die Gans sollte mit Öl oder heißer Butter bepinselt werden. Dadurch haben wir auf der Oberfläche ausreichend „Kühlflüssigkeit" und die Haut wird nicht verbrennen. Nun können wir die Gans im Gänsebräter ins heiße Rohr schieben. Jede halbe Stunde gehört die Gans übergossen. Man sollte aber nicht den Fehler machen, sie mit Suppe oder einfach mit Wasser zu übergießen. Dadurch würde die Haut aufweichen, die später nicht mehr knusprig wird. Besser verwendet man warme Butter oder Öl, womit man die Gans übergießt oder bepinselt.

Zehn Minuten zum Bratende sollte man die Gans aus dem Rohr nehmen und den Deckel vom Gänsebräter entfernen. Nun kommt die schwierigste Phase. Sie brauchen Vertrauen zu sich selbst und Durchsetzungsvermögen gegenüber der Familie. Das Selbstvertrauen ist notwendig, denn zu diesem Zeitpunkt ist die Gans noch ziemlich blass. Es fehlt die charakteristische goldbraune Färbung. Darum kümmern wir uns später. Zuerst gilt es die Gans gegenüber den Familienmitgliedern zu verteidigen. Die Gans muss rasten – mindestens eine halbe Stunde lang!

Stellen Sie sich den Duft einer wunderbaren gebratenen Gans vor, der durch die Wohnung zieht. Der Magen knurrt und am liebsten würden alle über die Gans herfallen. Aber Sie müssen standhaft bleiben, auch wenn alle schimpfen. Bereiten Sie für diese schwere Zeit des Wartens Spiele für die Familie vor, erzählen Sie Witze oder sperren Sie sich einfach in der Küche ein. Oder halten Sie Ihre Lieben mit physikalischen Erklärungen bei Laune. Letztendlich wird es Ihnen die Familie danken.

Die Gans wird etwas abkühlen. Dadurch wird auch das Kollagen entspannt. Wenn Sie die heiße Gans tranchieren, dann wird der wunderbare Saft aus der Gans herausrinnen. Der Fleischsaft ist nun auf dem Brett, aber eigentlich wäre es schön, wenn er im Fleisch bliebe. Deshalb lassen wir die Gans rasten. Nach rund einer halben Stunde können Sie die Gans zerlegen. Verbrennen Sie sich aber nicht die Finger – die Fülle und das innere Fleisch sind immer noch sehr heiß. Das Brett wird fast trocken und die Gans schön saftig bleiben. Ich glaube, dass dies der größte Fehler ist, den die meisten Köchinnen und Köche machen: nicht zu warten.

Die einzelnen Gänseteile können nun auf den befetteten Deckel des Gänsebräters gelegt werden. Nun gilt es der Gans die ihr zustehende Farbe zu geben. Meine Mutter und ich empfehlen eine Mischung, bestehend aus je einem Drittel Honig, Weißwein und Orangensaft. Damit wird die Gans ausgiebig bestrichen. Dann kommt die Gans noch einmal für rund zehn Minuten bei der höchstmöglichen Temperatureinstellung in das Backrohr. Durch die hohen Temperaturen beginnt der Zucker auf der Gans zu karamellisieren, es setzt die Maillard-Reaktion ein. Es entstehen neue Geschmacksstoffe, die Gans erhält ihre Farbe. Die hohe Temperatur wirkt bloß auf der Oberfläche, die Gans bleibt schön saftig.

Zur Gans empfehle ich Orangenobers. Gerade in der Weihnachtszeit gibt es genügend Süßes. Hier sollte man einen Kontrast schaffen.
Schlagen Sie einen Viertel Liter Schlagobers und rühren fünf gehäufte Esslöffel Orangenmarmelade unter. Ein kleines Stamperl Orangenlikör und ein paar Orangenfilets geben dem Ganzen eine besondere Note. Gemeinsam mit der Gans ein unvergessliches Geschmackserlebnis.

Auf der Suche nach dem perfekten Vanillekipferl

Ich weiß, jetzt begebe ich mich auf Glatteis. Nicht, weil ich noch nie Vanillekipferl gemacht habe oder weil ich andere Weihnachtsbäckerei bevorzuge, sondern weil es um etwas typisch Österreichisches geht, das verbunden ist mit Überlieferung und persönlichen Abhängigkeiten in Familien. Noch dazu ist jeder davon überzeugt, dass seine Vanillekipferl am besten schmecken. Ein lokaler Radiosender veranstaltete einmal einen Wettbewerb, wer die besten Vanillekipferl in Wien backe. Der Wettbewerb musste beinahe abgebrochen werden. Jeder durfte nur ein halbes Kilo abliefern und nach ein paar Tagen sammelten sich an die tausend Kilo Vanillekipferl in den Studios des Funkhauses.

Ich erinnere mich noch gut an die Zeiten, als noch meine zwei Großmütter und meine Mutter Vanillekipferl gebacken haben. Jede war von ihrem eigenen Rezept überzeugt und glaubte, dass es nicht zu übertreffen sei. Am Heiligen Abend wurde die Familie dann befragt, welche Vanillekipferl denn die schmackhaftesten seien. Rasch erkannte ich, dass ich, mit welcher Meinung auch immer, nur verlieren konnte. Um niemanden zu kränken, blieb mir lediglich die Ausrede übrig, dass ich Vanille grundsätzlich nicht mag (was im Übrigen sogar stimmt) – zumindest seit meinen ersten bewusst erlebten Weihnachten als Fünfjähriger.

Rezept meiner Mutter
(meine beiden Großmütter mögen mir verzeihen)

30 dag Butter
10 dag Staubzucker
42 dag Mehl
15 dag geriebene Haselnüsse
2 Päckchen Vanillezucker (nicht den billigen, sondern den guten (Bourbon) nehmen)
5 EL Weißwein

Alles gut mit den Händen vermengen. Rund 4 Stunden kalt stellen und dann noch eine Stunde bei Raumtemperatur rasten lassen.

Aus dem Teig kleine Kipferl formen und auf das Backblech, ausgelegt mit Backpapier, legen. Bei 190°C Ober- und Unterhitze rund 7–8 Minuten backen.
Eine halbe Minute auf dem Backblech auskühlen lassen und dann sofort in einem Gemenge aus 20 dag Staubzucker und 3 Päckchen Vanillezucker wälzen.

Oft wird in den Rezepten angegeben, welches Mehl denn nun verwendet werden sollte, ob glatt, griffig oder gar universal, das teure oder das billige. Damit befinden wir uns wieder inmitten der Physik. Hierzu habe ich einige Überlegungen und auch Experimente angestellt. Für die meisten Rezepte muss keine besondere Wahl des Mehls gemacht werden – mit Ausnahme von Saucen. Wodurch unterscheidet sich glattes von griffigem Mehl? In erster Linie durch die Korngröße. Glattes Mehl besteht aus kleinen Körnern, die eine glatte Oberfläche besitzen, im Gegensatz zum griffigen oder sogar doppelgriffigen Mehl, das sich aus größeren Körnern mit einer gröberen Oberfläche zusammensetzt. An der Oberfläche führt Wasser zum Quellen der Stärke- beziehungsweise Mehlkörner. Bringen wir Mehl in eine Sauce ein, so erhalten wir meist Klümpchen, vor allem wenn es sich um glattes Mehl handelt. Kleine Mehlbrocken sind umgeben von dem Wasser aus der Sauce. An der Oberfläche dieser Brocken beginnen die einzelnen Stärkekörner zu quellen – sie bilden ein Gel. Sie nehmen Wasser auf. Leider wird dieses nicht in das Innere der Klümpchen weitergegeben. Man spricht vom so genannten „Gel-Blockierungseffekt“. Er tritt besonders stark beim glatten Mehl auf. Beim doppelgriffigen Mehl kann das Wasser tiefer in das Klümpchen eindringen, weil die Körner lockerer nebeneinander liegen. Muss man eine Sauce „stauben“, also nur mit Mehl binden, so sollte man doppelgriffiges verwenden. Besser wäre natürlich Mehlbutter. Dafür nehmen Sie etwas Butter und vermengen sie mit dem Mehl – egal welchem. Dadurch werden die einzelnen Stärkekörner voneinander getrennt. Eine dünne Fettschicht befindet sich nun zwischen den einzelnen

Körnern. In der Sauce schmilzt die Butter und das Wasser kann zu den einzelnen Fettkörnern gelangen, die zu quellen beginnen. Einzelne Moleküle lösen sich aus dem Stärkekorn, Amylose und Amylopektin. Diese beiden Moleküle strecken sich jetzt der Länge nach. Sie brauchen nun mehr Platz und behindern das Wasser an der Bewegung. Die Sauce wird sämig. Sie würde noch etwas nach Mehl schmecken. Das Molekül Amylose muss zerstört werden – es verursacht den typisch mehligen Geschmack. Die Sauce, gebunden mit einer Einbrenn (Mehlschwitze), sollte nicht über 92°C erhitzt werden, denn sonst wird das Molekül Amylopektin zerstört. Dieses ist besonders baumartig verzweigt und sorgt für die Sämigkeit. Also muss eine andere Möglichkeit gefunden werden. Man verwendet eine Einbrenn. Mehl wird mit Butter erhitzt. Dabei wird die Amylose zerstört und zusätzlich entstehen, Sie erraten es bereits, durch die Maillard-Reaktion neue Aromen.

Jetzt werden Sie womöglich einwenden, dass auch das Amylopektin zerstört wird. Stimmt nicht. Das Amylopektin befindet sich noch in den Stärkekörnern, und da kein Wasser in der Nähe ist, kann es sich nicht herauslösen und in die baumartig verzweigte Form umwandeln. Nur das herausgelöste Amylopektin fällt der Hitze zum Opfer.

Damit haben wir auch schon den wesentlichen Teil des Mürbteigs besprochen: genau genommen die Reaktion zwischen Mehl und Butter. Der Zucker, der Vanillezucker und die Haselnüsse, im Original verwendet man geriebene Mandeln, haben die Aufgabe, dass alles gut schmeckt. Physikalisch betrachtet sind sie bei diesem Rezept uninteressant. Durch das Verkneten mit der Butter werden die einzelnen Stärkekörner voneinander getrennt. Da Butter aus rund 20 Prozent Wasser besteht, können die Stärkekörner ein wenig quellen, aber nicht zu stark. Der Weißwein liefert zusätzlich noch etwas Wasser und der Teig wird ein wenig geschmeidiger. Jedes Mürbteiggebäck sollte man, wenn es aus dem Backrohr kommt, ruhen lassen. Die Butter entspricht dem Zement, der die einzelnen Zutaten zusammenhält. Wird das Mürbteiggebäck in heißem Zustand berührt, so zerbricht der Teig. Die Kipferl zerbröseln, da die Butter noch weich ist. Sind die Kipferl schon ein wenig erkaltet, ist auch die Butter wieder fest und das Kipferl wird als Ganzes stabiler.

Eine andere Variante des Vanillekipferlteiges besteht in der Verwendung eines Eies. Das Rezept würde dann so aussehen (meine Mutter möge mir verzeihen):

30 dag Butter
10 dag Staubzucker
35 dag Mehl
20 dag geriebene Haselnüsse
1 Ei
1 Prise Salz
2 Päckchen Vanillezucker

Zuerst den Vanillezucker mit dem Salz und Ei vermengen, dann die Butter und den Staubzucker dazugeben, kräftig verrühren und zum Schluss das Mehl und die Nüsse untermengen. Den Teig im Kühlschrank rund eine Stunde rasten lassen.
Den Teig zu einer Stange rollen, kleine Stücke abschneiden, daraus kleine Kipferl formen. Bei 190°C Ober- und Unterhitze rund 7–8 Minuten backen. Eine halbe Minute auf dem Backblech auskühlen lassen und dann sofort in einem Gemenge aus 20 dag Staubzucker und 3 Päckchen Vanillezucker wälzen.

Wodurch unterscheiden sich die beiden Rezepte? Richtig, durch das Ei. Ein Ei besteht aus Wasser, Eiweiß, etwas Fett und Proteinen. Das Wasser des Eies sorgt dafür, dass sich der Zucker auflöst. Das Zucker-Wasser-Gemenge befindet sich nun zwischen den Mehl-Butter-Körnern. Beim Backen verdunstet das Wasser und übrig bleibt getrocknetes Eiweiß mit Zucker, der wieder kristallisiert. Der Zucker bildet nun ein sehr starres Gerüst, in dem die Butter-Stärke-Körner eingelagert sind. Beim vorigen Vanillekipferl-Rezept erhielt das Vanillekipferl seine Stabilität nur aus leicht gequollenen Stärkekörnern und der Butter. Hier sind es der kristallisierte Zucker und das getrocknete Eiweiß, die das Vanillekipferl viel stabiler machen. Dadurch wird dieses Vanillekipferl viel fester – man beißt sich die Zähne aus. Deshalb muss man diese Bäckerei längere Zeit lagern. Durch die Luftfeuchtigkeit lagert sich erneut Wasser in den Eiweißstrukturen an – das Kipferl wird wieder mürbe.

Entscheiden Sie bitte selbst. Ich möchte mich aus der Diskussion heraushalten, ob mit oder ohne Ei. Sie wissen ja, mir schmeckt Vanille nicht. Um aber die Kipferl zu verfeinern, hätte ich schon einen Vorschlag: Geben Sie einen Schuss Amaretto in den Teig. Und so kann ich Ihnen mit Hilfe der Physik nur mehr friedliche und schöne Weihnachten wünschen.

Verhalten beim Kontakt mit Außerirdischen

„Unzählige Sonnen existieren, unzählige Erden umkreisen diese Sonnen, so wie die sieben Planeten diese Welt.“

Giordano Bruno (1548–1600)

Außerirdische sind uns nur durch Science-Fiction-Filme bekannt. Manche wirken freundlich und wollen uns in unserer Beschränktheit helfen, andere verhalten sich uns gegenüber einfach reserviert, und wieder andere versuchen uns grundlos oder aus purer Habgier zu vernichten. Ein Science-Fiction-Film ohne Außerirdische ist wie ein Gulasch ohne Saft. Ich weiß, der Vergleich hinkt etwas, trifft den Nagel dennoch auf den Kopf. Es stellt sich dabei immer wieder die Frage, ob es nicht tatsächlich Leben auf anderen Planeten geben und wie es aussehen könnte. Der Phantasie sind da keine Grenzen gesetzt …

Natürlich können wir uns nur am Leben auf der Erde orientieren. Aber gibt es nicht auch andere Möglichkeiten? Könnte es nicht auch Leben auf Basis von Silizium geben? Silizium ist mit dem Kohlenstoff chemisch eng verwandt. Aber leider sind die Siliziumverbindungen zu stabil. Leben zeichnet sich gerade durch seine Vergänglichkeit aus. Jede Sekunde bilden sich auch in einfachsten Bakterien tausende Moleküle neu oder gruppieren sich um. Ohne diese Flexibilität der Kohlenstoffverbindungen wäre Leben nicht möglich. Aber diese Flexibilität besitzen Siliziumverbindungen nicht.

Beschränken wir deswegen die Frage nach intelligentem Leben, was auch immer das sein möge, auf unsere Galaxie. Sollte es da draußen kommunikationsfähiges Leben geben, so könnten wir uns zumindest mit ihm über unterschiedliche Dinge unterhalten. Mit der bisherigen Technologie lässt sich nur mittels Radio- beziehungsweise Lichtsignalen über größere Distanzen kommunizieren. Alleine die Kommunikation innerhalb unserer Galaxie wäre eine langwierige Aufgabe. Leben kann sich nicht überall in der Galaxie entwickeln. Es müssen mehrere Bedingungen erfüllt sein. Befände man sich zu nahe am galaktischen Zentrum, so würde man wahrscheinlich verstrahlt. Dort ereignen sich oftmals Sternexplosionen, die alles Leben in unmittelbarer Umgebung auslöschen. Aber man darf sich auch nicht zu weit vom Zentrum der Galaxie entfernen. Im Randgebiet der Galaxie gibt es zu wenig schwere Elemente, aus denen sich Leben entwickeln könnte.

Eine weitere Einschränkung für das Leben in unserer Galaxie ist die Art des Sternes. Große Sterne besitzen nur eine kurze Lebensdauer, zu kurz, als dass sich Leben entwickeln könnte. Leider sind auch die kleinen Sterne ungeeignet. Sie verfügen nicht über ausreichend Energie, um die umkreisenden Planeten mit ausreichend Wärme versorgen zu können. Unsere Sonne dagegen bietet optimale Bedingungen und rund 10 Prozent aller Sonnen unserer Milchstraße erfüllen diese. Natürlich scheiden auch Doppelsternsysteme, bei denen sich zwei Sonnen gegenseitig umkreisen, aus. Man geht davon aus, dass ungefähr die Hälfte aller Sterne eigentlich Doppelsternsysteme sind. Die Wahrscheinlichkeit für eine stabile Umlaufbahn von Planeten um diese Sternsysteme ist sehr gering.

Für stabile Verhältnisse, und nur unter diesen kann sich Leben entwickeln, benötigt der Planet eine ungefähr kreisförmige Bahn. Nur dann wird der Planet ziemlich gleichmäßig bestrahlt. Auch darf die Rotationsachse des Planeten nicht zu stark geneigt sein. Folglich wären die Temperaturunterschiede durch extreme Jahreszeiten zu groß. Es entstünden gigantische Stürme auf diesem Planeten. Der Planet benötigt auch ein Magnetfeld. Nur dadurch wird das Leben von den schnellen Teilchen der Sonne beschützt. Hin und wieder stößt die Sonne Teile ihrer Oberfläche ab. Diese „Flares" bestehen aus Elektronen und Protonen, die mit rund einem Drittel der Lichtgeschwindigkeit durch das All rasen. Durch das Magnetfeld der Erde werden diese Teilchen abgelenkt und stürzen über den Polen auf die Erde. Zum Glück lebt dort niemand. Oft wird vergessen, dass der Mond eine wichtige Bedeutung für das Leben auf der Erde hat. Dem Mond werden zwar ziemlich häufig übernatürliche Kräfte zugesprochen, aber wenn man sich diese Effekte näher betrachtet, bleiben nur Aberglauben und Geschäftemacherei übrig. Der Mond sorgt für eine stabile Neigung der Rotationsachse der Erde. Sonst würde unser Planet ziemlich unkontrolliert durch das All kreiseln. Es müssen also einige Bedingungen erfüllt sein, damit Leben möglich ist.

Für die Wissenschaft stellen Außerirdische ein Problem dar. Gesehen oder gar gesprochen mit ihnen hat noch niemand von uns – wenn man von einigen dubiosen UFO-Berichten absieht. Aber man sucht Kontakt zu ihnen, etwa über das SETI-Projekt: Man hört das Universum nach Radiosignalen ab und hofft dabei, auf Spuren außerirdischer Intelligenz zu stoßen. Der Name SETI bedeutet „Search for Extra-Terrestial Intelligence" = „Suche nach außerirdischer Intelligenz", wobei auch die scherzhafte Bedeutung „Society of Extra-Talketive Individuals" = „Gesellschaft für besonders gesprächige Individuen" kursiert. Der Grund für diese demütigende Formulierung liegt in der Geldbeschaffung. Es ist nicht leicht, Forschungsgelder für die Suche nach Außerirdischen zu erhalten – man muss hier noch viel Überzeugungsarbeit leisten.

Wie hoch ist die Wahrscheinlichkeit für solche Signale? Der Wissenschaftler Frank Drake (*1930) entwickelte die Green-Bank-Gleichung (später nach Drake benannt), mit der man abschätzen kann, wie viele kommunikationsfähige Zivilisationen existieren:

$$N = R \cdot f_{Planeten} \cdot n_{Erde} \cdot f_{Leben} \cdot f_{intelligent} \cdot f_{Kommunikation} \cdot L$$

Das Ganze hängt ab von der Anzahl R der Sterne (Sonnen), die pro Jahr in unserer Milchstraße entstehen ($R \sim 25$ pro Jahr). Die Variable $f_{Planeten}$ gibt den Anteil der entstandenen Sterne, die Planetensysteme bilden, an. Man weiß heute, dass fast automatisch Planetensysteme entstehen, der Wert fällt nach neueren Forschungsergebnissen relativ hoch aus ($f_{Planeten} \sim 0.9$). Aber nicht jeder Planet ist für Leben geeignet. Auf einem Gasriesen wird sich (kaum) Leben entwickeln. So beschreibt n_{Erde} den Anteil der erdähnlichen Planeten (Größe, chemische Zusammensetzung und so weiter) im so genannten „Goldlöckchen-Orbit" ($n_{Erde} \sim 0.3$). Die Planeten dürfen die Sonne nicht zu weit weg oder zu nahe umkreisen. Wenn ausreichend Zeit ist und die chemische Umgebung stimmt, dann wird auf diesen Planeten auch Leben entstehen, damit wäre $f_{Leben} \sim 1$. Damit ist aber noch nicht gesagt, dass dieses Leben intelligent ist – auch Bakterien und Algen leben. So gelten die Dinosaurier nicht als intelligent und doch beherrschten sie lange die Erde. Den Wert für $f_{intelligent}$ kann man nur raten ($f_{intelligent} \sim 0.001$).

Die Green-Bank-Gleichung sollte auch angeben, ob die Zivilisationen in der Lage sind, Botschaften ins All zu senden, das heißt, dass sie über das Wissen von Funkwellen verfügen. Wenn man bedenkt, dass Menschen gerade erst seit über 100 Jahren Funkwellen ausstrahlen, dann muss man den Wert als relativ gering annehmen ($f_{Kommunikation} \sim 0.1$). Die Zivilisationen müssen lange genug bestehen, damit es zu einem Kontakt kommen kann. Die Galaxie ist groß und Radiosignale brauchen Jahrzehnte, um von einer zur anderen Zivilisation zu gelangen – und auch wieder retour. Nehmen wir für die Lebensdauer einer Zivilisation $L \sim 2\,000$ Jahre an. Das Ergebnis N gibt dann den Wert für die Anzahl intelligenter kommunikationsfähiger Zivilisationen an. Wenn wir obige Werte einsetzen, ergibt sich für $N = 1.35$. Damit gäbe es nur **eine** intelligente Lebensform in unserer Galaxie, das wären wir. Aber es besteht Hoffnung – viele der einzelnen Werte sind nur Schätzungen. Bei kleinen Änderungen der Werte ergeben sich mehr Zivilisationen.

Für andere Werte ergeben sich andere Chancen:

$R = 20$
$f_{Planeten} = 0.5$
$n_{Erde} = 1$
$f_{Leben} = 0.2$
$f_{intelligent} = 1$
$f_{Kommunikation} = 0.5$ und L = 50

so ergibt sich
N = *L* = 50 Zivilisationen

oder

R = 20
$f_{Planeten} = 0.5$
$n_{Erde} = 1$
$f_{Leben} = 0.2$
$f_{intelligent} = 0.5$
$f_{Kommunikation} = 0.5$ und L = 500

so ergibt sich
N = 250 Zivilisationen

Aber erst wenn wir mit Außerirdischen Kontakt aufgenommen haben, werden wir mehr wissen.

Die Wahrscheinlichkeit, dass da draußen noch andere Zivilisationen existieren, ist relativ hoch. Bisher hat das SETI-Projekt rund 21 interessante Signale entdeckt. Leider ließ sich kein Signal überprüfen – es trat jeweils nur einmal auf.

Womit müssen wir genau rechnen, wenn Außerirdische im Garten landen? Wie sehen sie aus? In Hollywood sind die Außerirdischen meist ungefähr so groß wie Menschen und sie zeichnen sich meist nur durch Gesichts-„Masken" oder leichte Deformationen des Körpers aus. Natürlich will man Geld sparen und einfache Gesichtsmasken sind billiger als spezielle Trickaufnahmen oder Computeranimationen. Das Aussehen von Außerirdischen ist von physikalischen Parametern abhängig. Alles hat einen Grund.

Die Schwerkraft eines Planeten darf nicht zu klein, aber auch nicht zu groß sein (rund 85 bis 130 Prozent der Erdschwerkraft), denn nur dann können gleichzeitig Wasser und Kohlenstoff in festem, flüssigem und gasförmigem Zustand auftreten. Bei dieser Planetengröße gibt es eine moderate Oberflächentemperatur für rund zwei Milliarden Jahre. Wäre der Planet kleiner, würde er auch zu viel Atmosphäre verlieren. Der Planet hätte eine zu geringe Kraft, um die einzelnen Luftmoleküle auf Dauer bei sich zu behalten. Dies stellt eine Grundbedingung für Leben – so wie wir es kennen – dar.

Wie groß kann nun so ein außerirdisches Wesen sein? Wenn man davon ausgeht, dass ein durchschnittlicher Mensch mit 1.8 Meter Größe rund 80 kg wiegt, dann würde ein 10-mal so großer Mensch rund 80 Tonnen wiegen – ohne dass sich die Proportionen wesentlich verändern! Eine Vergrößerung um den Faktor 10 bedeutet, dass das Wesen 1000-mal so schwer ist, während die Querschnittsflächen der Knochen nur um den Faktor 100 größer werden. Leider tragen die Knochen dieses Gewicht nicht mehr, selbst wenn sie wollten. Beim ersten Schritt würde sich der Außerirdische alle Knochen brechen, Godzilla ist eben nur eine Trickanimation. Natürlich könnten die Aliens auf allen Vieren gehen, aber wahrscheinlich würden sich niemals Hände, die zum Werkzeuggebrauch geeignet sind, entwickeln, und damit auch keine Technologien (wie bei den Dinosauriern). Sehr oft werden Aliens mit sehr filigranen Händen oder einem dünnen Hals, zum Beispiel E.T., dargestellt. Nur leider würde sich E.T. bei einer einfachen Kopfbewegung das Genick brechen. Die Belastung für die Knochen wäre zu groß.

Umgekehrt können Aliens – zumindest wenn sie intelligent sind – auch nicht kleiner als 30 Zentimeter werden. Wenn man alle Komponenten des Gehirns funktionsfähig verkleinert, dann kommt man auf ein ungefähr faustgroßes Gehirn, das über die Leistungsfähigkeit des menschlichen Gehirns verfügt. Die Meinung, dass wir nur zehn Prozent unseres Gehirns benutzen, ist schlicht und einfach falsch, auch wenn es noch in vielen Büchern steht. Diese Ansicht geht auf den Neuroanatomen Marie-Jean-Pierre Flourens (1794–1867) zurück, der einige Experimente mit Tauben durchführte. Wenn man ihnen 90 Prozent des Gehirns entfernte, konnten sie immer noch den Futternapf finden – aber nicht mehr. Die Tiere wären in der freien Wildbahn zugrunde gegangen. So gesehen liegt Hollywood bezüglich der Größe von Außerirdischen mit 30 Zentimeter bis rund vier Meter nicht so schlecht daneben.

Natürlich müssen sich auch außerirdische Lebewesen bewegen und Handlungen setzen. Dafür benötigen sie Energie. Theoretisch könnten sie die Nährstoffe über die Haut absorbieren, ähnlich den Bäumen, die Sonnenlicht in chemische Energie gemeinsam mit Kohlenstoffdioxid umwandeln. Diese Lebewesen müssten eine sehr große Oberfläche haben und die Energieausbeute wäre gering. Wahrscheinlich verfügen Außerirdische über einen Mund, um den Körper mit hochwertigen Nährstoffen zu versorgen. Wie allerdings die verbrauchten Stoffe entsorgt werden, ist eine andere Frage. Es wäre möglich, dass die Stoffe auch wieder über den Mund ausgeschieden werden. Wir brauchen aber auch Sauerstoff für die Verbrennung der hochwertigen Nährstoffe. Diesen atmen wir ein. Dafür haben wir keine eigene Körperöffnung – der Mund erfüllt mehrere Aufgaben. Bei Außerirdischen wäre es möglich, dass es ausschließlich für das Atmen eine zusätzliche Körperöffnung gibt. Diese Wesen könnten dann gleichzeitig essen und sprechen.

Was ist mit den Augen der Außerirdischen? Die Augen wurden in der irdischen Evolution sehr oft neu erfunden und es gibt sie in vielen Variationen. Über sie erhalten wir essenzielle Informationen über unsere Umwelt. Durch sie kann man Nahrung, Feinde oder auch Freunde über größere Distanz wahrnehmen. Allerdings würden allfällige Außerirdische wahrscheinlich nicht im selben Farbbereich wie wir sehen. Dies hängt von der Sonne und der Atmosphäre ab. Auf jedem Planeten gibt es unterschiedliche Atmosphären mit unterschiedlichem Gasanteil – mehr oder minder verschmutzt. Dies führt dazu, dass zum Beispiel manche Bereiche des Farbspektrums nicht gestreut beziehungsweise absorbiert werden. Das Licht gelangt nicht auf den Boden. Augen können dort dieses Licht nicht wahrnehmen – wozu auch? Damit ist es möglich, dass man auf fremden Planeten mit unseren Augen gar nichts sehen kann, weil alles nur im Infrarot-Bereich leuchtet. Wir würden dort ein Nachtsichtgerät benötigen. Dies führt aber auch noch zu einer anderen Konsequenz: die Hautfarbe. Sie ist an die Umwelt beziehungsweise an das Licht angepasst. Bei Außerirdischen könnte grünes Licht möglicherweise einen Sonnenbrand auslösen. Oder die Sonneneinstrahlung ist so heftig, dass die Augen und die Haut einen besonderen Schutz benötigen. Die Haut könnte gefiedert oder mit Schuppen übersät sein und die Augen würden in tiefen Höhlen liegen. Vielleicht kennen diese Außerirdischen dann die Farbe Rot nicht.

Warum wir zwei Augen besitzen, liegt klar auf der Hand. Sollte eines ausfallen, dann gibt es noch ein zweites. Ein anderer Vorteil besteht darin, dass wir dreidimensional sehen können. Damit sind wir in der Lage, mit Objekten – nahe und fern – besser umgehen zu können. Alles zusammengefasst: Es ist ziemlich wahrscheinlich, dass Aliens mindestens ein Auge besitzen und es ist sicher an der höchsten Körperstelle in der Nähe des Gehirns befestigt. Nur so wäre das Auge vor Verletzungen geschützt. Mehr Augen sind auch wieder unwahrscheinlich, denn dann wäre das Gehirn mit der Information überfordert. Rund die Hälfte des menschlichen Gehirns beschäftigt sich alleine mit der Verarbeitung von Seheindrücken.

Bisher in Science-Fiction-Filmen gesichtete Außerirdische

Art	Vertreter der Spezies	Heimatplanet	Serie/Film
Humanoide:	Spock	Vulkan	Star Trek
	Quark	Ferenginar	Star Trek
	Mork	Ork	Mork vom Ork
	Ford Prefect	Beteugeuze Fünf	Per Anhalter durch die Galaxis
	Barbarella	???	Barbarella
Pelzwesen:	Alf	Melmak	Alf
	Chewbaca	Kashyyyk	Star Wars
	Gucky	Tramp	Perry Rhodan
	Tribbles	???	Star Trek
Vögel:	Bird Guy	???	Men in Black
Insekten:	Bugs	Klendathu	Starship Troopers
Reptilien:	E.T.	???	E.T.
	Blue	Mehrere Planetensysteme	Perry Rhodan
	Gul Dukat	Cardassia Prime	Star Trek
	Jeriba Shigan	???	Enemy Mine
	Ra	Goa'uld	Stargate
Würmer:	Sandwurm	Wustenplanet	The Dune
Silizium-Intelligenz:	Horta	Janus VI	Star Trek
Energie-Wesen:	Wasser-Alien	???	Abyss
	Zetarian	Zetar	Star Trek
	Companion	Gamma Canaris N	Star Trek
	Frogs	Frog Planet	Raumpatrouille Orion

Diese Vorstellungen gehen natürlich sehr stark vom Menschen aus. Was wäre sonst noch möglich? Warum sollten E.T.'s nicht auch fliegen können – warum nicht? Möglicherweise können Außerirdische ihre Hautfarbe verändern – um zum Beispiel Paarungsbereitschaft anzuzeigen. Es sind auch krakenförmige Wesen, wie zum Beispiel in „Independence Day", möglich. Diese Wesen brauchen dann keine Knochen. Sie können auch größer werden. So weiß man heute, dass Oktopusse aus der Tiefsee sehr intelligent sind. Man hat zwar Werkzeuggebrauch von Tintenfischen nur bedingt beobachtet, aber man weiß noch zu wenig über diese Tiere. Sie sind lernfähig und können selbst nur durch Zusehen lernen. Ihre Art gibt es schon sehr lange und sie leben in der Tiefsee – dies entspricht praktisch einem anderen Planeten. Vielleicht, wenn die Menschheit nicht mehr existiert, beginnen Kraken Raketen zu bauen, erobern das All und plündern andere Planeten ...

Wie verhält man sich nun, wenn ein Außerirdischer im Garten landet?

- Als Erstes stellen Sie sicher, dass Sie vorher keine Drogen beziehungsweise Ihre Medikamente in der richtigen Dosierung genommen haben. Bei einem Schub einer schizophrenen Psychose können Halluzinationen auftreten. Genauso kann man viel Interessantes sehen oder hören, wenn man Drogen zu sich nimmt. Überprüfen Sie daher, ob Ihr Gehirn ordnungsgemäß arbeitet. Wenn Sie daran zweifeln, so ziehen Sie einen Freund oder noch besser einen Unbekannten zu Rate. Sollte es sich um einen schlechten Scherz handeln, so könnten Sie sich dieses Erlebnis nämlich ein Leben lang von Ihren Freunden anhören. Also lieber einen Unbekannten zu Rate ziehen!

- Sollten sich keine Menschen in der Nähe befinden, machen Sie bitte ein paar Fotos oder, noch besser, schalten Sie die Videokamera ein – vergessen Sie nicht, den Objektivdeckel herunterzunehmen und im Hintergrund sollten sich Referenzobjekte befinden. Die Außerirdischen werden sicher nichts dagegen haben, dass Sie sie filmen, denn sonst würden sie sich Ihnen nicht offen nähern.

- Da das SETI-Projekt, zumindest theoretisch, Signale von Außerirdischen empfangen kann, könnte man diesen dann auch antworten. Im Oktober 1988 verabschiedete der internationale Astronomenkongress im indischen Bangalore eine Grundsatzerklärung über Aktivitäten nach der Entdeckung außerirdischer Intelligenz. Darin werden auch Regeln für Antworten bei einem ersten Kontakt mit Außerirdischen vorgegeben. Diese Regeln würde auch ich jedem bei einem allfälligen Kontakt empfehlen.
  Erstens sollte die Antwort im Namen aller Menschen ausgesprochen werden. Es wäre ziemlich unfair, wenn Sie gleich den Nachbarn anschwärzen, nur weil er Ihnen öfter die Zeitung klaut oder Abfälle in Ihren Garten wirft. Auch sollte man nicht über den gegnerischen Fußballclub schimpfen, denn wahrscheinlich kennen Außerirdische überhaupt kein Fußball und beziehen vielleicht die von Ihnen genannten Namen der Vereine als Beleidigungen auf sich ... Dennoch kann man Außerirdischen einen grün-weißen Schal und, wenn es unbedingt sein muss, auch einen violetten schenken. Sie werden sich sicher darüber freuen – wenn sie zu Gefühlen fähig sind.
  Zweitens sollte die Antwort der Wahrheit entsprechen. Es macht wenig Sinn, dass Sie sich als der Herrscher der Welt vorstellen. Über kurz oder lang fliegt der Schwindel auf.
  Drittens sollte die Antwort friedlich sein. Es wäre sicher nicht ratsam, die Außerirdischen gleich als Ausländerpack oder Wirtschaftsflüchtlinge zu beschimpfen und mit einem Baseballschläger fortzujagen.

- Lassen Sie ihn, sie oder es ausreden und seine/ihre Wünsche formulieren. Sollte er, sie, es Ihren Körper für medizinische Experimente missbrauchen wollen, so verweisen Sie auf die Menschenrechte oder Ihr schweres Placebo-Syndrom, das den sofortigen Tod bei medizinischen Untersuchungen verursacht. Schmücken Sie die Geschichte etwas aus, zum Beispiel, dass es nur acht lebende Personen mit dieser schweren Erkrankung gibt. Weisen Sie auch auf die extreme Ansteckungsgefahr hin. Aber bitte bleiben Sie friedlich. Sollte das außerirdische Wesen Sie auffordern, die Welt zu verlassen und sein Recht auf Rohstoffe einfordern, so verweisen Sie es an das Amt der österreichischen Salinen AG in 4820 Bad Ischl, Wirerstraße 10. Dort wird man sich dann mit seinen Forderungen auseinander setzen. Gut, dass Sie bei der Wahrheit geblieben sind und sich nicht als Herrscher der Welt präsentiert haben …

- Als Letztes sollte Ihre Antwort ausdrücken, dass die Menschheit tolerant und aufgeschlossen gegenüber andersartigen Wesen ist. Ich glaube, hier erübrigt sich eine nähere Interpretation.

- Halten Sie sich bitte an die Regeln.

- Wer ist im Fall des Falles zu verständigen? Die Polizei – nein, denn es ist ja kein Verbrechen geschehen, außer Sie möchten den Außerirdischen auf Besitzstörung klagen. Die Rettung – nein, denn es liegt kein medizinischer Fall vor, außer Sie bekommen durch das Geschehen einen kleinen Herzinfarkt. Die Feuerwehr – die brauchen Sie auch nur dann, wenn bei der Landung der Außerirdischen der Garten abgefackelt wurde. Vergessen Sie bitte nicht, sich eine Bestätigung vom Alien und der Feuerwehr für die Haushaltsversicherung geben zu lassen.

Damit stellt sich die Frage, welche staatliche Stelle für die Einreise, die Verzollung und die Kontaktaufnahme für diplomatische Beziehungen mit Außerirdischen im Fall des Falles zuständig sei. So habe ich in meiner Naivität die jeweiligen Außenministerien von Österreich, Deutschland und der Schweiz angerufen und nachgefragt. Das führt uns zu einem interessanten Vergleich der Serviceleistungen und des Denkens in den drei Nationen. Zuerst rief ich im österreichischen Bundesministerium für auswärtige Angelegenheiten an. Ich stellte mich mit meinem Namen vor, erklärte, dass ich gerade an einem Sachbuch schreibe und eine, nun sagen wir einmal, etwas exotische Frage habe. Welche staatliche Stelle sei zu verständigen, wenn Außerirdische in meinem Garten landen würden? Die Dame am anderen Ende schluckte kurz und verband mich mit einer anderen Dame. Diese hörte sich das Ganze noch einmal an und meinte nur: „Das ist eine Frage, auf die ich im Moment keine Antwort habe. Kann ich mich bei Ihnen melden, nachdem ich mich informiert habe?" Bereitwillig gab ich meine Telefonnummer her und war schon sehr gespannt, wie lange die Informationsbeschaffung dauern würde. Dann rief ich in Deutschland beim Bürgerservice des Auswärtigen Amtes an. Hier stellten sich die ersten Sprachprobleme ein. Die Dame, mit der ich zuerst sprach, fragte entsetzt nach, ob denn gerade jetzt bei mir im Garten Außerirdische gelandet seien. Ich musste sie beruhigen und ihr mehrmals erklären, dass es sich um eine hypothetische Frage handle. Dann vermittelte sie mich an einen Spezialisten. Auch der wusste keinen Rat und ich wurde an einen anderen Spezialisten weitervermittelt, der mich wieder an den ersten Spezialisten zurückvermittelte. Jedes Mal hieß es: „Ja, da haben wir einen Spezialisten für ein solches Problem und ich verbinde Sie mit ihm." Mein Herz frohlockte. In Deutschland gibt es zumindest einen Fachmann für die Kontaktaufnahme mit Außerirdischen. Schließlich landete ich bei einem Spezialisten, der zudem der Vorgesetzte von ein paar anderen Spezialisten war. Dieser meinte, dass ich mich einfach an die kommunale Verwaltung beziehungsweise an die örtliche Sternwarte wenden sollte und zur Not könne ich mich ja an das Bundesministerium für Inneres wenden.

Liebe Beamte und Beamtinnen im deutschen Außenministerium: Eine Sternwarte brauche ich, um mir weit entfernte Objekte anzusehen. Dort sitzen AstronomInnen, die das wirklich gut können, aber diese sind keine staatliche Stelle und wahrscheinlich keine Spezialisten für Verzollung exotischer Gepäckstücke und keine Rechtsexperten für Asyl und Einreise. Ich glaube auch nicht, dass die städtische Verwaltung zuständig ist. Diese entsorgt den Müll, stellt Trinkwasser bereit, organisiert die Schneeräumung und ist für viele kleine Probleme zuständig. Ich stelle mir vor, ein Außerirdischer würde in einer kleinen Gemeinde landen und der Bürgermeister begrüßt ihn dann mit Blasmusik und Freibier. In Wien würde der Außerirdische wahrscheinlich vom Stadtoberhaupt zum Heurigen eingeladen werden …

Also rief ich beim deutschen Bundesministerium für Inneres an. Dort wurde ich sofort mit der „Inneren Sicherheit" verbunden. In der Telefonzentrale scheint eine leichte Xenophobie (Angst vor Fremden) vorzuliegen. Die Dame der „Inneren Sicherheit" war ausgesprochen freundlich und bemüht, kannte aber keinen Spezialisten, an den man sich wenden könne. Die beiden Telefonate dauerten rund 45 Minuten.

Als Nächstes stand das Eidgenössische Departement für auswärtige Angelegenheiten auf meiner Liste. Eine sehr nette Dame meldete sich, die sofort meinte: „Das ist aber eine wirklich interessante Frage. Das hat bisher noch keiner gefragt. Da muss ich mich einmal erkundigen, bleiben Sie bitte in der Leitung …" Nach rund 10 Minuten des Wartens in der Telefonschleife meldete Sie sich wieder und verband mich weiter. Wiederum meldete sich eine sehr nette Dame, die erklärte, dass sie für Raumfahrt in der Schweiz (!!!) zuständig sei. Ich meinte nur, dass ich ja nicht jemand mit einer Rakete wohin schießen möchte, sondern dass jemand angekommen sei. Diesen Einwand ließ sie nicht gelten und sagte: „Ja, bei uns in der Schweiz gibt es viele Stellen, die sich bei einem solchen Problem zuständig erklären würden. So gibt es eine eigene Abteilung in einem Departement, welche dann für den Export und Import ebenfalls zuständig ist. Es gibt zwar keine klar definierte Stelle ausschließlich für Außerirdische, aber die unterschiedlichen Dienststellen werden sich dann schon darum kümmern." Das ganze Gespräch dauerte rund 15 Minuten.

So wartete ich auf die Antwort der österreichischen Behörden. Prompt wurde ich am nächsten Tag zurückgerufen und erhielt als Antwort, dass weder das Bundeskanzleramt noch das Bundesministerium für Inneres, das Bundesministerium für auswärtige Angelegenheiten oder das Bundesheer zuständig seien. Es gebe in Österreich kein Gesetz, das die Zuständigkeit der Kontaktaufnahme, Verzollung und die Einreise zwischen der Regierung oder einer anderen staatlichen Stelle mit Außerirdischen regle. Es handle sich um einen rechtsfreien Raum. Die österreichische Antwort ließ zwar einen Tag auf sich warten, aber sie war, nach meinem Gefühl, die kompetenteste und auch die bürgerfreundlichste – schließlich wurde ich zurückgerufen.

Eine Anfrage bei der Weltraumrechtsorganisation der UNO ergab, dass sich auch diese nicht mit Leben im All beschäftige.

Um es kurz zu machen, wir sind in Österreich, Deutschland, der Schweiz und wahrscheinlich auf der ganzen Welt nicht wirklich auf Außerirdische vorbereitet …

T. Wizany 2006

Physik im Urlaub

Es gibt verschiedene Arten von Urlaub: Erholungsurlaub, Abenteuerurlaub, die abgeschwächte Form als Erlebnisurlaub, Bildungsurlaub und noch vieles mehr. Wenn man fremde Länder bereist, so kann man etwas erzählen, sagt ein Sprichwort. Man lernt interessante Menschen kennen, sieht neue Landschaften und bringt das Gehirn auf andere Gedanken. Seien es im arabischen Raum Diskussionen über die Jungfräulichkeit Marias oder die Idylle an einem einsamen Sandstrand mit einem wunderbaren Cocktail, die Aufregung, durch einen Hurrikan zu fliegen oder von einem Space-Shuttle-Start geblendet worden zu sein – Urlaub ist eine tolle Sache. Betrachten wir verschiedene Urlaubsdestinationen vom Standpunkt der Physik.

Am Mount Everest

Was halten Sie von Urlaub in den Bergen? Schneebedeckte Gipfel, Füße mit Blasen, weil Sie die Hinweise im Kapitel „Physik der Fortbewegung" nicht befolgt haben, und ein paar umherkraxelnde Gämsen. Hat man den Gipfel erreicht, dann scheint die Welt in Ordnung. Dann schmeckt einem das mitgebrachte trockene Brot, die Tomate und das kleine Eckchen Käse. Der Ausblick ist phantastisch und für manche von uns stellt sich die Frage, warum es nicht noch höhere Berge gibt. Die Aussicht wäre dann noch viel beeindruckender.

Warum gibt es tatsächlich keine höheren Berge als den Mount Everest auf der Erde? Der Mount Everest ist in das Himalaja-Gebirge eingebettet und gilt als der höchste Berg der Erde (8844.53 Meter). Verglichen mit dem Olympus Mons auf dem Mars, mit rund 26.4 Kilometer (!) der höchste bekannte Berg im Sonnensystem, wirkt er eher wie ein Zwerg. Könnte es nicht einen solch hohen Berg wie auf dem Mars auch auf der Erde geben?

Machen wir ein einfaches Experiment.

Nehmen wir etwas Pudding und geben ihn auf ein gebackenes Biskuit. Legen wir auf die Spitze unseres kleinen Haufens noch einmal einen Löffel Pudding drauf. Dies führen wir so lange durch, bis das Biskuit voll ist. Jedes Mal, wenn wir Pudding auf die Spitze des Berges geben, beginnt der Berg unten breiter zu werden. So sehr wir uns auch anstrengen, jedes Mal, wenn wir etwas oben draufsetzen, wächst der Berg unten in die Breite; die Höhe des Berges jedoch ändert sich nicht. Jetzt könnten wir natürlich eine andere Substanz als Pudding verwenden, zum Beispiel Speiseeis. Hier wird der Berg schon höher, aber auch hier gibt es eine obere Grenze.

Am besten experimentieren Sie bei der Zubereitung von Bananenschnitten. Sie können versuchen, sowohl aus dem Teig als auch später aus der Creme möglichst hohe Berge zu bauen. (Eigentlich sollte man nicht mit Lebensmitteln spielen, aber sie werden ja später verzehrt.)

Die Höhe unseres Berges hängt von der Elastizität des Baumaterials und dessen Gewicht ab. Aus Schaum können wir bedeutend höhere Berge bauen als aus Pudding, vor allem weil er so leicht ist. Die Spitze des Berges drückt nicht so stark auf den unteren Bereich, der Fuß des Berges verbreitert sich nicht so sehr.

Mit Bergen verhält es sich genauso. Auch Gestein verfügt über eine Elastizität, die aber um ein Vielfaches geringer ist als bei unserem Pudding. Leider ist Gestein auch ziemlich schwer. Rechnet man dies durch, dann kommt auf der Erde eine maximale Höhe von rund 10 000 Meter heraus. Das stimmt in erster Näherung. Wir haben bisher die Verwitterung unseres Gesteins noch nicht berücksichtigt.

Für unser Experiment wären es kleine Naschkatzen, die etwas vom Pudding stibitzen. Das erklärt aber auch, warum auf dem Mars Berge höher werden können. Auf der Erde werden wir, aber auch Berge und Bergspitzen, mit einem g zum Mittelpunkt hingezogen, während auf dem Mars die Berge nur mit 0.38 g zum Marsmittelpunkt gezogen werden, da der Mars kleiner und leichter ist.

Ein g ist die Beschleunigung, mit der wir zum Erdmittelpunkt gezogen werden, um genau zu sein, entspricht $1\ g = 9.81\ m/s^2$. Diese Beschleunigung hängt von dem Gewicht und der Größe des Planeten ab. Zusätzlich besitzt das Material, aus dem der Mars besteht, eine geringere Dichte als das Gestein der Erde. Damit wissen wir, der Mount Everest könnte noch etwas wachsen, aber nicht mehr viel.

Rezept für Bananenschnitten

Man vermenge

30 dag Mehl
25 dag Zucker
5 Eier (L oder XL)
½ Päckchen Backpulver
½ Päckchen Vanillezucker
⅛ L Öl
⅛ L Wasser

Diese Mischung wird auf ein Backblech gestrichen und bei rund 190°C rund 30 Minuten bei Ober- und Unterhitze gebacken. Danach den Teig etwas auskühlen lassen, mit Eierlikör beträufeln und mit Marillenmarmelade (für unsere Freunde aus Deutschland: Aprikosenkonfitüre) bestreichen.

Für die Creme

25 dag Butter
15 dag Staubzucker

cremig rühren. Anschließend einen halben Liter erkalteten Vanillepudding löffelweise dazurühren.

In vielen Kochbüchern findet man häufig den Begriff „schaumig" – aber einer meiner Studenten hat mich darauf aufmerksam gemacht, dass er einmal rund eine halbe Stunde die Butter und den Zucker rührte und dabei kein Schaum entstand. Er hatte vollkommen Recht, das Gemenge wird cremig, nicht schaumig. Danke, Hatsch.

Mit dieser Mischung kann man nun auf dem ausgekühlten Teig experimentieren. Wie hoch werden Ihre Berge?
Sobald Ihr Berg nicht mehr höher wird, die Creme glatt verstreichen und die Bananen (rund 1 kg) der Länge nach aufgeschnitten auf die Creme legen. Das Ganze mit einer Schokoladeglasur überziehen und kalt stellen.

Wollten wir am Mount Everest Eier kochen, so bekämen wir ein ganz anderes Problem. Es handelt sich um den Luftdruck. Wir leben in einem Meer von Luft, die wir zum Beispiel zum Atmen brauchen. Aber ohne Luftdruck würden wir sofort unweigerlich sterben. Unser Körper ist ein mit Flüssigkeit gefüllter Beutel. Dieser würde sofort zerplatzen, wenn er nicht von der Luft zusammengehalten werden würde. Die Kraft, welche die Luft auf unseren Körper ausübt, ist vergleichbar mit 10 Meter Wassertiefe. Das bedeutet, dass wir in 10 Meter Wassertiefe den doppelten Luftdruck spüren. Warum nehmen wir davon nichts wahr? Ganz einfach, weil sich unser Körper im Laufe der Zeit an diesen Zustand gewöhnt hat. Erst wenn wir den Druck massiv erhöhen, wird es bedenklich, weil unser Körper dafür nicht ausgerichtet ist. Wenn wir Urlaub am Meer machen, können wir einige Experimente zum Thema Überdruck durchführen.

Auf dem Mount Everest herrscht aber ein niedrigerer Luftdruck als auf Meeresniveau. Ungefähr alle fünf Kilometer Höhe reduziert sich der Luftdruck auf die Hälfte. Dieser geringe Luftdruck kann uns gesundheitliche Probleme bereiten. Nicht der mangelnde Sauerstoff wird für uns gefährlich, ihn kann man ja mitnehmen, sondern der fehlende Luftdruck im Inneren der Lunge. Wenn wir einatmen, bringen wir eine bestimmte Menge Luft in die Lunge. Bei normalem Luftdruck kann dann der Sauerstoff im Blut von den roten Blutkörperchen gebunden werden. Wenn der Luftdruck aber abnimmt, diffundiert weniger Sauerstoff in das Blut. Ferner kann es zu Blutungen im Inneren der Lunge kommen. Kleinste Gefäße werden normalerweise durch den Luftdruck zusammengedrückt. In großen Höhen ist dieser Druck aber stark reduziert, was dazu führt, dass der Blutdruck, der auf diese

Gefäße wirkt, im Verhältnis größer wird. Deshalb können die Blutgefäße dann leichter platzen.

Kommen wir wieder zu unseren Frühstückseiern. Wenn wir am Mount Everest Wasser kochen, so erreichen wir hier keine 100°C Kochtemperatur. Die Siedetemperatur hängt von der Flüssigkeit und dem Luftdruck ab. So weisen Öle eine Siedetemperatur von über 180°C auf Meeresniveau, Wasser aber nur 100°C auf. Erhöhen wir den Luftdruck, so lassen sich in einem Druckkochtopf rund 135°C Siedetemperatur erzielen.

Das Ganze hängt von der Fluchtmöglichkeit der Flüssigkeitsteilchen ab. Eine Flüssigkeit besteht aus Atomen beziehungsweise aus Molekülen. Im Fall von Wasser handelt es sich um das H_2O-Molekül (zwei Wasserstoffatome und ein Sauerstoffatom). Diese Moleküle haben eine bestimmte Geschwindigkeit. Je höher die Geschwindigkeit, umso höher die Temperatur der Flüssigkeit. Genauer gesagt ist die Temperatur einer Flüssigkeit proportional zur durchschnittlichen Geschwindigkeit der Moleküle. Manche Moleküle bewegen sich etwas schneller und manche Moleküle sind langsamer unterwegs. Die schnellen Moleküle möchten aus der Flüssigkeit „abhauen". Zwei Kräfte wissen dies aber zu verhindern. Einerseits wirken die Molekülkräfte. Wenn sich zwei Moleküle treffen, dann möchten sie beieinander bleiben. Das gilt natürlich auch für viele Moleküle. So bilden die Wassermoleküle einen Wassertropfen. Dieser löst sich nicht einfach in Luft auf (durch Verdampfen), weil die Moleküle beieinander bleiben möchten. Diese Kraft, die Moleküle an andere Moleküle bindet, wird Kohäsion genannt. Aufgrund der Kohäsion werden die Moleküle an der Flucht gehindert. Andererseits drückt auch noch die Luft auf die Wasseroberfläche. Einzelne Moleküle prallen unablässig auf die Wasseroberfläche. Wenn ein Teilchen versucht zu entkommen, so wird es wieder in die Flüssigkeit hineingedrückt.

Betrachten wir einen kleinen harmlosen Flüssigkeitstropfen auf dem Tisch. Im Laufe der Zeit wird er immer kleiner, trotz der Molekülkräfte und des Luftdruckes. Warum? Es wirkt nicht nur der Luftdruck, indem er Teilchen in die Flüssigkeit hineindrückt. Es kann auch vorkommen, dass Teilchen von der Flüssigkeit durch einen Luftstrom herausgerissen werden. Im Laufe der Zeit werden Teilchen durch die Luft aus dem Wassertropfen herausgerissen, während die übrigen hineingedrückt werden. Der Wassertropfen wird immer kleiner, bis er verschwindet. Hier hat sich der Wassertropfen ohne Temperaturerhöhung in Wasserdampf umgewandelt.

Nehmen wir einen Topf gefüllt mit Wasser. Erhöhen wir die Temperatur, so bewegen sich die Teilchen durchschnittlich immer schneller. Ab einer bestimmten Temperatur entstehen durchsichtige Dampfblasen. In ihnen herrschen auf Meeresniveau 100°C. Die Molekülkräfte reichen nicht mehr aus, um die Wassermoleküle zusammenzuhalten. Die einzelnen Moleküle bewegen sich zu schnell. Verringert sich der Luftdruck noch zusätzlich, so werden die einzelnen Moleküle weniger stark zusammengepresst. Es kann schon bei niedrigeren Temperaturen zum Verdampfen der Flüssigkeit kommen. Die Wassermoleküle verlassen nun als Gas die Flüssigkeit. Sie können ganz leicht Wasser ohne Temperaturerhöhung zum Verdampfen bringen. Ziehen Sie eine kleine Spritze halbvoll mit Wasser auf. Achten Sie darauf, dass sich keine Luft in der Spritze befindet. Verschließen Sie die Spritze mit einem Finger und ziehen Sie am Kolben der Spritze. Sie benötigen dazu etwas Kraft. Schlagartig entstehen viele kleine Bläschen. Dabei handelt es sich nicht um Luft, sondern um Wasserdampf. Lassen Sie den Kolben los, so verschwinden die Dampfbläschen wieder. Übrigens, Dampf ist durchsichtig. Oberhalb des wallenden Wassers können wir einen Nebel sehen. Dabei handelt es sich nicht um Wasserdampf, sondern um Nebel. Der durchsichtige Wasserdampf kühlt ab und es entstehen kleinste Wassertröpfchen, die den Nebel bilden.

Um auf unser Problem mit den Frühstückseiern zurückzukommen. Auf dem Mount Everest erreichen wir nur eine maximale Temperatur von 75°C bei kochendem Wasser. Damit Eiweiß hart wird, benötigen wir aber eine Temperatur von mindestens 82°C. Wir könnten gerade Sauna-Eier herstellen. Diese speziellen Eier stellen ein interessantes Phänomen dar. Nehmen Sie ein paar Eierkartons mit in die Sauna. Dort gibt es Zonen mit unterschiedlichen Temperaturen. Unten ist es relativ kalt, während der obere Bereich nur für die hart gesottenen Saunafreunde reserviert ist. Stellen Sie die Kartons mit den Eiern auf die unterschiedlichen Stufen und lassen Sie Erstere rund 45 Minuten lang stehen. Wenn Sie zu Hause dann die Eier aufschlagen, werden Sie beobachten, dass die Eier eines Kartons eine interessante Struktur aufweisen. Der Dotter ist hart und das Eiweiß immer noch flüssig. Wie kann das funktionieren? Das Eigelb wird schon bei rund 65°C hart, während das Eiweiß erst bei rund 82°C fest wird. Kochen Sie Eier am Mount Everest, erhalten Sie Sauna-Eier. In den anderen Kartons findet man Eier, die gerade von der Temperatur geküsst wurden: Dort hat sich nichts verändert, während in den anderen Kartons die Eier wahrscheinlich hart gekocht sind.

Die Physik liefert uns zwei Lösungswege, am Mount Everest Eier zu kochen. Zunächst könnten wir einen Druckkochtopf verwenden. Im Inneren dieses Topfes wird der Druck erhöht und damit steigt die Siedetemperatur. Wie lange muss das Ei bei 135°C kochen, damit es schön weich oder hart und fest wird? Verwenden Sie doch einfach die Eierkochformel, die im Kapitel „Physik im Kaffeehaus“ behandelt wird. Die Frage ist nur, wer schleppt einen Druckkochtopf auf den Mount Everest hinauf? Umgekehrt, wenn er schon einmal oben ist, kann er ja oben bleiben und anderen BergsteigerInnen als Eierkocher dienen.

Die zweite Lösung ist vielleicht etwas eleganter. Sie kochen das Ei einfach in Öl. Öl besitzt eine höhere Siedetemperatur. Sicher erreichen Sie mit Öl eine höhere Kochtemperatur als die geforderten 82°C. Dafür müssen Sie nur etwas Öl auf den Mount Everest mitnehmen. Das sollte doch machbar sein. Versuchen Sie bitte nicht, ein Ei auf Meeresniveau zu frittieren. Die Temperaturen, die im Öl entstehen, sind für ein Ei auf Meeresniveau zu hoch.

Zweifellos ist das Beispiel des Eierkochens am Mount Everest etwas übertrieben. Aber in den Anden ist das ein gravierendes Problem. Sollten Sie jemals in den Anden Eier kochen wollen, nehmen Sie ein Thermometer mit, um die Siedetemperatur des Wassers zu bestimmen. Dann einfach in die Formel aus dem Kapitel „Physik im Kaffeehaus" einsetzen und fertig. Lassen Sie es sich schmecken!

Aber bleiben wir noch kurz beim Wassertropfen. Er verdunstet einfach. Lassen wir einen leichten Luftstrom über den Wassertropfen fließen, so wird der Wassertropfen schneller verschwinden. Die bewegten Luftteilchen reißen Wassermoleküle aus dem Tropfen heraus. Es sind vor allem die schnellen Teilchen, die entkommen können. Übrig bleiben die langsamen Teilchen. Das bedeutet: Während Flüssigkeit verdampft, kühlt der verbleibende Wassertropfen ab. Je stärker der Wind bläst, desto mehr Flüssigkeit verdunstet und umso kälter wird der Tropfen. Wenn wir am Mount Everest spazieren gehen, das Gleiche gilt natürlich auch für die Alpen oder Anden, dann wird dort sicher auch der Wind kräftig blasen. Leider schwitzen wir immer. Je mehr wir uns anstrengen, desto kräftiger schwitzen wir. Ein Spaziergang am Mount Everest ist sicher beschwerlich, also wird unsere Kleidung schweißgetränkt sein. Wenn nun der Wind über unsere Kleidung streicht, so trocknet das Gewand zwar, aber gleichzeitig kühlen wir ab. Diese Abkühlung kann lebensgefährlich werden, auch bei Temperaturen knapp über dem Gefrierpunkt. Es hängt nur von der Windgeschwindigkeit ab. Sicherlich haben Sie schon erlebt, dass Ihnen Wintertage mit –20°C weniger kalt vorkamen als jene mit nur –5°C. Der Unterschied liegt am Wind. Wenn bei –20°C kein Wind bläst, dann spüren Sie nur die –20°C auf der nicht bedeckten Haut. Bläst hingegen der Wind mit rund 40 km/h bei –5°C, so spüren wir direkt auf der Haut eine Temperatur von –25°C. Der Zusammenhang von der tatsächlichen Temperatur, der Windgeschwindigkeit und der tatsächlich empfundenen Temperatur wird als Chill-Faktor (engl. to chill = kühlen) bezeichnet. Man kann die gefühlte Temperatur folgendermaßen abschätzen:

Die halbe Windgeschwindigkeit wird mit der Lufttemperatur (ohne Vorzeichen) addiert. Noch ein Minuszeichen davor, und man erhält die gefühlte Temperatur.

Zum Beispiel: 40 km/h und –15°C ergeben dann: 20 + 15 = 35, also: –35°C gefühlte Temperatur.

Ist die Lufttemperatur wärmer als 0°C, so muss man diese von der halben Windgeschwindigkeit abziehen und nicht addieren.

Bei 10°C und 40 km/h ergibt sich 20 – 10 = 10, also –10°C.

Diese Abschätzung liefert nur ungefähre Werte, die genauen Werte entnehmen Sie bitte der Grafik. Die Kleidung im Winter sollte vor allem windabweisend sein. Optimal wäre es, wenn man in einer Kunststoffschicht eingeschweißt wäre. Dann könnte uns der Wind nichts anhaben. Leider wäre unsere Kleidung danach vom Schweiß durchnässt. So gilt es, einen Kompromiss zu finden.

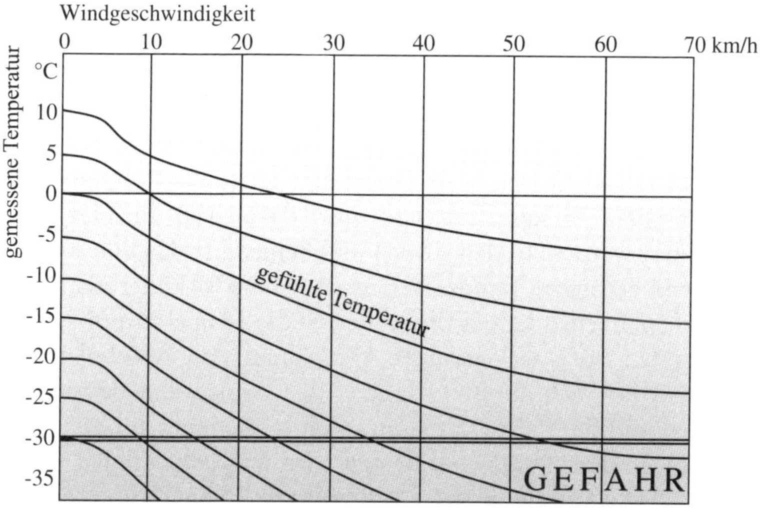

Mit dieser Abbildung kann man leicht den Chill-Faktor – die gefühlte Temperatur – bestimmen.

Wir müssen nicht nur auf die Kleidung achten, um den Chill-Faktor zu minimieren, sondern auch auf die Produktion von ausreichender Körpertemperatur. Bewegen wir uns nicht, so bildet der Körper nur wenig Energie. Die Nährstoffe verbrennen mit dem Sauerstoff der Atemluft und dabei entsteht Wärme. Je mehr wir unsere Muskeln bewegen, umso mehr Nährstoffe werden verbrannt und umso mehr Wärme entsteht. Die größte Gefahr für eine Bergsteigerin oder für einen Bergsteiger besteht darin, einfach stehen zu bleiben und sich nicht zu bewegen. Binnen Minuten kann es dann zu Erfrierungen zuerst an den Fingern und Zehen kommen. Sobald die Temperatur für die lebenswichtigen Organe unter einen kritischen Wert sinkt, schaltet der Körper auf ein Notprogramm um. Die Blutgefäße in den Extremitäten, den Zehen und den Fingern verengen sich. Durch diese strömt dann weniger Blut und das warme Blut bleibt im Inneren des Körpers. Dadurch können die Finger aber auch nicht erwärmt werden und binnen ein paar Minuten frieren sie ab. Deshalb ist es wichtig, dass man immer ausreichend Bewegung macht. Dann wird die kritische Temperatur nicht so rasch erreicht und es treten keine lästigen Erfrierungen auf.

Natürlich gehört auch der Schnaps zu einem erfolgreichen Gipfelsieg. Dagegen ist auch nichts einzuwenden. Aber man sollte Alkohol unter gar keinen Umständen trinken, um sich aufzuwärmen. Es stimmt zwar, dass Alkohol den Kreislauf anregt, aber bei wirklich tiefen Temperaturen kann dies ein großes Problem sein – Lebensgefahr besteht! Alkohol führt dazu, dass die Blutgefäße erweitert werden. In den Armen und Beinen hat das Blut eine bedeutend geringere Temperatur, es ist rund 5°C kälter als in den Organen. In einer kalten Umgebung ist die Temperatur in den Extremitäten noch viel geringer. Wenn man nun Alkohol trinkt, dann öffnen sich die Blutgefäße in den Armen und Beinen sehr schnell und das kalte Blut kann rasch in die inneren Organe gelangen. In den Armen und Beinen wird uns zwar schnell warm, aber unsere Organe hören bei den tiefen Temperaturen einfach auf zu arbeiten. Um die Körpertemperatur zu erhöhen, ist ein warmer Tee am besten und am sichersten. Auch sollte man sich nicht unter eine heiße Dusche stellen. Auch dabei werden die Blutgefäße größer und das noch kalte Blut strömt dann fast schlagartig zu den inneren Organen. Kreislaufversagen ist die Folge. Am besten hüllt man sich einfach in eine Decke, trinkt Tee und liest Zeitung.

Damit wären wir bei der nächsten Frage: Wie kommt es eigentlich zum Wind? Das Wettergeschehen ist ein äußerst komplexer Vorgang. Beschränken wir uns daher nur auf die Entstehung von Wind. Nicht alle Stellen der Erde werden von der Sonne gleichmäßig stark erwärmt. Dies hängt einerseits vom unterschiedlichen Einstrahlungswinkel und andererseits von der bestrahlten Oberfläche ab. Wenn die Sonne am Horizont steht, dann treffen weniger Lichtstrahlen auf einen Quadratmeter der Erdoberfläche, als wenn die Sonne genau senkrecht über der Fläche steht. Das Land wird stärker erwärmt als das Wasser. Es braucht dazu relativ lange, bis eine Wasseroberfläche erwärmt wird, allerdings kann das Wasser diese Wärme auch länger speichern. Daher herrschen große Temperaturunterschiede auf der Erde. Die Luft über dem Land wird rascher erwärmt als die Luft über dem Wasser. Die erwärmte Luft über dem Land dehnt sich aus, steigt nach oben und strömt Richtung Meer. Als Ausgleich strömt in niedriger Tiefe kalte Luft vom Meer ins Landesinnere. Wind ist entstanden. Die Bereiche, in denen die Luft aufsteigt, heißen Tiefdruckgebiete, während jene, in denen die Luft abkühlen kann und demzufolge nach unten sinkt, als Hochdruckgebiete bezeichnet werden. Knapp über der Erdoberfläche strömt die Luft immer vom Hochdruckgebiet in ein Tiefdruckgebiet. Interessanterweise nimmt die Luft nicht den (scheinbar) kürzesten Weg vom Hochdruckgebiet zum Tiefdruckgebiet. Die Luftmassen bewegen sich auf einer Kurve. Auf der Nordhalbkugel weist die Kurve nach rechts, während auf der Südhalbkugel die Winde eine Linkskurve beschreiben. Der Grund dafür ist einfach. Die Erde dreht sich unterhalb der Winde weiter. Dadurch kommt es zu diesem scheinbar weiteren Weg.

Im Gebirge sind wir oft von Gewittern, Niederschlägen und Schneefällen betroffen. Betrachten wir dies vom Standpunkt der Physik. Warum ist das Wetter im Gebirge so wichtig beziehungsweise so wechselhaft? Bei den Alpen und insbesondere beim Mount Everest stellen die Berge ein Hindernis für den Wind dar. So schieben die Winde große Luftmassen über die Berge. Dabei tritt ein gefährlicher Effekt ein: Die geschobene Luft steigt auf. Sie kann sich ja nicht gerade weiterbewegen, da die Berge im Weg stehen. Aufgrund des geringeren Luftdrucks in den größeren Höhen dehnt sich die Luft dabei aus und kühlt ab. Allerdings kann kalte Luft nicht so viel Feuchtigkeit speichern wie warme Luft. Jeder, der einmal in den feuchten Tropen Urlaub gemacht hat, weiß, was hohe Luftfeuchtigkeit bedeutet. Wenn es aber kalt ist, dann müssen die Wasserteilchen kondensieren. Deshalb ist im Winter auch die Luftfeuchtigkeit geringer. Das bedeutet: Feuchte Luft, die abkühlt, bildet Wolken. In diesen Wolken befinden sich nun kleinste Eiskristalle beziehungsweise kleine Wassertropfen. Wenn die Wassertropfen ausreichend groß sind, regnet es.

Woran lässt sich nun erkennen, ob die Wolken abregnen werden oder nicht?

Aus netten kleinen Schäfchenwolken können gefährliche Regenwolken werden. Zum Glück lässt sich dies leicht erkennen. Weiße Wolken sind harmlos. Im Inneren befinden sich kleinste Eiskristalle. Diese reflektieren das Sonnenlicht. Deshalb erscheinen diese Wolken auch weiß. Regenwolken bestehen aber aus Wassertropfen. Das Sonnenlicht wird nur sehr schwach von den Regentropfen reflektiert. Darum wirken diese Wolken eher dunkel und grau. Dann gilt es Vorsicht walten zu lassen. Regen im Gebirge kann sehr gefährlich sein.

Natürlich kann es auch zu schneien beginnen. Die Eiskristalle fallen aus der Wolke und im Fallen treffen sie auf andere Eiskristalle. Dabei verbinden sie sich und fallen dann als prächtige Schneeflocken nach unten. Interessanterweise wird es dabei wärmer. Viele Leute haben schon davon berichtet, aber es ist schwer zu glauben. Schneefall – und die Temperatur steigt. Was sagt die Physik dazu? Kann denn das richtig sein?

Betrachten wir den umgekehrten Fall. Erwärmen wir Eis, dann schmilzt es. Wir haben dem Eis Wärme, sprich Energie, zugefügt, dadurch wurde es flüssig. Also müsste im umgekehrten Fall beim Gefrieren Wärme frei werden. Und wie so oft in der Physik, wenn es in die eine Richtung geht, dann geht es auch in die andere Richtung. Tatsächlich wird beim Gefrieren Wärme frei. Diese wird auf die Luft übertragen und beim Schneefall wird es wärmer.

Deshalb besprühen auch Obstbauern die jungen Triebe oder das junge Gemüse bei Frostgefahr mit Wasser. Wenn das Wasser gefriert, entsteht Wärme. Diese wird auf die Pflanzen übertragen und, wenn der Frost nicht zu lange dauert, überleben die jungen Triebe den Frost gefahrlos. Die Meinung, dass die Eisschicht als Isolationsschicht gegenüber der Kälte wirkt, ist jedoch falsch.

Nachdem der Schnee gefallen ist, werden Sie bemerken, dass es sehr ruhig um Sie wird. Auch die Stimmen Ihrer Begleiter klingen leiser und sanft. Die eigenen Schritte können Sie fast nicht hören. Auch das hat mit dem Schneefall zu tun. In den Schneeflocken sind viele kleine Luftbläschen eingelagert. Diese Luftbläschen dämpfen, ähnlich wie Schaumstoff, den Schall. Deshalb ist es auch nur bei frisch gefallenem Schnee angenehm ruhig. Sobald der Schnee auf der Oberfläche leicht angetaut und wieder gefroren ist, wird der Schall nicht mehr gedämpft.

Manchmal, wenn man durch den Schnee spaziert, kann man den Schnee knirschen hören. Ohne dabei gewesen zu sein, sage ich Ihnen, dass der Schnee kälter als –25°C war! Woher ich das weiß? Aus der Physik. Wenn wir über wärmeren Schnee gehen, dann können die feinen Eiskristalle schmelzen. Ein lautloser Vorgang. Ist es aber kälter, so reicht der Druck Ihrer Schuhe für das Schmelzen nicht mehr aus. Die Eiskristalle brechen einfach und Sie hören ein Knirschen. Das ist auch der Grund, dass man mit zu kaltem Schnee keine tolle Schneeballschlacht machen kann. Die Schneeflocken lassen sich nämlich nicht richtig „zusammenkleben". Der Druck, den Ihre Hände erreichen können, um Schneekristalle zum Schmelzen zu bringen, reicht nicht aus und so zerrieselt der Pulverschnee zwischen Ihren Fingern. Optimal ist dagegen feuchter, wärmerer Schnee. Damit kann man schöne runde Kugeln formen und der Spaß beginnt.

Als Kind habe ich mir immer ein paar Schneebälle am Abend für den nächsten Tag vorbereitet. Man konnte ja nie wissen, was einem auf dem Schulweg passiert. Man sollte immer auf alles vorbereitet sein. So formte ich meine Schneebälle und legte sie, damit sie über Nacht nicht schmelzen, in einen kleinen selbst gebauten Iglu. Leider bekam ich eines Winters, nachdem ich die Schneebälle vorbereitet hatte, die Grippe. Gut, das gehört zum Leben. Hauptsache, den Schneebällen geht es gut. Nach einer Woche durfte ich wieder im Freien spielen. Also ab zur nächsten Schneeballschlacht! Ich staunte nicht schlecht, als ich in den Iglu blickte. Die Schneebälle waren gerade noch als solche erkennbar, aber mindestens um die Hälfte geschrumpft. Interessant: Es hatten die ganze Woche über immer Minustemperaturen geherrscht und die Schneebälle waren im Iglu vor den Sonnenstrahlen geschützt gewesen. Wieso sollten sie kleiner geworden sein?

Es war ähnlich wie beim Gulasch meiner Großmutter: Ich musste erst Physik studieren, um dieses Phänomen zu begreifen. Der Schnee ist einfach sublimiert. Normalerweise schmilzt Eis und wird dabei zu flüssigem Wasser. Erhitzt man das Wasser weiter, so verdampft es und verwandelt sich in Wasserdampf. Beim Sublimieren entsteht aus Eis direkt Wasserdampf, ohne dass die Temperatur erhöht wird. Genau das ist hier geschehen. Was ist genau passiert? Was unterscheidet Eis mit –10°C von Eis mit –20°C? Es ist die Bewegung der Wassermoleküle. Zur Erinnerung: Temperatur ist proportional zur mittleren Geschwindigkeit der Teilchen. Jetzt werden Sie berechtigterweise sagen, dass sich im Eiskristall Teilchen nicht bewegen können. Wenn man an eine klassische Bewegung denkt, von einem Ort A nach B, so haben Sie sicher Recht. Aber eines haben Sie dabei übersehen: Die Teilchen können noch um ihre eigene Achse rotieren und im Kristallgitter auf ihren Plätzen hin und her schwingen. Auch das ist eine Form von Bewegung, zugegeben eine kleine Bewegung, aber trotzdem eine. Manche Moleküle rotieren schneller als andere. Hin und wieder kommt es vor, dass ein solches Molekül eine derartige Energie erreicht, dass es von seinem Kristallplatz „weglaufen" kann. Das tut es dann auch. Das Wassermolekül nimmt seinen Weg und verschwindet in der Luft. Es ist verdampft. Sicher haben Sie schon beobachtet, dass Gefriergut, das in einer Kunststoffbox für längere Zeit im Gefrierschrank aufbewahrt wurde, von einer dünnen Eisschicht umgeben war. Die meisten Menschen klopfen dann das Eis ab, schütten es weg und erwärmen das Gefriergut. Ein entscheidender Fehler. Hier ist das Wasser, genauso wie bei den Schneebällen, sublimiert. Allerdings konnte der Wasserdampf den Kunststoffbehälter nicht verlassen. Er kondensierte an den kalten Wänden des Behälters und gefror. Diese Flüssigkeit sollte man nicht wegschütten. Der Geschmack von Nahrungsmitteln hängt auch vom richtigen Wasserverhältnis ab. Eine verwässerte Suppe schmeckt schal, mit zu wenig Wasser zubereitet, wirkt sie überwürzt. Deshalb sollte man das Gefriergut zusammen mit dem sublimierten Wasser erwärmen. Dann behält es seinen Geschmack.

Wenn wir auf einem hohen Berg stehen, es muss ja nicht gleich der Mount Everest sein, können wir auch noch ein anderes Naturschauspiel beobachten. Hoffentlich ist man im Gebirge nicht selbst davon betroffen: ein Gewitter. Hier prallen gewaltige Energien aufeinander, die Natur entfesselt davon enorme Mengen in kürzester Zeit, es blitzt und es kracht. Kurzfristig wird die Umgebung in gellend weißes Licht getaucht, um anschließend wieder im Dunkel zu verschwinden. Kurz darauf werden wir von einem gewaltigen Donner daran erinnert, dass das Gewitter noch nicht vorbei ist. Weltweit toben sich 45 000 Gewitter aus, wobei mehrere Milliarden Blitze verschossen werden. Im Schnitt gibt es pro Gewitter 15 000 Blitze, aber die meisten entladen sich in den Wolken. Genau in diesem Augenblick entladen sich auf der Erde rund 600 Gewitter. Ein durchschnittlicher Blitz hat eine Spannung von rund 500 Millionen Volt, die Stromstärke beträgt rund 30 000 Ampere und das Ganze findet in Sekundenbruchteilen statt. Dabei werden Temperaturen von über 30 000°C erreicht. Was passiert dabei? Für ein kräftiges Gewitter benötigt man starke Aufwinde. Innerhalb der Wolkentürme strömt ein starker Wind von unten nach oben. Gleichzeitig müssen sich Eiskristalle in der Wolke befinden. Diese entstehen, wenn kleinste Wassertröpfchen von den Aufwinden in kältere Bereiche in einer Höhe von zwei bis drei Kilometer hinaufgerissen werden. Die Wolke besteht nun aus einem Gemisch aus Wassertröpfchen und Eiskristallen unterschiedlicher Größe.

Jetzt müssen wir einen kurzen Exkurs in die Elektrostatik unternehmen. Betrachten wir kleine ungefährliche und doch lästige Blitze, die Sie sicherlich kennen.

Sie gehen über einen Kunststoffteppich und berühren dann eine Türschnalle. Schon haben Sie einen elektrischen Schlag bekommen. Normalerweise sind in einem nicht geladenen Gegenstand genauso viele Elektronen wie Protonen. Zur Erinnerung: Die Protonen sind im Atomkern gemeinsam mit den Neutronen, während sich die Elektronen um den Atomkern befinden. Die Protonen sind nicht mobil, die Elektronen schon.

Reiben nun zwei nicht metallische Gegenstände aneinander, so werden aus dem einen Gegenstand Elektronen herausgerissen. Der Gegenstand mit den Elektronen ist jetzt negativ geladen, da sich ja mehr Elektronen auf ihm befinden, als es eigentlich sein sollte. Der andere Gegenstand ist positiv geladen, es befinden sich schließlich weniger Elektronen auf ihm als Protonen. Beide sind elektrisch geladen. Natürlich möchten die Elektronen weg vom negativ geladenen Gegenstand. Warum? Weil sich Elektronen abstoßen! Genauso möchte der positiv geladene Gegenstand wieder seine, oder zumindest andere, Elektronen haben. Warum? Protonen ziehen Elektronen an! Wenn Sie also über einen Teppich gehen, so reißen Sie mit Ihren Schuhen Elektronen aus dem Boden heraus. Ihr gesamter Körper lädt sich auf. Sie sind mit Elektronen übersät. Wenn Sie nun ein Stück Metall berühren, so können die Elektronen von Ihrem Körper auf das Metall überspringen. Im Dunkeln wird sogar ein kleiner Lichtblitz sichtbar. Sie bekommen einen elektrischen Schlag. Der rührt daher, dass die Elektronen den Weg durch Ihren Körper nehmen und dabei Nerven aktivieren.

In einer Wolke passiert nichts anderes. Die kleinen Wassertröpfchen werden von den Aufwinden nach oben getragen. Dabei verwandeln sich die Wassertröpfchen in kleine Eiskristalle, die mit der Höhe immer mehr wachsen. Wenn die Eiskristalle schwer genug sind, können sie von den Aufwinden nicht mehr nach oben getragen werden und fallen nach unten. Dabei treffen sie die Wassertröpfchen, die nach oben getrieben werden. Achtung, die Tröpfchen und Eiskristalle haben einen unterschiedlichen Luftwiderstand. Beim Fallen der Eiskristalle reiben sie an den durch die Aufwinde mitgerissenen Wassertröpfchen. Dabei entreißen die großen Eiskristalle den kleinen Wassertropfen Elektronen. Dadurch sind die kleinen Wassertropfen positiv geladen und gelangen nach oben. Die negativ geladenen schweren Kristalle hingegen sinken in den unteren Bereich der Wolke. Damit ist die Wolkenunterseite elektrisch negativ geladen, während die Wolkenoberseite positiv geladen ist.

Warum erfolgt nicht ein direkter Ladungsausgleich zwischen der Ober- und Unterseite der Wolke? Tatsächlich finden die meisten Blitze innerhalb der Wolke zwischen ihrer Ober- und Unterseite statt. Solange die Aufwinde vorhanden sind, werden immer neue elektrisch geladene Wassertröpfchen und Eiskristalle produziert.

Normalerweise sind die Moleküle der Luft nicht geladen. Trotzdem kommt es durch radioaktive Zerfallsprozesse und manch anderes dazu, dass auch in der Luft Ladungsträgerpaare entstehen. Das bedeutet, dass Elektronen aus Atomen herausgerissen werden und sich diese Elektronen dann an anderen Atomen anheften. Kurz und gut, es befinden sich freie Ladungsträgerpaare in der Luft. Manche Atome beziehungsweise Moleküle sind positiv (ihnen fehlt ein Elektron), andere negativ geladen. Diese haben mindestens ein Elektron zu viel. Auf dem Erdboden (oder knapp

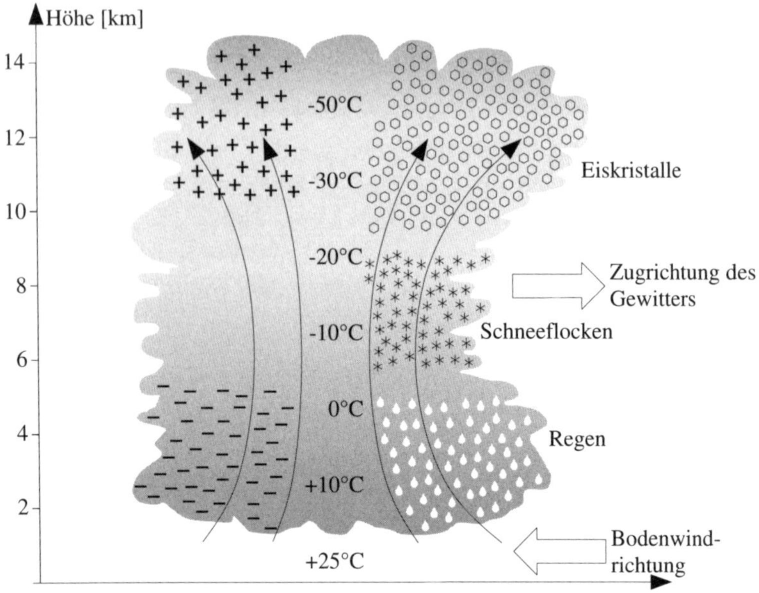

Darstellung einer Gewitterwolke: In unterschiedlichen Bereichen gibt es Wassertropfen und Eis. Durch die Aufwinde werden diese Teilchen unterschiedlich geladen.

darüber) unterhalb der Wolke werden die negativen Ladungsträger durch die Elektronen von der Wolkenunterseite verdrängt. Deshalb ist der Boden unterhalb einer Gewitterwolke positiv geladen. Es befinden sich dort mehr positiv geladene Atome, meist Stickstoff oder Sauerstoff, als Elektronen.

Wenn das Ungleichgewicht zwischen den Ladungsträgern auf der Wolkenunterseite und der Erdoberfläche zu groß wird, zündet der Blitz. Zuerst entsteht ein so genannter „Vorblitz". Die Elektronen von der Wolkenunterseite bewegen sich mit rund 150 km/h auf den Erdboden zu. Rund alle 50 Meter bleibt der Blitz kurz „stehen" und „sucht" nach einem besseren Weg. Die Elektronen nehmen in der Luft den Weg des geringsten Widerstandes. Dies hängt von den unterschiedlichsten Parametern ab, wie zum Beispiel der Luftfeuchtigkeit oder der Anzahl der ionisierten Atome.

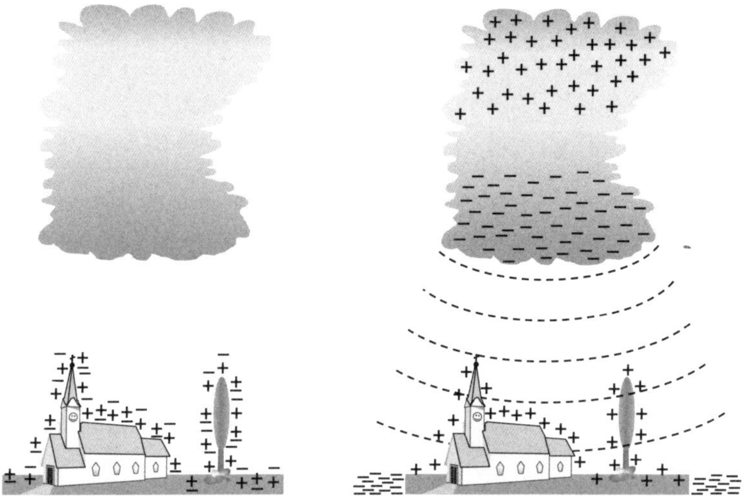

In der Regel befinden sich auf der Erdoberfläche gleich viele positive und negative Ladungsträger, wie man in der linken Darstellung erkennen kann. Ist die Gewitterwolke elektrisch geladen, so entsteht ein elektrisches Feld, das die negativen Ladungsträger am Boden verdrängt. Der Boden unterhalb der Gewitterwolke ist dann elektrisch positiv geladen.

Bis der Vorblitz den Erdboden erreicht, vergehen rund 20 Millisekunden. Dieser Vorblitz weist einen Durchmesser von rund einem Zentimeter auf und leuchtet nur sehr schwach. Im Inneren des Vorblitzes wurden die Luftteilchen durch die Elektronen schon elektrisch leitend gemacht, indem Elektronen aus den Atomen herausgeschlagen wurden. Unmittelbar bevor der Vorblitz den Boden erreicht, kommt es zum elektrischen Überschlag: Der eigentliche Blitz entsteht. Man spricht vom negativen Erdblitz. Die positiven Ladungsträger vom Boden können durch den elektrisch leitenden Blitzkanal direkt von der Erdoberfläche zur Wolkenunterseite gelangen. Der Blitz wandert nach oben. Dabei bewegen sich die positiven Ladungsträger enorm schnell. In rund vier Zehntausendstel Sekunden legen die positiven Ladungsträger im Schnitt eine Strecke von rund zwei Kilometer zur Wolkenunterseite zurück. Da

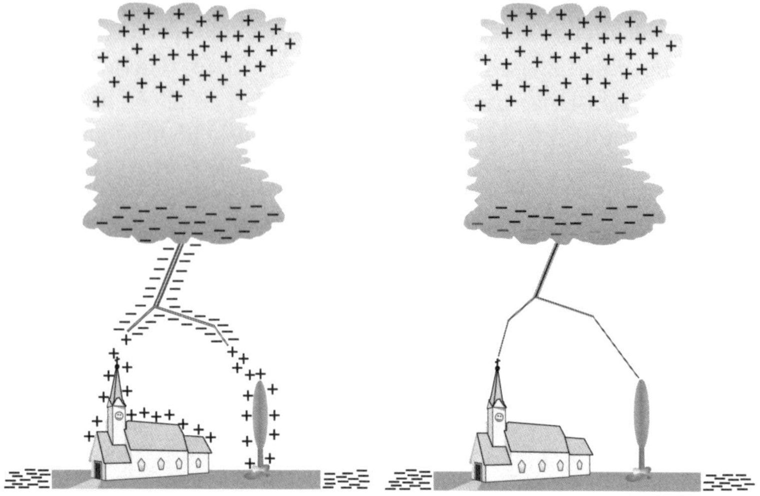

Der Vorblitz leuchtet nur schwach, wie man in der linken Abbildung erkennen kann. Die negativen Ladungsträger wandern Richtung Boden. Zum eigentlichen Blitz kommt es erst, wenn sich die positiven und die negativen Ladungsträger treffen. Dabei wandern die positiven Ladungsträger dann nach oben. Es flackert und donnert.

sich diese Ladungsträger so schnell bewegen, wird die Luft im Blitzkanal durch Reibung auf rund 30 000°C erhitzt. Im Vergleich dazu beträgt die Oberflächentemperatur der Sonne „nur" 6 000°C! Meistens gelangen nicht ausreichend viele positive Ladungsträger zur Wolkenunterseite. Nach ein paar Sekundenbruchteilen wird der Blitzkanal noch einmal genützt und der nächste Strom an Ladungsträgern „wandert" nach oben. Dies passiert so lange, bis ein Ausgleich zwischen den Elektronen auf der Wolkenunterseite und den positiv geladenen Luftteilchen auf der Erdoberfläche erfolgt ist. Meist wird der Blitzkanal fünf bis sieben Mal genützt, bis er sich endgültig schließt. Wir beobachten nur ein Flackern des Blitzes.

Damit stellt sich die Frage, wie eigentlich Licht entsteht. Licht ist eine elektromagnetische Welle beziehungsweise besteht Licht aus Teilchen, die Photonen genannt werden. Gemäß der modernen Physik, die auch schon 100 Jahre auf dem Buckel hat, gibt es keinen Unterschied zwischen einer Welle und einem Teilchen. Dieser Welle-Teilchen-Dualismus wird uns hier aber auch nicht weiterhelfen. Alle Objekte bestehen aus Atomen. Darüber erfahren Sie mehr im Kapitel „Vom Urmenschen bis zum Urknall: von leuchtenden Höhlen und Sonnen". Um den Atomkern befinden sich Elektronen – die Elektronen „fliegen" nicht um den Atomkern, da sind wir uns sicher. Sie befinden sich aber nicht irgendwo um den Atomkern, sondern es gibt klar definierte Bereiche, wo sich diese Elektronen aufhalten müssen. Zwischen diesen Bereichen dürfen sich die Elektronen nicht aufhalten. In manchen Bereichen besitzen die Elektronen weniger Energie als in anderen. Durch Wärme oder elektrischen Strom werden Elektronen in einem Atom von einem Bereich mit geringer Energie in einen Bereich mit hoher Energie angehoben. Das kostet Energie, die aus dem elektrischen Strom beziehungsweise von der Wärme kommt. Die Elektronen wollen aber wieder an ihren angestammten Bereich zurück. Sie springen von einem hochenergetischen in den niederenergetischen Bereich. Dabei wird Energie frei und es entsteht ein Lichtteilchen beziehungsweise eine Lichtwelle. Genau das passiert mit vielen Atomen im Blitzkanal. Durch die schnelle Elektronenbewegung, den Strom im Blitzkanal, werden die Elektronen der Stickstoff- und Sauerstoffatome angehoben. Binnen Sekundenbruchteilen fallen sie wieder in den niederenergetischen Bereich, wobei Licht freigesetzt wird. Die Art der Atome entscheidet über die Farbe des Lichtes. Wäre mehr Neon in unserer Atmosphäre, so würden die Blitze rötlich leuchten, während Stickstoff und Sauerstoff eher bläuliches Licht liefern.

Ein paar Sekunden nach dem Lichtblitz (hoffentlich, denn sonst wurden Sie gerade vom Blitz getroffen) hören wir ein tiefes Grollen. Der Donner entsteht durch das schlagartige Erhitzen der Luft im Blitzkanal. Die Luft dehnt sich aus, um nach kurzer Zeit wieder abzukühlen. Das bewirkt eine sehr heftige Luftbewegung, die wir als Schallwelle wahrnehmen. Natürlich brauche ich Ihnen nicht zu erzählen, dass man leicht den Abstand zwischen Blitzeinschlag und der eigenen Position bestimmen kann. Trotzdem sei es der Vollständigkeit halber erwähnt:

Da die Schallgeschwindigkeit in Luft rund 330 Meter pro Sekunde beträgt, muss man nur die Sekunden, die zwischen dem Blitz und dem Donner vergangen sind, mit 330 Meter multiplizieren. Dann kennt man den Abstand zwischen Blitzeinschlag und der eigenen Position in Meter.

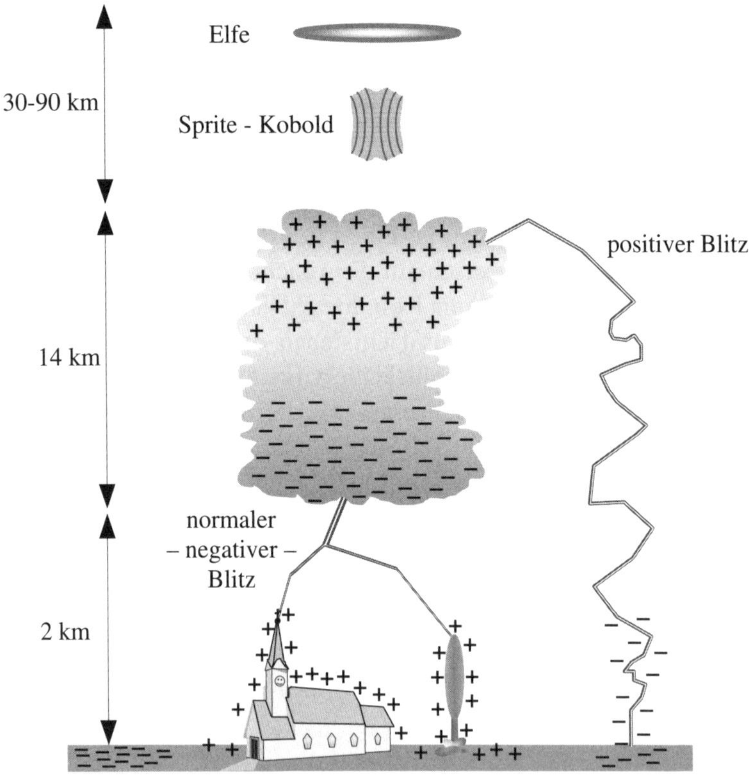

Durch eine Gewitterwolke können viele Leuchterscheinungen entstehen. Besonders spannend sind die positiven Blitze, denn sie schlagen bis zu 10 Kilometer von den Gewitterwolken entfernt ein.

Bisher haben wir nur den negativen Erdblitz besprochen. Es gibt aber noch zusätzlich die positiven Erdblitze. Diese sind besonders gemein, sie treten zum Glück nur selten auf. Sie schlagen sehr weit entfernt von der Gewitterwolke ein. Bei diesen besonderen Blitzen entsteht ein Ladungsträgerausgleich zwischen der positiv geladenen Wolkenoberseite und einem kilometerweit entfernten, negativ geladenen Gebiet.

Wenn wir uns in den Niederungen befinden, so können wir nicht auf die Wolkenoberseite blicken. Die Gewitterwolken verstellen uns die Sicht. Am Mount Everest oder auf jedem anderen hohen Berg sieht die Sache schon anders aus. Von dort lassen sich Gewitterwolken besser beobachten – hoffentlich befindet man sich nicht mittendrin. Wenn Sie wieder einmal ein Gewitter aus einer größeren Entfernung betrachten können und es ist Nacht, so achten Sie bitte ausnahmsweise nicht auf die Blitze, sondern auf die Elfen und Kobolde (auch „Elves“ und „Sprites“ genannt). Diese Leuchterscheinungen kann man oberhalb der Gewitterwolken beobachten. Eine Elfe ist ein rötlicher Ring, der in 90 Kilometer Höhe erscheint. Sein Licht ist sehr schwach. Bessere Chancen hat man mit Kobolden. Diese sind rötlich, haben eine pilzförmige Gestalt und entstehen in 70 Kilometer Höhe über dem Gewitter. Man geht davon aus, dass Kobolde gemeinsam mit positiven Blitzen entstehen. Allerdings wissen wir über diese beiden Phänomene im Moment nur, dass es sie gibt. Wie sie entstehen, lässt sich bis heute nicht schlüssig erklären. Sollten sich neue Informationen über die Entstehung von Elfen und Kobolden ergeben, so finden Sie diese unter der Internetadresse *www.unglaublicheinfach.at*.

Wie man sich im Freien bei einem Gewitter verhält, lesen Sie bitte im Kapitel „Stromunfälle – Verhalten bei Gewitter“ nach.

Die Physik am Meer

Viele Menschen lockt es im Urlaub ans Meer. Sie genießen die Wellen, die sanfte Brise, schlürfen phantastische Cocktails und erholen sich vom Alltag zu Hause.

Wenn wir am Strand liegen und nach oben blicken, so erkennen wir manchmal friedliche Wolken, Möwen, die ihre Kreise ziehen – und den blauen Himmel.

Wenn wir in den blauen Himmel schauen, so betrachten wir eigentlich die Atmosphäre. Um genau zu sein, sehen wir uns die Luft an. Jetzt wissen wir, dass die Luft durchsichtig ist, sonst könnten Sie dieses Buch nur mit großen Schwierigkeiten lesen. Warum erscheint dann die Luft blau?

Ein blaues Firmament können wir nur bei Tageslicht sehen. In der Nacht ist der Himmel schwarz. So scheint das Himmelsblau mit dem Sonnenlicht zusammenzuhängen. Die Luft wird von der Sonne beleuchtet, und zwar die gesamte Luft über uns. Sie besteht vor allem aus Stickstoff, Sauerstoff, Kohlenstoffdioxid und ein paar Edelgasen. Wird ein Stickstoff- oder ein Sauerstoffmolekül mit weißem Licht beleuchtet, so regt das die beiden Molekülsorten (N_2 und O_2) dazu an, selber Licht abzugeben. Diese Moleküle sondern bläuliches Licht quer zur Einfallsrichtung des Sonnenlichtes ab.

Wenn man das Firmament genau unter die Lupe nimmt – das ist sprichwörtlich gemeint, denn ein Blick in die Sonne mit einer Lupe verursacht irreparable Schädigungen des Auges –, erkennt man, dass der Horizont tiefblau und der Himmel in der Nähe der Sonne hellblau ist. In der Nähe der Sonne – bitte nicht zu lange hineinblicken! – erscheint der Himmel leicht rötlich. Werden die Moleküle von hinten beleuchtet (sie liegen dann zwischen der Sonne und uns), leuchten sie rötlich. Betrachten wir diese Moleküle nun quer zur Lichteinfallsrichtung, so wirken sie blau. Blau wird 10-mal stärker abgelenkt als rotes Licht.

Man kann dies mit einem einfachen Experiment überprüfen. Nehmen Sie ein Glas mit Wasser und geben zwei Tropfen Milch hinein. Verrühren Sie die Milch gut. Das Wasser ist nun leicht getrübt – aber bitte nur wenig Milch nehmen. Leuchten Sie nun mit einer Taschenlampe in das Glas in einem abgedunkelten Raum hinein. Das Licht, welches durch die Wasser-Milch-Mischung durchscheint, hat einen rötlichen Schimmer, während das Streulicht, quer zur Einfallsrichtung des Taschenlampenlichtes, bläulich leuchtet. Dieses Phänomen wird als Streuung bezeichnet. An den Molekülen der Milch wird das Licht stärker gestreut als an den Molekülen der Atmosphäre.

Am Meer lassen sich mitunter auch unvergessliche Sonnenuntergänge beobachten. Die Sonnenscheibe erscheint blutrot eingefärbt. Sie strahlt nicht mehr in dem aggressiven Weiß, sondern in einem wohligen Rot. Das ist physikalisch ganz einfach zu erklären. Wenn die Sonne zur Mittagszeit über uns steht, dann nehmen die Lichtstrahlen einen kürzeren Weg durch die Atmosphäre, als wenn die Sonne am Horizont erscheint. Nun gibt es kein weißes Licht. Dieses lässt sich in buntes Licht aufspalten. Wenn wir „weißes" Licht durch ein Stück Glas schicken, so ändert das Licht genau an der Grenze zwischen dem Glas und der Luft seine Richtung. Rotes Licht ändert seine Richtung weniger stark als blaues Licht. Dieser Effekt wird als Brechung bezeichnet. Zwischen dem roten und blauen Licht gibt es noch viele andere Lichtbereiche. Man hat sich auf folgende geeinigt: ultramarinblau, eisblau, seegrün, laubgrün, gelb, orange und rot. Das sind, physikalisch gesehen, ziemlich ungenaue Begriffe. Für den einen erscheint die eine Farbe eher seegrün, für den anderen hingegen eher laubgrün. In der Physik müssen jedoch alle Begriffe so exakt wie möglich sein. Eine Kollegin in Australien muss wie ein Kollege auf Kuba dasselbe Experiment ausführen können. Und da die Naturgesetze im gesamten Universum gleich sind, muss auch überall im Universum, egal ob auf Kuba oder in Australien, das gleiche Ergebnis herauskommen, wenn das Experiment korrekt durchgeführt wurde. Hier haben die Naturwissenschaften einen Vorteil gegenüber der Politik und der Gesetzgebung. Wenn weltweit Gesetze zum Schutz von Kriegsgefangenen ratifiziert worden sind, so sollten diese Gesetze, auch in Guantanamo, gelten. Ausnahmen darf es nicht geben! Politik und die Rechtsauslegung sind nun mal nicht so universell wie die Physik – leider.

Um auf das Licht zurückzukommen: PhysikerInnen arbeiten nur sehr ungern mit Farben, außer sie müssen ihr Büro ausmalen. Man verwendet dagegen viel lieber den Begriff der Wellenlänge. Licht ist eine Schwingung und man kann relativ einfach die Wellenlänge bestimmen. Dann können KollegInnen ihre Ergebnisse leichter austauschen, denn 632.8 nm sind im Universum überall gleich groß. Sind in einem Lichtstrahl gleichzeitig alle möglichen Lichtwellen – von blau bis rot – vertreten, so sieht unser Auge weißes Licht.

Für die Farbnamen hat man sich auf folgendes Schema geeinigt:

Ultramarinblau	440–483 nm	Gelb	571–586 nm
Eisblau	483–492 nm	Orange	587–610 nm
Seegrün	492–542 nm	Rot	610–700 nm
Laubgrün	542–571 nm		

Nachdem wir jetzt wissen, dass weißes Licht aus unterschiedlichen Lichtwellen beziehungsweise Lichtteilchen (Photonen) besteht, können wir nun erklären, warum die Sonnenscheibe am Abend und natürlich auch am Morgen orange bis blutrot erscheint. Das Licht wird in der Atmosphäre unterschiedlich stark abgeschwächt. Die Atmosphäre wirkt wie ein Filter. Blaues Licht wird stärker abgeschwächt als rotes. Da am Abend oder Morgen das Licht einen längeren Weg durch die Atmosphäre zu uns nehmen muss, wird das blaue Licht besonders stark herausgefiltert. Auch die grünen Lichtwellen werden abgeschwächt. Übrig bleibt das angenehme rote Licht, das wir dann beim Sonnenuntergang sehen können.

Bei einem wunderbaren Sonnenuntergang sehen wir nicht nur die Sonnenscheibe glutrot, auch der Himmel scheint in Flammen zu stehen. Dafür sind Vulkanausbrüche und die Umweltverschmutzung verantwortlich. Um sich physikalisch auszudrücken, lösen Aerosole das Abend- und Morgenrot aus. Aerosole sind kleinste Staub- und Rußpartikel, Tröpfchen und Eiskristalle in der Atmosphäre. Das Licht wird an einem solchen Aerosol-Teilchen in alle Richtungen „reflektiert", bei einer klassischen Reflexion wird Licht in eine bevorzugte Richtung abgelenkt. Bei einer Streuung wird das Licht in alle Richtungen abgegeben. Die einzelnen Aerosole in der Atmosphäre beginnen nun durch das rote Licht (die blauen Anteile wurden ja herausgefiltert) zu leuchten. Der Himmel scheint zu „brennen". Besonders eindrucksvolle Sonnenuntergänge kann man in der Nähe von Industriezentren und nach Vulkanausbrüchen beobachten. Dann befinden sich besonders viele Aerosolteilchen in der Atmosphäre.

Auch das Meer ist in Rot getaucht. Selbstverständlich, denn Wasseroberflächen reflektieren Licht. Das ist der Grund für die blaue Farbe des Meeres. Das blaue Licht des Himmels am Tag wird vom Meer gespiegelt. Natürlich kann auch das Meer gefärbt sein. Besonders Algen, aber auch Staubteilchen im Wasser, die von der Sonne beleuchtet werden, beeinflussen den Farbton von Gewässern. Das Gelbe Meer erscheint deshalb gelblich, weil vom Huang Ho, dem Gelben Fluss, gelbes Sedimentgestein in das Meer transportiert wird. Die gelben Staubteilchen rufen die gelbe Farbe des Meeres hervor.

Während die Sonne untergeht, hört man nur ein paar Wellen an den Strand klatschen. Wie entstehen diese Wellen? Wasserwellen kann man dadurch erzeugen, indem man Steine in das Wasser wirft. Dabei bilden sich Oberflächenwellen, die sich kreisförmig ausbreiten. Sie werden nach ein paar Metern sehr klein. Nun ist es nicht so, dass an den Stränden der Weltmeere Menschen stehen, die Steine in das Meer werfen. Dies mag zwar vereinzelt vorkommen, aber eher aus Jux und Tollerei.

Gehen wir die Frage vom Standpunkt der Naturwissenschaft aus an. Von welchen Parametern hängen Wasserwellen ab? Das ist zwar keine „falsche“ Frage, aber diese können wir im Moment noch nicht beantworten. Wann kommt es zu großen Wellen, wann beobachten wir kleine Wellen? Schon besser. In den Naturwissenschaften geht es nämlich immer darum, die richtigen Fragen zum richtigen Zeitpunkt zu finden. So gibt es Fragen, die man zum falschen Zeitpunkt einfach noch nicht beantworten kann. Erst wenn man die richtige Frage gefunden hat, kann man eine Antwort zu dieser finden. Aufbauend auf diese Antwort sucht man die nächste „passende“ Frage. Das Leben von NaturwissenschafterInnen besteht darin, passende Fragen und Antworten zu finden. Die Fragen sind wichtiger, denn die Antworten ergeben sich dann meist automatisch.

Wann gibt es hohe beziehungsweise niedrige Wasserwellen? Gerade bei Stürmen beobachtet man gigantische Wasserwellen. Manche sollen zwischen 20 bis 30 Meter hoch sein. Sicher wird auch hier sehr viel Seemannsgarn gesponnen, aber es ist eine Tatsache, dass bei einem Sturm hohe Wellen auftreten. Bläst hingegen kein Wind, so sind die Wellen klein. Auf manchen Seen kann man bei Windstille überhaupt keine Wellen beobachten – ein gespenstisches Bild. Zufällige Erhebungen auf Wasseroberflächen können immer auftreten. Wenn nun der Wind über diese Erhebungen streicht, dann stellt die Erhebung ein Hindernis für den Wind dar. Die Luft muss sich hinter dem Hindernis genauso schnell bewegen wie vor dem Hindernis, die Reibung können wir vernachlässigen. Es kann ja keine Energie verloren gehen. Genau am Hindernis hat die Luft aber nicht so viel Platz wie vor oder nach dem Hindernis. Deshalb muss sie sich dort etwas schneller bewegen. Die zusätzliche Bewegungsenergie kommt vom Luftdruck im Inneren des Windes, der über die Wellen strömt. So ent-

Windstärke	Bezeichnung	Auswirkungen des Windes im Inneren des Landes	Windgeschwindigkeit in 10 m Höhe in m/s
0	Stille	Windstille, Rauch steigt senkrecht auf	0–0.2
1	leiser Zug	Windrichtung nur durch Zug des Rauches, nicht aber durch Windfahne angezeigt	0.3–1.5
2	leichte Brise	Wind am Gesicht fühlbar, Blätter säuseln, Windfahne bewegt sich	1.6–3.3
3	schwache Brise	Blätter und dünne Zweige bewegen sich, Wind streckt Wimpel	3.4–5.4
4	mäßige Brise	Wind hebt Staub und loses Papier, bewegt Zweige und dünnere Äste	5.5–7.9
5	frische Brise	kleine Laubbäume beginnen zu schwanken, auf Seen bilden sich Schaumkronen	8.0–10.7
6	starker Wind	starke Äste in Bewegung, Pfeifen von Telegraphenleitungen, Regenschirme schwierig zu benutzen	10.8–13.8
7	steifer Wind	ganze Bäume in Bewegung, fühlbare Hemmung beim Gehen gegen den Wind	13.9–17.1
8	stürmischer Wind	Wind bricht Zweige von den Bäumen, erschwert das Gehen im Freien	17.2–20.7
9	Sturm	kleinere Schäden an Häusern, abgeworfene Dachziegel	20.8–24.4
10	schwerer Sturm	Bäume werden entwurzelt, bedeutende Schäden an Häusern	24.5–28.4
11	orkanartiger Sturm	verbreitete Sturmschäden	28.5–32.6
12	Orkan	schwere Verwüstungen	32.7–36.9

steht genau am Hindernis ein Unterdruck, der das Wasser noch zusätzlich nach oben drückt. Dieser Effekt wird als Bernoullisches Paradoxon noch später in diesem Buch behandelt. Die Höhe der Wasserwelle hängt von der Windgeschwindigkeit und dem Gewicht des Wassers ab.

Nun hat auch die Frage, von welchen Parametern eine Wasserwelle abhängt, einen Sinn. Einerseits hängt die Wellenhöhe im Wasser vom Wind und andererseits vom Gewicht des Wassers ab.

Wenn wir einen Sonnenuntergang am Meer, in der Nähe des Äquators, erleben, so können wir auch gleich nebenbei den Erdradius bestimmen.

Legen Sie sich flach auf den Bauch und beobachten Sie, wann Sie die letzten Sonnenstrahlen sehen. Sobald Sie keine direkten Sonnenstrahlen mehr von der Sonne erkennen, stehen Sie sofort auf und aktivieren Ihre Stoppuhr. Wenn Sie aufstehen, werden Sie wieder ein paar direkte Sonnenstrahlen erkennen können. Da Sie nun stehen, können Sie weiter über den Horizont blicken und die Sonne ist noch nicht untergegangen. Wenn nun wieder die letzten direkten Sonnenstrahlen verschwunden sind, messen Sie die Zeit. Aus der Zeitdifferenz kann man nun leicht unter Anwendung der Winkelfunktionen den Erdradius bestimmen. Die Erde dreht sich in rund 24 Stunden (= 24 mal 60 mal 60 = 86 400 Sekunden) einmal um sich selbst; das bedeutet, dass sich die Erde dabei um den Winkel von 360° dreht. Für eine volle Umdrehung mit 360° benötigt man 86 400 Sekunden. Also dreht sich die Erde in einer Sekunde um 0.004166° weiter. Folglich hat sich die Erde in X Sekunden um den Winkel 0.004166° mal X Sekunden weitergedreht. Wir kennen den Höhenunterschied der Augen beim Liegen und beim Stehen (rund 1.5 Meter) und den überstrichenen Winkel. Dann haben wir ein rechtwinkeliges Dreieck gegeben.

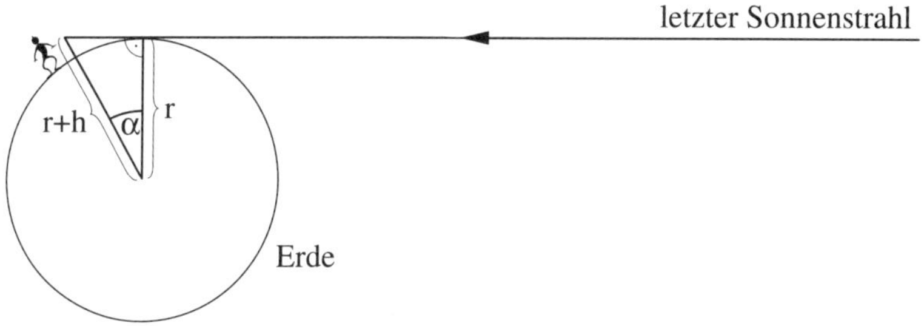

Nun lässt sich unter Anwendung der Winkelfunktionen der Erdradius bestimmen:

$$\frac{r}{\cot \alpha} = (r + h) \cdot \sin \alpha$$

mit *r* als Erdradius in Meter, *h* entspricht dem Abstand der Augen zwischen dem Liegen und dem Stehen, auch in Meter. Der Winkel α setzt sich aus dem Winkel, der pro Sekunde überstrichen wird (360° pro 24 Stunden mal 60 Minuten mal 60 Sekunden = 0.004166°/s), und der Zeit *t* zwischen den beiden Sonnenuntergängen zusammen: $\alpha = 0.004166$ mal *t*. Formt man die obige Formel um, so ergibt sich:

$$r = \frac{h}{\frac{1}{\cos(0.004166 \cdot t)} - 1}$$

Man muss nur mehr für *h* und *t* einsetzen, dann erhält man den Erdradius in Meter. Für alle, die sich dieses Vergnügen entgehen lassen möchten, es selbst zu bestimmen: $r = 6\,378\,000$ Meter. Sie sollten eine ungefähre Zeitdifferenz von rund 10 Sekunden messen, bei $h = 1.75$ Meter.

Sicher lässt sich damit am Meer nur näherungsweise der Erdradius bestimmen. Aber die Größenordnung sollte ungefähr stimmen. Natürlich kann man den Höhenunterschied vergrößern. Eine Person steht unten am Strand, während eine andere Person oben auf den Klippen Position bezieht. Sie können sich durch Handzeichen verständigen. Damit lässt sich die Zeit etwas genauer bestimmen, dafür muss man aber auch den genauen Höhenunterschied bestimmen.

Am Meer werden wir sicher nicht nur den Sandstrand, sondern auch das Wasser genießen. Wir können dort schwimmen und tauchen. Damit wären wir bei der Frage, warum schwimmen beziehungsweise sinken manche Objekte?

Die Schwimmfähigkeit hängt von der Größe und dem Gewicht eines Objektes ab. Prinzipiell wird jeder Körper aufgrund der Schwerkraft nach unten gedrückt. Also muss es im Wasser eine Kraft geben, die den Körper entgegen der Schwerkraft nach oben drückt. Diese Kraft wird als hydrostatischer Auftrieb bezeichnet.

Nehmen wir einen Würfel aus Holz und drücken ihn unter das Wasser. Auf den Würfel wirkt der Druck des Wassers. Er hängt ausschließlich von der Wassertiefe ab. Je tiefer sich ein Körper im Wasser befindet, desto stärker drückt auf ihn das umgebende Wasser. Allerdings gibt es einen kleinen Unterschied zwischen der Ober- und Unterseite des Würfels. Bei der Würfeloberseite herrscht ein geringerer Wasserdruck als auf der Würfelunterseite. Die Druckkraft auf der Unterseite ist immer größer als auf der Oberseite. Der Druck will den Würfel aus dem Wasser herausdrücken. Wenn die Ober- beziehungsweise die Unterseite besonders groß ist und beide weit voneinander entfernt sind, dann ist diese Kraft – der Auftrieb – auch besonders groß. Die Schwerkraft wirkt dem Auftrieb entgegen. Ist der Auftrieb größer als die Schwerkraft, wird der Körper im Wasser steigen beziehungsweise schwimmen. Ist die Schwerkraft größer als der Auftrieb, sinkt der Körper nach unten. Befinden sich beide Kräfte im Gleichgewicht, schwebt der Körper im Wasser. Trotzdem ist das Gewicht nicht die relevante Größe für das Schwimmen, Schweben oder Sinken: Ausschlaggebend ist das Gewicht im Verhältnis zum

Volumen. Je größer ein Körper, umso größer ist auch seine Unter- bzw. Oberseite. Eine Styroporkugel hat ein großes Volumen. Viele Luftbläschen sind in dem Kunststoff eingelagert. Die Kugel weist ein geringes Gewicht auf, sie schwimmt. Wenn wir nun die Styroporkugel mit Aceton besprühen, wird die Kugel schrumpeln. Auf der Oberfläche schäumt es und die vielen kleinen Luftbläschen können entweichen. Es bleibt ein kleines Stück Kunststoff übrig. Dieses ist nun sehr klein und wird im Wasser untergehen. Es weist aber immer noch dasselbe Gewicht wie die ursprüngliche Styroporkugel auf. Theoretisch ist sie sogar eine Spur leichter geworden, da sich keine Luft mehr im Inneren befindet. Das Gewicht ist (fast) dasselbe geblieben, aber das Volumen hat sich verändert. Dadurch ist die Unter-/Oberseite und damit auch der Auftrieb kleiner geworden.

Ein Stahlblock würde im Wasser sofort untergehen. Machen wir aus dem Stahlblock ein dünnes Blech, formen daraus einen Würfel und packen einige Kubikmeter Luft in den Würfel wasserdicht ein. Dadurch wird aus dem kleinen Stahlblock ein sehr großes Objekt. Dieses ist nicht schwerer oder leichter, aber es besitzt ein größeres Volumen. Also wird dieser Stahlblechwürfel mit Luft im Wasser schwimmen. Diese Stahlblechobjekte nennt man Schiffe.

Wenn wir am Meer sind, kann man auch Schnorcheln. Man taucht in eine neue Welt ein. Bunte Fische tummeln sich, Korallen wiegen sich sanft in den Unterwasserwellen und eine friedliche Stille liegt über dieser Szene.

Wenn man nach unten taucht, so spürt man sehr bald den Wasserdruck, der auf das Trommelfell wirkt. Taucher lernen deshalb eine spezielle Schlucktechnik, um das Druckungleichgewicht zwischen den Ohren und dem Rachen, verbunden mit der Eustachischen Röhre, auszugleichen. Genauso lernt man beim Auftauchen gleichmäßig auszuatmen. Der Grund liegt im Unterschied zwischen Wasser und Luft oder, allgemeiner gesprochen, zwischen Flüssigkeiten und Gasen. Flüssigkeiten lassen sich nicht zusammendrücken – sie sind inkompressibel im Gegensatz zu Gasen.

Wenn man sich tief unten im Wasser befindet, wird die Luft in der Lunge zusammengedrückt. Beim Auftauchen kann sich die Luft wieder ausdehnen. Wenn man der Luft keinen Platz dafür lässt, werden die kleinen Bläschen in der Lunge überdehnt. Möglicherweise platzen diese Bläschen und im Extremfall kann es zu einem Lungenriss kommen.

Das einzig Bedauerliche ist nur, dass man keinen Tauchschein gemacht hat und nur kurz, solange die Atemluft hält, in diese Szenerie abtauchen kann. Findige Menschen verlängern nun den Schnorchel und sterben dabei.

Als Jugendlicher probierte ich es selbst aus und hatte viel Glück, dass meine Konstruktion nicht funktionierte. Wie schön wäre es gewesen, auch in größerer Tiefe ausreichend Luft zur Verfügung zu haben.

Es gibt zwei Gefahren. Wenn der Schnorchel zu lang wird, atmet man die Luft ein, die man gerade ausgeatmet hat. Es kommt zu keinem Luftaustausch im Schnorchel. Daran hatte ich allerdings gedacht. Also darf man durch einen Schlauch nur einatmen. Über Wasser atmet man aus. Glücklicherweise ist immer Wasser in den Schlauch eingedrungen und ich konnte über den Schlauch unter Wasser nicht einatmen. Zum Glück, denn ich hätte es sowieso nicht geschafft. Im Wasser herrscht ein starker Druck, während auf der Wasseroberfläche „nur“ der Luftdruck wirkt. Der Wasserdruck ist in einem Meter Wassertiefe so groß, dass man den Brustkorb nicht mehr heben kann. Daher kann man nicht einatmen. Sollte aber trotzdem eine Verbindung zwischen der Wasseroberfläche und dem Taucher über einen gewöhnlichen Schlauch bestehen, gibt es einen gewaltigen Druckunterschied. Die Lunge ist über den Schnorchel mit der Luft verbunden. Die Lunge nimmt den Luftdruck wahr, während der Körper den Wasserdruck spürt. Dieser wird durch den Körper in die Lunge weitergeleitet. Der Körper besteht auch größtenteils aus Wasser. So drückt das Wasser indirekt auf die Lunge, die über den Schnorchel mit der Luft verbunden ist. Dabei wird dann Blut aus der

Lunge durch den relativen Druckunterschied herausgesaugt. Das kann tödlich enden. Dieses Krankheitsbild wird als Druckunterschiedskrankheit bezeichnet.

Dass der Wasserdruck ein Problem für das Tauchen sein könnte, wurde schon bald erkannt. So konstruierte Karl Heinrich Klingert (1760–1828) einen Apparat, mit dem Druckluft in die Lunge gepresst wurde. Der Werkzeugmacher August Siebert baute nach der Idee Klingerts Tauchanzüge. Damit war es zwar möglich, tiefer zu tauchen, aber es blieb sehr anstrengend. Das Luftkomprimierungsaggregat stand am Boot und ein paar Mal pro Minute wurde Luft in den Tauchanzug gepresst. Dabei blähte sich die Lunge teilweise zu stark auf und jeder Atemzug tat weh. Erst Benoît Rouquay-Rol und Auguste Denayrouze entwickelten im Jahr 1865 ein Regulatortauchgerät. Dieses passt den Druck, mit der die Luft in die Lungen gepresst wird, an die aktuelle Wassertiefe an. Das ist auch der Grund, warum man beim heutigen Sporttauchen Pressluft verwendet. Die Pressluftflaschen müssen unter 200 bar Druck stehen, nicht nur, damit man mehr Luft hat, sondern vor allem deshalb, dass die Luft mit dem richtigen Druck in die Lunge gepresst werden kann. Auf Meereshöhe benötigt man 25 Liter Luft pro Minute, während man in 20 Meter Wassertiefe schon 75 Liter Luft pro Minute braucht.

Damit war es möglich, größere Tiefen zu erreichen. Mit dieser Aqua-Lunge konnte man nun rund 40 Meter tief gefahrlos tauchen. Trotzdem muss man immer noch mit Problemen rechnen. Taucht man zu rasch auf, so kann die Haut zu prickeln beginnen (Taucherflöhe), Übelkeit entsteht und im Gehirngewebe treten punktförmige Flüssigkeitsansammlungen auf, die Schwellungen verursachen. Störungen beim Sehen und Gedächtnisverlust sind die Folgen. Manchmal passiert es, dass Taucher nach dem Auftauchen querschnittgelähmt sind – auch das Rückenmark gehört zum Gehirn. All diese Symptome werden als Dekompressions-, Caisson-, Taucher- oder Druckluft-Krankheit zusammengefasst. Es verhält sich im Grunde wie mit einer Mineralwasserflasche: Unter Druck wird hier Kohlenstoffdioxid in das

Wasser gepresst, die Flasche anschließend unter Druck verschlossen. Öffnet man die Flasche, so perlt das Kohlenstoffdioxid aus. Beim Taucher löst sich während des Tauchvorgangs anstelle des Kohlenstoffdioxids Stickstoff aus der Atemluft im Blut. Je tiefer sich der Taucher bewegt, umso mehr Stickstoff wird im Blut gelöst. Taucht der Taucher aber zu rasch auf, so perlt es im Blut wie in der Mineralwasserflasche. Deshalb müssen Taucher sehr langsam vom Grund an die Wasseroberfläche kommen. Dann bilden sich lediglich einzelne und vor allem harmlose Blasen. Das Gas wird dann über die Lungen ausgeatmet.

Interessanterweise können aber auch Piloten und Astronauten von dieser Druckkrankheit betroffen sein. Auch unter normalem Luftdruck ist Stickstoff im Blut gebunden. Kommt es nun zu einem Unterdruck, so können wiederum kleine Bläschen entstehen. Zum Glück ist hier der Effekt nicht ganz so ausgeprägt. Trotzdem, ein Astronaut ist in seinem Raumanzug dem halben Atmosphärendruck ausgesetzt. In den Anfängen der Raumfahrt stellte dies ein ganz großes Problem dar. Man kannte das Verhalten von Raumanzügen viel zu wenig und es wurde der volle Atmosphärendruck verwendet. Das führte dazu, dass sich die Raumanzüge im Weltall voll aufbliesen. Dadurch wurden diese Anzüge sehr starr und die Astronauten konnten sich nur sehr schwer bewegen. Beim ersten Ausstieg eines Amerikaners hätte es fast ein Unglück gegeben. Der Raumanzug hatte sich so stark aufgeblasen, dass der Astronaut nicht mehr durch die Luke in das Raumschiff einsteigen konnte. Er war mit seinem Raumanzug schlicht und einfach zu groß. So musste der Druck in dem Anzug verringert werden, bis das Unternehmen doch gelang. Der Druck wurde auf rund ein Zehntel des Atmosphärendrucks verringert, dabei wäre der Astronaut fast kollabiert. Für einen Raumflug ohne Zwischenfälle reicht eine durchschnittliche Kondition aus, wenn aber etwas Unvorhergesehenes passiert, dann müssen die Menschen körperlich topfit sein.

Kommen wir zu den Genüssen am Meer zurück. Viele Menschen lieben es, in der Sonne zu liegen, sie möchten schön braun werden. Dabei sollte man freilich die Sonnenschutzcreme nicht vergessen. Sie schützt unsere Haut vor der schädlichen ultravioletten (UV) Strahlung. Man unterscheidet zwischen der UV-A-, UV-B- und der UV-C-Strahlung. Nur durch die UV-A-Strahlung wird unsere Haut bräunlich, während die beiden anderen sehr gefährlich sind. Sie verursachen Verbrennungen und Hautkrebs. Es gibt zwei unterschiedliche Arten von Sonnencremes. Zum einen jene, die aus organischen Molekülen bestehen. Diese absorbieren das UV-Licht und dabei verdrehen sich diese organischen Moleküle. Sie können sich nach kurzer Zeit wieder zurückdrehen, wobei sie etwas Wärme abgeben. Zum anderen gibt es Sonnenschutzcremes auf kristalliner Basis. Dabei befinden sich viele kleine Kristalle in der Creme, die das ultraviolette Licht einfach schlucken.

Die Profis unter den Sonnenanbetern wissen, wie man sich zur Sonne hinlegen muss. Das Licht sollte immer senkrecht zur Hautoberfläche einfallen. In den Mittagsstunden reicht es, sich einfach auf eine Matte zu legen. Aber in den Morgen- und Abendstunden würde man mit dieser Technik nicht richtig braun werden. Es sollte dann der Oberkörper zur Sonne geneigt sein. Nur dann fallen die Strahlen senkrecht zur Hautoberfläche ein und der Wirkungsgrad ist am höchsten.

Gibt es etwas Schöneres, als sich am Strand unter Palmen wunderbare Cocktails servieren zu lassen? Jeder schmeckt anders und es braucht viel Zeit, diese alle durchzuprobieren. Aber die meisten haben eines gemeinsam: die Eiswürfel. Jetzt weiß jedes Kind, dass man Eiswürfel in eine Flüssigkeit legt, damit die Temperatur in der Flüssigkeit sinkt. Aber warum funktioniert dies? So glauben viele, dass es das kalte Schmelzwasser der Würfel ist, welches die Getränke kühlt. Aber dem ist nicht so.

Experiment Teil I: Nehmen Sie ein Glas mit kaltem Wasser aus der Leitung (rund T_1 = 10°C) und ebenso viel heißes Wasser (rund T_2 = 80°C). Gießen Sie das kalte und heiße Wasser zusammen. Das vermengte Wasser wird eine Temperatur von rund

45°C haben. Diese Temperatur wird als Mischungstemperatur T_m bezeichnet. Man berechnet sie über den Mittelwert $T_m = (T_1 + T_2)/2$.

Experiment Teil II: Nehmen Sie nun Eiswürfel, die eine Temperatur von rund $T_1 = -2°C$ besitzen. Das heiße Wasser soll wieder eine Temperatur von $T_2 = 80°C$ aufweisen. Würde man die Mischungstemperatur berechnen, so käme man auf einen Wert von $T_m = 39°C$. Probieren Sie es aus. Achten Sie bitte darauf, dass die Eismenge genauso schwer ist wie das heiße Wasser. Vermengen Sie beides miteinander, so werden Sie etwas Erstaunliches feststellen: Die Temperatur der vermischten Substanzen beträgt nun rund 0°C flüssiges Wasser! Das Eis hat sich aufgelöst, aber die Temperatur beträgt dennoch rund 0°C. Wohin ist die Wärme des rund 80°C heißen Wassers verschwunden? Diese Wärme wurde benötigt, um das Eis in Wasser umzuwandeln. Eis besteht aus Wassermolekülen, die sich in einer Kristallstruktur befinden. In dem Kristallgitter steckt elektromagnetische Energie. Die einzelnen Moleküle sind so nahe, dass sie sich über elektrische Felder gegenseitig festhalten. Um die Kristallstruktur aufzubrechen, benötigt man Energie. Entweder Sie zerschlagen das Eis mit einem Pickel oder erwärmen es. Das Wärmeäquivalent von rund 80°C heißem Wasser entspricht der Bindungsenergie der gleichen Menge Eis. Das bedeutet, der Cocktail wird dadurch kalt, dass die warme Flüssigkeit versucht, die Kristallstruktur aufzubrechen. Dabei verlieren die Moleküle der warmen Flüssigkeit an Bewegungsenergie. Da die Bewegungsenergie der Moleküle proportional zur Temperatur ist, sinkt diese, wenn die Moleküle langsamer werden. Deshalb kühlt auch trockenes Eis (also ohne zusätzliches kaltes Wasser) besser als feuchtes.

Sex on the beach

1.5 cl Amaretto
4 cl Ananassaft
1 cl Preiselbeersirup (Cranberry-Fruchtsaft)

4 cl Wodka
2 cl Zitronensaft
4 Eiswürfel

Alles vermengen und „shaken".

Safer sex on the beach

3 cl Pfirsichnektar
5 cl Preiselbeersirup (Cranberry-Fruchtsaft)
4 cl Ananassaft
4 Eiswürfel

Alles vermengen und „shaken".

Jungbrunnen

2 grüne Kiwis schälen, mit 2 EL Orangensaft und 2 cl Wodka pürieren und in das Glas einfüllen.
2 gelbe Kiwis schälen und mit 4 EL Orangensaft und 1 cl Martini pürieren und vorsichtig über einen Löffel in das Glas einfüllen.
15 dag Himbeeren mit 2 EL Orangensaft und 2 cl Wodka pürieren und vorsichtig über einen Löffel in das Glas einfüllen.

Dieser Cocktail liefert wunderbare Farbeffekte, wie bei einer Ampel.

Manche mögen lieber Eis, an dem sie in der Hitze schlecken können, als einen Cocktail, den man genüsslich schlürft. Über Geschmack lässt sich nicht streiten. Trotzdem sollte man selbst bei der Eiszubereitung – wie bei fast allem – die Physik zu Rate ziehen. Bei Eis handelt es sich um einen Kristall. Die einzelnen Moleküle des Wassers und der Geschmacksstoffe haben einen klar definierten Abstand. Nehmen wir etwas Orangensaft und frieren wir ihn ein. Wenn Sie nun versuchen, diesen Würfel zu lutschen, so werden Sie kein großes Vergnügen daran haben. Der Würfel wird rasch ausgespuckt – er ist einfach zu kalt. Was unterscheidet einen Eiswürfel von Speiseeis? Ein Eiswürfel besteht aus einem großen massiven Eiskristall, Speiseeis hingegen aus vielen kleinen Kristallen. Zwischen diesen kleinsten Kristallen befindet sich sehr viel Luft. Kauft man sich eine Box mit Speiseeis und lässt es vollständig auftauen, so wird man beobachten, dass das Volumen abnimmt. Die Eiscreme fällt richtiggehend zusammen. Friert man dieses Eis wieder ein, so erhält man einen Klumpen, der zwar gut schmeckt, aber für unseren Mund eindeutig zu kalt ist.

Dadurch, dass die Kristalle so klein sind und viel Luft dazwischen eingeschlossen wird, können die Kristalle leichter schmelzen. Deshalb ist es bei der Speiseeiszubereitung enorm wichtig, dass keine großen Kristalle entstehen und dass sich viel Luft zwischen den Kristallen befindet. Die Luft hat die Aufgabe, dass die einzelnen Kristalle nicht mehr zusammenwachsen können.

Campari-Eis

15 dag Zucker
50 ml Orangensaft
100 ml Campari

Den Zucker in 200 ml Wasser aufkochen und 5 Minuten lang einkochen lassen. Mit dem Orangensaft und dem Campari aufgießen und gut verrühren. In eine Kunststoffform füllen und das Ganze in den Gefrierschrank stellen. Alle 30 Minuten kräftig mit einer spitzen Gabel das Eis zerkratzen, sodass sich ganz kleine Kristalle bilden.

PhysikerInnen haben es etwas leichter bei der Speiseeiszubereitung, denn sie verfügen über flüssigen Stickstoff. Dieser hat eine Temperatur von 77 K beziehungsweise von –196°C. Man schlägt etwas Obers (Schlagsahne). Dadurch werden sich viele Luftbläschen im zukünftigen Eis befinden. Dann rühren wir den Inhalt eines Glases Marmelade unter das Obers. Die Marmelade sollte einen kräftigen Geschmack haben, denn bei niedrigeren Temperaturen im Mund können wir nicht ganz so gut schmecken. Über die Schlagobers-Marmelade-Mischung gießt man den flüssigen Stickstoff. Dabei wird es brodeln und dampfen. Durch das Brodeln entstehen nur die allerkleinsten Eiskristalle und dazwischen befindet sich dann der gasförmige Stickstoff. Man muss nur ein wenig umrühren und fertig ist das perfekte Speiseeis. Das Ganze dauert rund 2 Minuten, also praktisch für einen Kindergeburtstag. Sie brauchen nur mehr flüssigen Stickstoff. Der wäre gar nicht so teuer, er kostet am Institut für Materialphysik an der Universität Wien 1 Euro und 34 Cent pro Liter. Das Problem besteht nur im Transport. Mit einer Kunststoffflasche oder Milchkanne können Sie ihn nicht befördern. Man benötigt ein so genanntes Dewar-Gefäß. Dabei handelt es sich um eine überdimensional große, sehr hochwertige Thermoskanne, die leider ziemlich teuer ist (die billigsten sind um 600 Euro erhältlich).

Auf der Raumstation – Leben in der Schwerelosigkeit

Um auf die Raumstation ISS (International Space Station) zu reisen, können Sie zwischen zwei verschiedenen Systemen, zumindest theoretisch, wählen. Einerseits steht das Space Shuttle, andererseits die Sojus-Kapsel zur Verfügung. Da die Amerikaner im Moment mit dem Shuttle große Probleme haben und die Russen Devisen benötigen, kommt eigentlich nur der Start in Baikonur, dem russischen Raumfahrtzentrum, in Frage. Die Frachtkosten betragen rund 60 000 Euro pro Kilogramm. Man braucht aber gar nicht sein Körpergewicht mit 60 000 zu multiplizieren, denn zusätzlich entstehen noch Kosten für die Lebenserhaltungssysteme und vieles mehr. Ein Start zur ISS kostet einige Millionen Euro. Den genauen Preis erhalten Sie auf Anfrage in Ihrem Reisebüro. Dafür bekommen Sie dann aber sicher ein All-inclusive-Paket. Für Billigreisende gibt es auch Möglichkeiten, in das All zu starten. So bietet Virgin Galactic außerirdische Erlebnisse an. Der

Preis für die Fahrkarte beträgt 200 000 US-Dollar. Um sich einen Sitzplatz für die Reise zu reservieren, sollte man jetzt schon eine Anzahlung von 20 000 US-Dollar leisten. Dieses Geld wird bei Stornierung vollständig rückerstattet. Im Flugpreis enthalten sind der Aufenthalt im Virgin-Galactic-Weltraum-Ressort für sieben Tage, Schwerkrafttraining, Abendessen mit Astronauten, Flug im Simulator und vieles mehr. Am siebten Tag fliegen Sie endlich mit der VSS Enterprise mit einer Beschleunigung von rund vier g ins All. Sie sind im All, sehen die Sterne und sind schwerelos. Das Blickfeld reicht rund 1 600 Kilometer weit und Sie können zum ersten Mal auf unseren Planeten hinunterblicken. Nach ein paar Minuten geht es wieder zurück zur Erde. Leider wird der erste kommerzielle Flug frühestens im Jahr 2014 starten – es gab leider einige Unfälle. Aber die Wahrscheinlichkeit ist bei diesem Unternehmen tatsächlich sehr groß, dass die Flüge auch stattfinden. Also sichern Sie sich jetzt Ihre Fahrkarte …

Was würde Sie auf der Raumstation erwarten? Sicherlich eine Stickstoff-Sauerstoff-Atmosphäre. Das Atmen wäre genauso wie auf der Erde. Einen kleinen Unterschied gibt es aber. Wenn Sie die Raumstation betreten, fällt Ihnen das ohrenbetäubende Surren der Klimaanlage und der Ventilatoren auf. Diese werden dafür benötigt, dass sich die frische Luft in alle Bereiche der Raumstation ausbreitet und das ausgeatmete Kohlenstoffdioxid wieder eingefangen wird. Besonders wichtig ist die Luftströmung während des Schlafes. Da Sie Kohlenstoffdioxid ausatmen und dieses Gas nicht weggeblasen wird oder nach oben aufsteigt, atmen Sie Ihre eigene Luft wieder ein. Das ist gar nicht gesund. Auf der Erde kann uns das nicht passieren, denn hier ist es im oberen Bereich eines Zimmers „immer“ wärmer als im unteren. So strömt die Luft selbstständig von unten nach oben. In der Schwerelosigkeit geschieht dies freilich nicht. Das Schlafen an sich ist jedoch nicht besonders aufregend. Sie kuscheln sich in Ihren Schlafsack und zurren ihn fest. Sonst würden Sie im Schlaf durch die Raumstation trudeln.

Wenn Sie die Augen schließen, können Sie hin und wieder kleine Lichtblitze sehen. Das ist keine optische Täuschung, es handelt sich um Tscherenkow-Strahlung. Wenn sich schnelle geladene Teilchen wie Elektronen oder Protonen in einem Medium bewegen, dann entsteht bläuliches Licht. Die Teilchen müssen sich schneller als die in diesem Medium herrschende Lichtgeschwindigkeit bewegen. Vorsicht! Dabei wird nicht die Vakuumlichtgeschwindigkeit überschritten, sondern nur die Lichtgeschwindigkeit, die in diesem Medium herrscht. Die Lichtgeschwindigkeit im Glas beträgt rund 200 000 km/s. Werden Elektronen mit einer höheren Geschwindigkeit (die aber immer noch kleiner als die Vakuumlichtgeschwindigkeit sein muss) auf dieses Glas geschossen, so entsteht blaues Licht. Fliegen nun schnelle Elektronen aus den Weiten des Universums durch Ihr Auge, so können Sie blaues Licht sehen, obwohl die Augen geschlossen sind. Auf der Erde werden die schnellen Teilchen durch die Atmosphäre so stark abgebremst, dass wir auf der Oberfläche davon nichts mehr mitbekommen.

Sobald Sie die Schwerelosigkeit erleben, beginnt sich das Blut in Ihrem Körper unterschiedlich zu verteilen. Auf der Erde wird das Blut normalerweise durch die Schwerkraft zum Erdmittelpunkt gedrückt. Unsere Beine und Arme sind das so gewohnt. Ändert sich aber dieser Zustand, so gelangt einerseits mehr Blut in den Kopf und andererseits weniger davon in die Beine. Betrachtet man die Astronauten genau, erkennt man geschwollene Gesichter und blutarme Beine. Leider verlagern sich auch die Flüssigkeiten in der Nase und den Nebenhöhlen. Praktisch alle Astronauten haben die Symptome von Schnupfen.

In der Schwerkraft müssen wir unsere Beine nicht bewegen – wir können einfach durch die Raumstation gleiten. Das führt dazu, dass wir unsere Muskeln weniger benutzen müssen. Auch unsere Knochen werden weniger belastet als sonst. Wenn Sie nur eine Woche urlauben, stellt das noch kein Problem dar. Sollten Sie aber länger auf der Raumstation arbeiten, zum Beispiel als Kellner für die anderen Touristen, so müssen Sie jeden Tag ein paar Stunden lang etwas für Ihre Fitness tun. Die Muskeln müssen aktiviert, die Knochen belastet und das Herz muss gefordert werden. So ziemlich alle Astronauten klagen über Langeweile bei diesen sportlichen Aktivitäten.

Dennoch können Sie so einiges dort oben genießen, etwa den phantastischen Ausblick. Trotzdem erkennen Sie die Erde nicht als kleine Kugel, sondern Sie sehen gerade, dass der Horizont rund ist. Sie fliegen mit etwa 29 000 km/h in einer Höhe von 300 bis 400 Kilometer in rund 90 Minuten einmal um den Globus. Am Tag sehen Sie Flüsse, Berge und Meere. Wenn Sie ganz genau schauen wollen, so entdecken Sie sogar einzelne Fahrzeuge an Kreuzungen, wenn das Wetter über dem jeweiligen Gebiet schön ist. Theoretisch sollte man mit dem menschlichen Auge einzelne Fahrzeuge nicht erkennen können, aber unter Schwerelosigkeit verformt sich das ganze Auge. Umfangreiche Tests haben gezeigt, dass man von der Raumstation tatsächlich einzelne Autos ausmachen kann. In der Nacht, wenn die eine Hälfte der Erde von der Sonne nicht beleuchtet wird, glitzert es in den einzelnen Städten. Sie erkennen sofort, wo es Strom gibt oder ob es sich um eine gottverlassene – nicht industrialisierte – Gegend handelt. Rund 16-mal pro Tag erleben Sie einen Sonnenunter- bzw. -aufgang. Der Sternenhimmel ist ebenso imposant. Jedes einzelne Pünktchen, eine Sonne, erscheint unvergleichlich klar und doch so weit entfernt. Allerdings werden die Sterne dort oben nicht funkeln. Das Funkeln kann man nur von der Erde aus beobachten, wenn sich dünne Wolken oder leicht atmosphärische Störungen zwischen den Sternen und den Beobachtern befinden.

Das Essen in der Raumstation schmeckt sicher nicht schlecht, aber ganz anders als auf der Erde. Es dürfen nämlich keine Speisen, die Brösel verursachen, verwendet werden. Das Brot ist deshalb in Gelatine getränkt oder man isst einfach Tortillas. In einem Kochtopf oder einer Pfanne können Sie die Speisen auch nicht erwärmen. Es fehlt die Konvektion. Darunter versteht man, dass Warmes innerhalb einer Flüssigkeit nach oben aufsteigt.

Kurz zurück auf die Erde:

Nehmen wir einen Kochtopf mit Wasser und geben ein paar Knödel hinein. Wenn wir das Wasser auf einer Herdplatte erwärmen, so wird es zuerst unten warm. Dieses Wasser steigt nach oben, weil es leichter ist, sprich eine geringere Dichte hat als das kalte. Oben kühlt das warme Wasser wieder ab. Gleichzeitig strömt warmes Wasser wieder nach und das kalte Wasser sinkt am Rand des Topfes nach unten. Es entsteht eine Strömung von unten nach oben und wieder nach unten. Diese Strömung verhindert, dass schwimmende Knödel in der Mitte des Topfes bleiben. Übrigens, Knödel sollte man nicht kochen, sondern nur ziehen lassen, sodass sich die Flüssigkeit aufgrund der Konvektion nicht zu rasch bewegt. Die bewegte Flüssigkeit würde von der Oberfläche des Knödels kleine Stückchen herausreißen und der Knödel dadurch immer kleiner werden. Darum Knödel immer nur ziehen lassen.

Tatsächlich erwärmen die Astronauten ihre Speisen neuerdings in einem Elektroofen mit Luft-Umlauf. Dieses Verfahren ist auf der Raumstation aber noch neu, es muss sich erst bewähren. Bisher haben die AstronautInnen heißes Wasser in den Nahrungsbeutel gepumpt. In diesem befindet sich das Essen. Ihm wurde aber auf der Erde das Wasser entzogen, das man dann auf der Raumstation wieder dazugibt. Man muss den Beutel nur kräftig durchkneten, damit sich das Wasser mit den Nahrungsbestandteilen gut vermengt. Mit einem Strohhalm kann man dann das Essen aus den Beuteln schlürfen und zusätzlich aus kleinen Dosen Festes herauslöffeln. Wenn Sie auf der Raumstation urlauben, wird Ihnen sofort auffallen, dass das Besteck ungefähr um ein Drittel kleiner ist als auf der Erde. Das hat den Vorteil, dass der ganze Bissen auf dem Löffel bleibt und sich nicht selbstständig macht. Das Essen auf dem Löffel wird nicht wie auf der Erde von der Schwerkraft festgehalten. Nur die Kräfte zwischen den Molekülen des Löffels und der Speise halten die Speise etwas auf dem Löffel. Man muss sehr vorsichtig sein, denn gelangt Essen in die Klimaanlage, so könnte die Luftzufuhr verstopft werden. Zum Glück gibt es Filter, aber diese müssen dann wieder gereinigt werden. Deshalb stellt man Salz und Pfeffer zum Nachwürzen auch nur in flüssiger Form bereit. Das gestreute Salz genauso wie der Pfeffer würde sich erst nach langer Zeit in der Speise auflösen. Zusätzlich möchte man Niesanfälle von AstronautInnen durch losen Pfeffer in der Raumstation vermeiden.

Gleichfalls kann man zum Essen kein Bier oder andere kohlensäurehaltige Getränke trinken. Die Flüssigkeiten werden nur durch die Kräfte, die zwischen den Molekülen auftreten, zusammengehalten. Zwischen den Molekülen, die einen Tisch zusammenhalten, ist die Kraft sehr groß. In Flüssigkeiten ist die Kraft relativ gering und in Gasen praktisch fast nicht vorhanden. Beginnt die kohlensäurehaltige Flüssigkeit zu perlen, so bilden sich Abermillionen kleinste Wassertröpfchen. Aus dem Bier wird nur Schaum, der wiederum die Klimaanlage zu verstopfen droht. Die Oberflächenspannung, welche die Tropfen auf der Oberfläche zusammenhält, wird von den Kohlensäurebläschen zerstört.

Übrigens haben die Astronauten auf der Mondoberfläche typisch österreichische Spezialitäten verdrückt: Rindsgulasch sowie Frankfurter mit Erdäpfelsalat. So hatte auch Österreich seinen Beitrag zur Mondlandung geleistet. Dabei soll aber nicht auf die vielen österreichischen Techniker vergessen werden, die am Mondprojekt mitgearbeitet haben.

Nach dem Essen wäre nun eine Zigarette, zumindest für Raucher, eine tolle Sache. Aber dabei werden Sie Probleme bekommen. Die Luft ist begrenzt und die sollten Sie daher auf der Raumstation nicht unnötig verbrennen. Trotzdem gibt es das Gerücht, dass auf der MIR Kosmonauten manchmal eine Zigarette geraucht haben. Das Kontrollzentrum soll kein großes Problem dabei gesehen haben. Es war ihm wichtiger, dass die Kosmonauten entspannt waren, denn der Stress auf einer solchen Station kann schon enorm sein. Die Kosmonauten waren ja nicht auf Urlaub dort oben. Das Problem beim Rauchen einer Zigarette besteht beim Anzünden. Es bildet sich keine schöne Flamme. Zündet man dort oben eine Kerze an, so brennt sie nur ganz schwach und kugelförmig. Die heißen Gase steigen aufgrund der fehlenden Konvektion nicht auf. Sauerstoff kann nur schwer zur Flamme gelangen.

Die Frage nach der Toilette lässt sich übrigens ganz leicht beantworten. Die Toilette arbeitet mit Unterdruck. Ein Schlauch wird an die passende Körperöffnung geführt und das Produkt der Verdauungsarbeit einfach abgesaugt. Der Urin wird wiederaufbereitet, zuerst gefiltert und dann durch Elektrolyse in Wasserstoff und Sauerstoff zerlegt. Die Astronauten müssen nicht ihren eigenen gefilterten Urin trinken. Nein, sie trinken ihren Schweiß, zumindest gereinigten Schweiß. In der Raumstation befinden sich an manchen geschützten Stellen kalte Platten. An diesen kondensiert die feuchte Kabinenluft. Sie wird gereinigt und dient gleichfalls als Trinkwasser.

Das Rasieren klappt eigentlich sehr gut. Man verwendet einen Elektrorasierer mit einem Luftabsauger. Dorthin verschwinden dann die Bartstoppeln. Es gab zwar einmal auf der russischen Raumstation eine Dusche, diese war aber die meiste Zeit nicht in Gebrauch. So reinigt man sich mit feuchten Tüchern, denn Wasser würde einfach am Körper abperlen.

Ich bin überzeugt, Sie hätten eine Menge Spaß während Ihres Urlaubs auf der Raumstation. Wenn nicht das liebe Geld wäre …

Aber es bietet sich eine billigere Lösung an, um die Schwerelosigkeit zu erleben: der Parabelflug. Man fliegt mit einem großen Flieger auf 8.5 Kilometer Höhe. Dort beginnt der Flieger seinen Parabelflug. Während das Flugzeug nach unten stürzt, herrscht Schwerelosigkeit. Wenn dann das Flugzeug rund 600 km/h erreicht hat, nimmt die Schwerkraft wieder zu. Dabei kommt man auf eine Geschwindigkeit von bis zu 900 km/h und die Schwerkraft steigt auf fast 2 g. Sobald das Flugzeug auf 6 000 Meter Höhe abgefangen wurde, startet das Flugzeug wieder durch. Auf über 7 000 Meter Höhe schaltet das Flugzeug seine Triebwerke erneut zurück und man fliegt schwerelos weiter nach oben. Sobald man den höchsten Punkt der Parabel erreicht hat, kippt das Flugzeug leicht nach vorne und man fliegt weitere 15 Sekunden im schwerelosen Zustand weiter. Wenn das Flugzeug seine Triebwerke drosselt bis zu dem Zeitpunkt, an dem das Flugzeug wieder abgefangen wird, also auf der gesamten Parabel, herrscht im Inneren Schwerelosigkeit. Theoretisch könnte man die Parabel noch vergrößern, um länger schwerelos zu sein. Mit der Concorde wurden über 60 Sekunden Schwerelosigkeit erreicht. Der Parabelflug hat viele Vorteile. Er ist relativ billig und sollten schwere gesundheitliche Probleme auftreten, kann man sofort abbrechen. Bei den Russen kostet eine ganze Woche Aufenthalt im Sternenstädtchen mit einem Parabelflug mit 30 bis 35 Parabeln knapp über 3 500 Euro. In Tschechien ist der Parabelflug schon um die 1 000 Euro erhältlich. Normalerweise finden in diesen Flugzeugen Experimente für die Raumfahrt statt. Aber die Tourismusbranche hat das Potenzial erkannt und Sie können heute einen solchen Flug in jedem besseren Reisebüro buchen. Es kommt bloß auf den Versuch an. Worauf warten Sie noch?

Physik der Fortbewegung

Von der Physik des Stehens, Gehens und Laufens

Im Prinzip müssen wir beim Stehen von der Physik nicht wirklich viele Effekte berücksichtigen. Die Schwerkraft der Erde hält uns fest. Deshalb werden wir zum Boden gezogen. Liegen ist unter diesem Gesichtspunkt energetisch günstiger. Mehr Teile des Körpers befinden sich näher beim Erdmittelpunkt, der Schwerpunkt verlagert sich dramatisch nach unten und wir müssen nicht mehr das Gleichgewicht halten. Also verbrauchen wir beim Liegen weniger chemische Energie als beim Stehen.

Jetzt werden sich viele LeserInnen wieder an die Schulzeit erinnern und meinen, dass man im Stehen keine Arbeit verrichtet. Denn der Körper wird nicht bewegt und wir wandern auch nicht auf einen Berg (Höhenunterschied). Trotzdem ermüden wir, denn wir benötigen mehr chemische Energie für die Muskeln, als wenn wir nur liegen würden. Wenn wir keine Muskelspannung aufbauten, fiele unser Körper wie ein nasser Sack zusammen. Der Vergleich mit einem nassen Sack ist durchaus gerechtfertigt, denn der menschliche Körper besteht bis zu 45–55 Prozent aus Wasser.

Damit wir den Schwerpunkt unseres Körpers, der ungefähr in der Nähe des Nabels liegt, über den Füßen halten können – nur dann stehen wir stabil –, müssen wir die Muskeln des Oberkörpers so anspannen, dass sich dieser immer über dem Schwerpunkt befindet. Wir führen dabei eine ganz geringe Bewegung aus. Sie fällt uns zwar nicht auf, dennoch ist sie vorhanden. Zusätzlich werden beim Stehen Muskeln aktiv, die der Versteifung der Gelenke dienen. Liegen wir jedoch am Boden, brauchen wir keine Muskeln zu aktivieren, denn unser Schwerpunkt liegt so weit unten, dass wir nicht umfallen können.

Übrigens, was ist die sicherste Fortbewegungsart? Viele Menschen meinen, dass es das Fliegen ist. Aber auch da kommt es leider immer zu Unfallen. Allein schon beim normalen Gehen ziehen sich viele Menschen jedes Jahr Verstauchungen zu oder stolpern und verletzen sich dabei. Sie werden es nicht glauben: Die sicherste Art der Fortbewegung ist das Liftfahren! Dabei müssen wir nur stehen. Da wir auch nicht in den Lift hinein- oder herausrennen, kann nur wenig passieren. Haben Sie auch keine Sorge, dass der Lift außer Kontrolle gerät und in die Tiefe rast, wie man es Ihnen gelegentlich in Horrorfilmen vorführt. In Europa wird überall ein Sicherheitssystem eingebaut, das verhindert, dass die Liftkabine nach unten abstürzt. Dieses System kann praktisch nicht versagen. Aber wenn es dennoch passieren sollte und Sie gerne wissen möchten, wie Sie sich am besten verhalten, dann schlagen Sie bitte im Kapitel „Physik in Extremsituationen" nach.

Um das vorige Beispiel noch etwas üppiger zu gestalten, stehen wir wieder und halten einen Koffer in der Hand. Das erfordert ziemliche Mühe. Warum? Wir müssen dabei unseren Oberkörper so verdrehen, dass sich der Schwerpunkt des Koffers und des Oberkörpers über den Beinen befindet. Dafür muss Arbeit geleistet werden. Besser wäre es, zwei Koffer, die ungefähr gleich schwer sind, mit beiden Händen zu halten. Dann ändert sich durch die Koffer der Schwerpunkt nicht. Es muss weniger Arbeit als mit nur einem Koffer geleistet werden. Dies gilt allerdings nur für das Stehen. Wenn wir mit einem oder zwei Koffern gehen, dann ist natürlich die zusätzliche Arbeit zu berücksichtigen, die benötigt wird, um die Koffer über eine bestimmte Strecke zu beschleunigen.

Werfen wir einen Blick auf die nächste Fortbewegungsart: das Gehen. Dafür benötigen wir die Haftreibung. Diese ist dafür verantwortlich, dass wir uns überhaupt in unserer Umwelt bewegen können. Die Reibung hängt von der Größe der Schuhe, dem Gewicht des Körpers und der Beschaffenheit des Schuhmaterials sowie des Untergrundes ab. Wenn wir versuchen, auf Bananenschalen zu gehen, so wird uns das nicht gelingen. Wir rutschen aus. Wenn wir gehen wollen, dann müssen wir uns vom Untergrund abstoßen beziehungsweise muss der Untergrund – die Straße, die Wiese, der Fußboden – unserer Gehbewegung einen Widerstand entgegensetzen. Dieser wird als Reibung bezeichnet. Also benötigen wir gutes Schuhwerk. Natürlich können wir auch barfuß wandern. Deshalb weisen unsere Fußsohlen ganz feine Rillen auf. Sie sorgen für eine erhöhte Reibung. Aber wir würden nach kurzer Zeit starke Schwielen und große Blasen bekommen, weil unsere Hornhaut daran nicht gewöhnt ist. Bis freilich die Hornhaut stark genug wäre, können schon ein paar Wochen vergehen und dann kommt wieder der Winter ...

Aber nicht nur gutes Schuhwerk, auch auf die Socken sollten wir nicht vergessen. Schon Albert Einstein (1879–1955) fragte sich: „Wozu Socken, die machen doch nur Löcher?“ Bei allem Respekt vor Einstein, aber von Socken hatte er offensichtlich keine Ahnung! Diese haben schon so ihre Vorteile. Wenn wir Schuhe ohne Socken benützen, können die Füße im Inneren der Schuhe reiben. Würde der Schuh absolut perfekt sitzen, gäbe es keine freien Räume zwischen dem Schuh und dem Fuß – der Schuh wäre wie angegossen. Aber wie kämen wir dann in den Schuh hinein? Spitzenleichtathleten übrigens verwenden tatsächlich Schuhe, die so perfekt sitzen, dass man keine Socken benötigt. Diese Schuhe kann man aber nur ein Rennen lang benützen.

Der Socken stabilisiert den Fuß im Schuh. Das bedeutet, alle Freiräume zwischen dem Schuh und dem Fuß werden ausgefüllt. Ferner gewinnen wir dadurch eine zusätzliche Reibungsfläche. Der Schuh kann einerseits mit der Straße und andererseits nicht mit der Haut, sondern nur mit dem Socken reiben.

Wenn wir ganz sicher gehen wollen, zum Beispiel bei längeren Wanderungen, so steckt man zuerst seine Füße in einen Damenstrumpf und stülpt darüber seine Socken. Dadurch bringt man noch eine zusätzliche Reibfläche ein. Das bedeutet, dass unsere Fußsohlen und andere empfindliche Stellen nicht mehr reiben können. Man sollte aber nicht vergessen, dass die Socken immer trocken bleiben sollen. Wenn sie nämlich feucht werden, dann quillt die Haut auf und sie wird sehr anfällig für Blasen. Deswegen immer auf die Socken achten!

In den Physikbüchern findet man immer wieder den Begriff der Arbeit. Beispielsweise wird Arbeit verrichtet, wenn man einen Höhenunterschied überwindet oder wenn ein Körper eine bestimmte Strecke lang beschleunigt oder abgebremst wird. Wenn wir langsam dahinschlendern oder spazieren gehen, dann arbeiten wir nicht – zumindest im physikalischen Sinn. Wenn ein idealer Körper seine Durchschnittsgeschwindigkeit erreicht hat, müsste er für die Bewegung keine weitere Arbeit mehr leisten, denn ein Körper, der einmal in Bewegung ist, bleibt in Bewegung. Zu dieser wichtigen Erkenntnis kam der Physiker Sir Isaac Newton (1643–1727). Aber jeder weiß, dass auch ein einfacher aber langer Spaziergang sehr wohl anstrengend sein kann. Irrte Newton? Mitnichten. Des Rätsels Lösung: Unser menschlicher Körper ist kein idealer punktförmiger Körper, sondern er besteht aus Beinen, Armen und einem Oberkörper mit Kopf. Die Beine werden abwechselnd beschleunigt. Mit einem Bein stoßen wir uns ab. Zu diesem Zeitpunkt befindet sich dieses Bein fast in Ruhe. Das andere Bein bewegt sich gerade zum nächsten Abstoßpunkt. Wenn es diesen Abstoßpunkt erreicht hat, wird dieses Bein sich nicht bewegen, sondern wieder das andere. Wir können sagen, dass sich beim Gehen abwechselnd ein Bein bewegt, während das andere fast stillsteht. Betrachtet man die Füße, so ist immer ein Fuß in Ruhe, während der andere sich gerade bewegt. Das bedeutet, dass immer ein Fuß beschleunigt wird. Der Fuß wird bei der Bewegung zuerst immer schneller und bremst dann, wenn er wieder auf dem Boden aufkommt. Es erfolgt sowohl eine Beschleunigung als auch eine Abbremsung. Folglich leisten wir Arbeit oder besser gesagt unsere Füße tun dies. Für unseren Oberkörper brauchen wir fast keine Arbeit leisten. Wenn er einmal in Bewegung ist, dann bleibt auch er in Bewegung und den Luftwiderstand vernachlässigen wir fürs Erste. Aber wenn Sie genau lesen, dann werden Sie feststellen, dass wir für den Oberkörper fast keine Arbeit benötigen.

Bei jedem Schritt wird unser Körper rund 3 Zentimeter gehoben beziehungsweise wieder abgesenkt. Das hängt mit der Beinbewegung zusammen. Wenn jemand eine Schrittlänge von etwa 60 Zentimeter hat und einen Kilometer lang marschiert, hat die Person rund 1700 Schritte zurückgelegt. Bei jedem Schritt hat der Oberkörper eine Höhendifferenz von nur 3 Zentimeter überwunden. Das bedeutet aber, dass man bei 1700 Schritten rund 5100

Zentimeter Höhenunterschied zurückgelegt hat. Also sind Sie auf einem Kilometer Länge auch 51 Meter Höhe emporgekommen, ohne auch nur einen Maulwurfshügel überwunden zu haben.

Während des Laufens befindet sich kurzfristig kein Bein des Körpers auf dem Boden. Bei SpitzensportlerInnen haben die Beine mehr als die Hälfte der Laufzeit keinen Bodenkontakt. Aber dafür werden die Beine höher angehoben. Sie müssen stärker beschleunigt werden. Dies erfordert von den AthletInnen mehr Arbeit. Warum aber ist Usain Bolt so extrem schnell?

Usain Bolt – mit 41 Schritten zum Sieg

Schritt 1: Die Großeltern von Usain Bolt kommen aus Afrika. Damit ist sein Nabel (statistisch) um rund 3 cm höher gelagert als der von Europäern. Das ist wichtig.

Schritt 2: Die Eltern haben für den Sieg beim 100-m-Sprint eine ganz wichtige Rolle. Über die Eltern ist bestimmt, welche Muskelfasern zu welchem Anteil tätig sind. Man kann die Muskeln auf mehrere Arten unterscheiden. Einerseits gibt es die Typ-I-Fasern SO (für slow oxidativ fibres), auch als ST-Fasern (slow twitch fibres) bekannt, die zwar keine hohen Kräfte entwickeln können, dafür aber sehr ausdauernd sind. Andererseits gibt es die Typ-II-Fasern, welche auch als schnelle oxydative/glykolytische Fasern bezeichnet werden. Diese FT-Fasern (für fast twitch fibres) können hohe Kräfte entwickeln, aber sie ermüden auch schnell. Für einen Sprinter ist es wichtiger, schnell zu sein, als hohe Kräfte zu entwickeln. Deshalb braucht er viele schnelle Muskelfasern. Diese sind zu einem großen Teil ererbt.

Schritt 3: Durch das Training werden die richtigen Muskeln aufgebaut. Für einen Sprinter sind es vor allem die schnellen Muskelfasern, die vermehrt trainiert werden müssen. Tatsächlich lassen sich durch das Training diese Muskeln aber nur um einen geringen Anteil steigern. Zum Sprinter muss man geboren sein, genauso wie zum Kugelstoßer.

Schritt 4: Beim Startvorgang wird der gesamte Körper beschleunigt, das heißt, seine Geschwindigkeit nimmt zu. Er wird dabei immer schneller. Untersuchungen haben gezeigt, dass das hintere Bein für die horizontale Beschleunigung wichtig ist, während das Bein, welches sich am vorderen Bereich des Startblockes befindet, für das Aufrichten des Körpers wichtig ist. Es hat sich gezeigt, dass gerade bessere Sprinter mehr Kraft im hinteren Bein haben, während schlechtere mit den Händen nachhelfen.

Schritt 5: Nach dem Abstoßen vom Startblock braucht man die richtige Reibung. Wir können uns nur dadurch vorwärtsbewegen, weil der Schuh auf dem Boden reibt. Dadurch können wir uns am Boden abstoßen. Steigen wir auf eine Banane, fällt die Reibung weg und wir treten auf der Stelle und fallen meist um.

Schritt 6: Einerseits muss der Körper bewegt werden, andererseits aber auch die Beine. Die Beine müssen den Körper (Rumpf, Arme und Kopf) bewegen. Bei dieser Bewegung wird der Körper ein kleines Stück angehoben, um dann kontrolliert zu fallen. Der Schwerpunkt des Körpers wird pro Schritt im Durchschnitt um 3 cm gehoben und gesenkt. Diese Hubleistung macht rund 12 % der Gesamtleistung des Laufens aus.

Schritt 7: Rund 80 % der verfügbaren Energie für den Sprint werden für die Beschleunigung der Beine investiert. Der Rest steht dann den Armen zur Verfügung.

Schritt 8: Für die Beschleunigung ist es wichtig, die maximale Beinkraft F_B zu kennen. Diese ist durch folgende Formel gegeben:

$$F_B \approx 1{,}5 \cdot m \cdot g$$

wobei m die Masse des Athleten und g die Fallbeschleunigung mit $g = 9{,}81\ m/s^2$ ist. Genau diese Kraft muss für die Beschleunigung verwendet werden.

Schritt 9: Diese Beinkraft kann nun auf die Beschleunigungsstrecke angewendet werden. Damit ist aber nicht die Laufbahn gemeint, sondern die Beschleunigung des Beines. Diese Beschleunigungsstrecke entspricht der Differenz zwischen dem abgewinkelten und dem gestreckten Bein. Dann gilt für die Beschleunigungsstrecke:

$$d = Länge_{gestrecktes\ Bein} - Länge_{abgewinkeltes\ Bein} = L/3$$

wobei L die Beinlänge ist. Damit sieht man sehr schön, dass eine große Beinlänge für eine gute Beschleunigung wichtig ist. Versuchen Sie einmal mit kleinen Schritten, bei denen Sie das Bein nicht richtig abwinkeln, einen raschen Start hinzulegen.

Schritt 10: Man muss die Beine beim Laufen extrem heben. Dies hat dieses Mal aber nichts mit der Beschleunigung der Füße zu tun, sondern mit dem Drehmoment. Die Beine sind an der Hüfte befestigt. Man kann so weit gehen und sagen, dass die Beine beim Laufen einen Viertelkreis beschreiben – nach vorne und nach hinten und so weiter. Bewegen sich Objekte kreisförmig, dann wird mehr Energie benötigt, wenn sich der Körper weiter vom Drehpunkt befindet. Das heißt, je näher das Bein bei der Hüfte ist – während der Drehbewegung –, umso weniger Energie wird benötigt. Also müssen die Beine so stark wie möglich angezogen werden.

Schritt 11: Langsam, aber sicher wird ein Weltklassesprinter von der Beschleunigungsphase in die Geschwindigkeitsphase übergehen. Das heißt, der Läufer wird nicht mehr schneller, sondern hält „nur“ mehr seine Geschwindigkeit.

Schritt 12: Nach rund 10 bis 20 Schritten hat Usain Bolt seine maximale Geschwindigkeit erreicht. Er kann nun nicht mehr schneller laufen. Man kann sich sogar die maximale Endgeschwindigkeit v_L ausrechnen:

$$v_L = \sqrt{N \cdot g \cdot L}$$

Hier ist N die Anzahl der Schritte, g die Erdbeschleunigung und L die Beinlänge. Bessere Läufer kommen mit einem geringeren N auf die maximale Geschwindigkeit. Damit sind sie dann aber auch schneller im Ziel.

Schritt 13: Sobald die Endgeschwindigkeit erreicht ist, müssen „nur" mehr die Muskelreibung, der Luftwiderstand, die Gelenksreibung und die Hubarbeit überwunden werden. Diese Parameter sind für alle Athleten ungefähr gleich, aber eine Ausnahme gibt es: die Hubarbeit.

Schritt 14: Beim kontrollierten Fallen, also beim Laufen, kann man seinen Körper so nach oben beschleunigen, dass er fast nicht fällt, sondern sein Schwerpunkt ziemlich auf dem gleichen Niveau bleibt. Deshalb ist bei Läufern der Oberkörper auch leicht nach vorne gebeugt. Entfällt die Hubarbeit, erspart man sich 12 % der Energie. Das kann man leichter erzielen, wenn der Schwerpunkt weiter oben liegt.

Schritt 15: Usain Bolt weiß, dass seine Beinlänge, sein extremes Anziehen der Beine beim Sprint und sein höherer Schwerpunkt ihn zum Sieg bringen werden. Deshalb kann er jetzt auch schon wieder abbremsen. Er benötigt aufgrund seiner Beinlänge nur 41 Schritte bis zum Ziel, die anderen mindestens 43.

Schritt 16: Würde er jetzt voll durchlaufen, wäre es sogar für Bolt schwierig, seinen eigenen Rekord zu brechen. Bricht er ihn aber nur um ein bisschen, kann er auch noch bei anderen großen internationalen Turnieren die Siegesprämie kassieren.

Schritt 17 – Schritt 41: Langsames Auslaufen bis zum Ziel.

Die Physik des Fahrrades

Durch das Fahrrad verfügen Kinder über eine erhöhte Mobilität und die Eltern über mehr Freizeit, denn man muss die Kleinen nicht immer überall hinbringen. Die Kinder können selbst die Welt erfahren und sie bleiben in der Regel in einem bestimmten, überschaubaren Radius.

Welche Parameter müssen beim Fahrradfahren berücksichtigt werden? Hier wird ein Körper mit seinem Fahrrad in eine Richtung beschleunigt. Sobald das Fahrrad auf seine Geschwindigkeit beschleunigt wurde, müssen wir nur mehr gegen den Luftwiderstand kämpfen. Ab 8 m/s beträgt der Luftwiderstand schon 90 Prozent des Gesamtwiderstands. Die Rollreibung und die Reibung in den Lagern des Rades machen weniger als 10 Prozent aus. Deshalb sollte man hintereinander fahren. Über 40 Prozent des Luftwiderstandes fallen dann für den Hinterherfahrenden weg.

Auch beim Fahrradfahren müssen wir uns von der Oberfläche abstoßen. Allerdings übernimmt hier der rollende Reifen die Aufgabe der Schuhfläche. Was ist der Vorteil der Drehung? Beim Gehen können wir uns nur abstoßen. Beim Fahrradfahren hingegen können wir mit einem Bein das Pedal nach unten drücken und gleichzeitig mit dem anderen Fuß das Pedal nach oben ziehen, wenn ein geeigneter Gurt vorhanden ist. Damit nützen wir auch die Aufwärtsbewegung der Beine, während die Aufwärtsbewegung der Beine beim Gehen relativ wenig bringt.

Zusätzlich ist es wichtig, dass der radiale Abstand vom Zahnrad zu den Pedalen groß ist. Hier haben wir einen Hebel.

Es gilt: Je größer der Hebel ist, umso weniger Kraft benötigen wir für das Treten.

Allerdings dauert dann das Treten etwas länger für einen Durchlauf. Mit einer Übersetzung können wir indirekt die Hebellänge verändern. Wenn das Zahnrad beim hinteren Rad genauso groß wie der Pedalabstand zum Zahnrad ist, haben wir nichts gewonnen. Ist das hintere Rad aber viel kleiner, müssen wir uns weniger anstrengen. Bei den heutigen Fahrrädern gibt es dafür eine Gangschaltung, mit der wir verschiedene Übersetzungen, das heißt Hebellängen, verwenden können.

Falls man nicht mit einem Mountainbike gerade einen Abhang hinunterstürzt, gilt Fahrradfahren als relativ sichere Fortbewegungsart. Der Antrieb erfolgt durch die eigenen Muskeln, die man auch gut kontrollieren kann und zur Not würde das Fahrrad auch von allein stehen bleiben. Solange man nicht zu Boden schlittert, können keine ernsthaften Verletzungen entstehen. Zumindest ist das die landläufige Meinung in der Bevölkerung. Wie schnell kann man mit einem Fahrrad fahren? Die meisten Personen, die ich gefragt hatte, gaben an, auf einer geraden Strecke durchaus 35–40 km/h zu erreichen. Zugegeben, 35–40 km/h klingt nicht wirklich schnell. Aber würden Sie kopfüber aus dem Fenster im ersten Stock runterspringen? Jeder vernünftige Mensch verneint dies. Schließlich will man sich ja nicht die Arme brechen oder Schlimmeres erleiden. Wenn Sie sich allerdings unbedingt einem Härtetest unterziehen wollen, bedenken Sie bitte vorher: Beim Sprung aus dem ersten Stock erreichen Sie ungefähr eine Endgeschwindigkeit von 35–40 km/h. Setzen Sie deshalb einen Helm auf, so wie beim Fahrradfahren. Er kann Ihnen das Leben retten.

Es gibt ein schönes Experiment, um Ihnen den Vergleich mit und ohne Helm zu zeigen.

Nehmen Sie eine Wassermelone und lassen diese aus dem ersten Stock fallen. Eine Wassermelone, wenn sie nicht überreif ist, ist doch relativ hart. Achten Sie darauf, dass der Einschlagbereich mit einer Kunststofffolie ausgelegt ist. Es entsteht eine Mordsschweinerei. Die Melone wird über zwei bis drei Meter zerlegt. Nehmen Sie nun eine andere Melone und geben diese in einen

Motorradhelm. Die Melone sollte im Helm gut befestigt sein, damit sie nicht rauspurzelt. Lassen Sie nun den Helm fallen und achten Sie darauf, dass der Helm sich nicht zu drehen beginnt. Der Helm wird ein paar Mal aufspringen und dann liegen bleiben. Das Ergebnis: Meist hat die Melone überhaupt keinen Schaden genommen. Nur selten konnten wir einen kleinen Riss in der Melone feststellen. Aber auf alle Fälle war der Vergleich beeindruckend.

Physikalisch kann man dies ganz leicht erklären. Die Bewegungsenergie des Helms wurde in die Verformungsenergie des Sturzhelms umgewandelt. Im Inneren des Helms befindet sich eine Polsterung. Diese verformt sich, das kostet Bewegungsenergie. Neuerdings gibt es auch Sturzhelme, die sich bei einem Aufprall als Ganzes verformen. Diese garantieren eine noch höhere Sicherheit, leider sind sie auch teurer.

Die Physik des Fliegens

Manchen Personen wird es ziemlich mulmig, wenn sie in ein Flugzeug einsteigen. Die Stewardessen sind übertrieben freundlich, die überzogenen Sicherheitskontrollen nach unbedeutenden Schweizer Messern und Nagelscheren hat man auch schon vergessen, endlich geht es los. Ein Ruck, die Turbinen heulen auf und der Flieger wird immer schneller. Ab einem bestimmten Zeitpunkt befindet man sich in der Luft. Meist bemerkt man dies gar nicht. Erst durch den Blick aus dem Fenster und die gekippte Lage nach hinten erkennt man, dass man fliegt. Für manche von uns beginnt erst jetzt die Angst. Meist ist es nicht die Furcht vorm Fliegen, sondern die Angst vorm Runterkommen. Alle Flieger kommen runter, da kann ich Sie beruhigen, die Frage lautet nur: wie? Wie gesagt, wenn der Pilot keine größeren Fehler macht, sollte der Flug sicher sein, auch die Landung.

Aber selbst in der Physik gilt die Hydrodynamik als ein Buch mit sieben Siegeln. So beschäftigte sich der österreichische Physiker Erwin Schrödinger (1887–1961) in seinen jungen Schaffensjahren mit den Problemen der Hydro- bzw. Aerodynamik. Dieses Gebiet erschien ihm zu schwierig und so wechselte er zur Quantenmechanik. Er meinte, dass sie viel leichter sei als die Hydrodynamik. Für seine Erkenntnisse auf dem Gebiet der Quantenmechanik erhielt er den Nobelpreis.

Zum Glück gehört das Phänomen Fliegen heute zu den gelösten Problemen der Aerodynamik. Betrachten wir das Fliegen vom Standpunkt der Physik.

Machen wir dazu ein einfaches Experiment. Wenn man aus einem fahrenden Auto die Hand hinaushält, wird man einen interessanten Effekt beobachten. Besonders stark wird die Hand nach hinten gedrückt, wenn man sie quer zur Fahrtrichtung stellt. Hält man die Hand flach, dann wird sie nur ganz wenig nach hinten gedrückt. Wenn man die Hand leicht schräg hält, wird sie nach hinten und nach oben gedrückt.

Genau dasselbe passiert beim Fliegen. Damit sich ein Flugzeug in die Lüfte erheben kann, bedarf es einer Tragfläche. Bei dem Experiment mit dem fahrenden Auto bildete unsere Hand die Tragfläche. An dieser Tragfläche treten zwei verschiedene Effekte auf, die in unterschiedlicher Weise auf das Fliegen Einfluss nehmen. Beide Effekte führen zum Auftrieb.

Der dynamische Auftrieb ist jene Kraft, die ein Objekt, zum Beispiel die Hand, zum Fliegen bringt.

Die Kraft, welche die Tragfläche nach oben drückt, wird als dynamischer Auftrieb bezeichnet. Die Kraft, welche die Tragfläche nach hinten drückt, heißt Luftwiderstand.

Beachten wir den Querschnitt einer Tragfläche mit dem dazugehörigen Luftstrom. Unterteilen wir den Luftstrom in zwei verschiedene Bereiche: den unteren und den oberen Bereich.

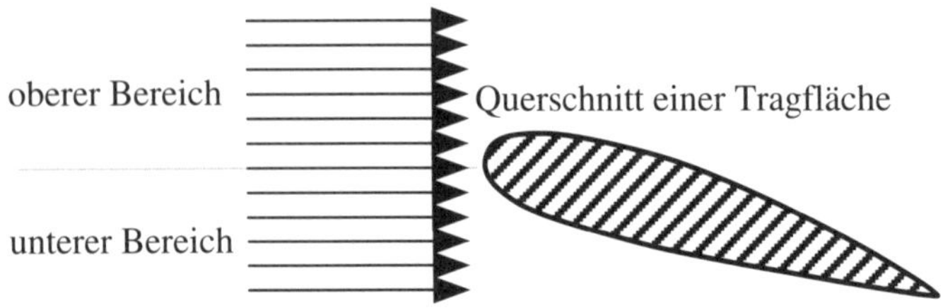

Betrachten wir die Luft, die auf die Tragflächenunterseite trifft. Die Luftteilchen prallen auf die Tragflächenunterseite und drücken die Tragfläche nach oben und nach hinten. Deshalb muss jede Tragfläche einen so genannten „Anstellwinkel" besitzen. Das ist der Winkel zwischen dem Luftstrom und der Tragfläche. Wenn er 0° beträgt, dann können keine Teilchen nach unten umgelenkt werden. Jede Tragfläche benötigt daher einen positiven Anstellwinkel!

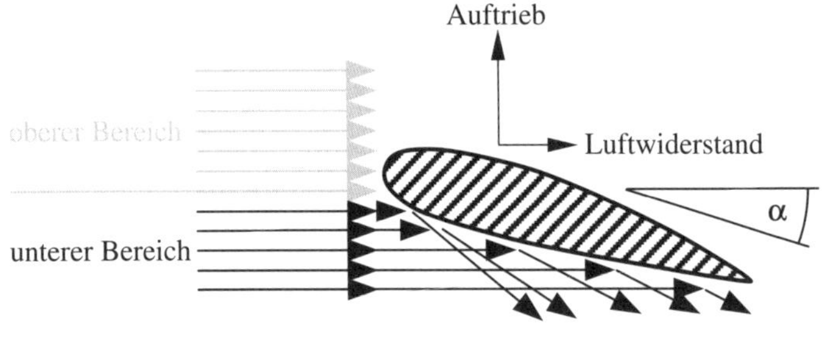

Aufgrund elastischer Stöße werden die Luftmoleküle auf der Tragflächenunterseite nach unten umgelenkt.

Wenden wir uns nun dem oberen Luftstrom zu. Die Luft strömt über die Tragflächenoberseite. Man könnte erwarten, dass sich die Luft über der Oberseite gerade weiterbewegt. Allerdings würde dann auf der Oberseite der Tragfläche ein Vakuum beziehungsweise ein Unterdruck entstehen. Die bewegten Luftteilchen reißen die unbewegten Luftteilchen mit. Dieser Unterdruck führt dazu, dass die Tragfläche nach oben gesaugt und der Luftstrom nach unten abgelenkt wird. Die Ablenkung ist umso größer, je näher sich die Luftteilchen bei der Tragfläche befinden. Man spricht auch vom Coanda-Effekt. Ein bewegtes Gas oder eine bewegte Flüssigkeit versucht einer geometrischen Form (in diesem Fall der Tragflächenoberseite) zu folgen. Dadurch wird der Luftstrom, der über die Tragflächenoberseite streicht, nach unten abgelenkt. Gleichzeitig versucht auch die Tragflächenoberseite sich dem Luftstrom anzupassen. Da es aber eine starre Konstruktion ist, kann nur der Flügel als Ganzes gehoben werden.

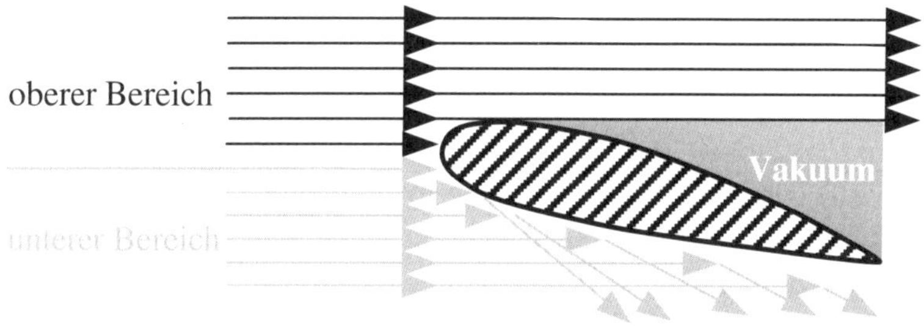

Dieser Unterdruck führt dazu, dass die Tragfläche nach oben und der Luftstrom nach unten abgelenkt wird. Natürlich werden die Luftteilchen, die sich in der Nähe der oberen Kante befinden, stärker abgelenkt als jene Teilchen, die eine größere Entfernung von der Tragfläche aufweisen.

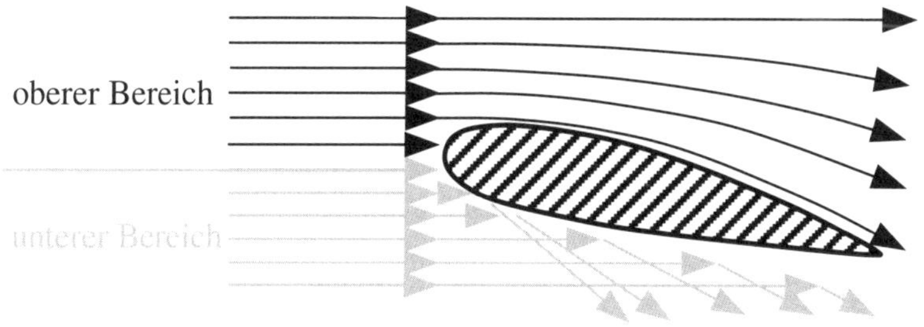

Hier liegt der Effekt der Impulserhaltung vor. Die Impulserhaltung kann man ganz leicht verstehen. Auch hier hatte Sir Isaac Newton seine Hände im Spiel. Kurz gesagt, wenn es einen Impuls gibt, dann existiert auch ein gleich großer entgegengesetzter Impuls. Um beim Fliegen zu bleiben, betrachten wir einen Hubschrauber. Ein Hubschrauber hat zwei Rotorblätter. Diese sind ähnlich wie die Tragflächen geformt. Durch die Rotation saugt der Hubschrauber von oben Luft an und drückt sie nach unten. Auf die Luft wird über die Rotorblätter ein Impuls ausgeübt. Wenn der Hubschrauber die Luft von oben ansaugt, wird auch der Hubschrauber etwas nach oben gezerrt. Der Hubschrauber erhält einen gleich großen, aber zur Luftbewegung entgegengesetzten Impuls. Der Hubschrauber fliegt.

Bei einer Tragfläche ist es nicht anders. Da ein Strom von Teilchen, der sich vor dem Flügel nur horizontal bewegt, nach unten abgelenkt wird, muss nach der Impulserhaltung die Tragfläche nach oben „gezogen“ werden.

Für das Fliegen gewinnt oft noch ein anderer Effekt Bedeutung, der nach Daniel Bernoulli (1700–1782) benannt wurde. Er wirkt dann, wenn der Anstellwinkel 0° beträgt und die Tragfläche besonders stark gewölbt ist. Es gilt das Gesetz von Bernoulli: Trifft der Luftstrom den oberen Bereich der Tragfläche, so stellt dieser Bereich ein Hindernis für den Luftstrom dar. Wenn Gase bzw. die Luft auf ein Hindernis treffen, werden sie am Hindernis schneller und am Hindernis entsteht ein Unterdruck.

Betrachten wir ein Rohr mit einer Verengung. Aus einem Stromlinienbild kann man die Geschwindigkeit der bewegten Teilchen leicht ablesen (zumindest relativ). An den Engpässen liegen die Stromlinien näher beieinander. Je enger die Stromlinien beisammenliegen, umso schneller bewegt sich das Gas. Wenn sich ein Volumen in einem Rohr bewegt und dieses Volumen auf einen Engpass trifft, müssen sich die Teilchen des Gases schneller bewegen.

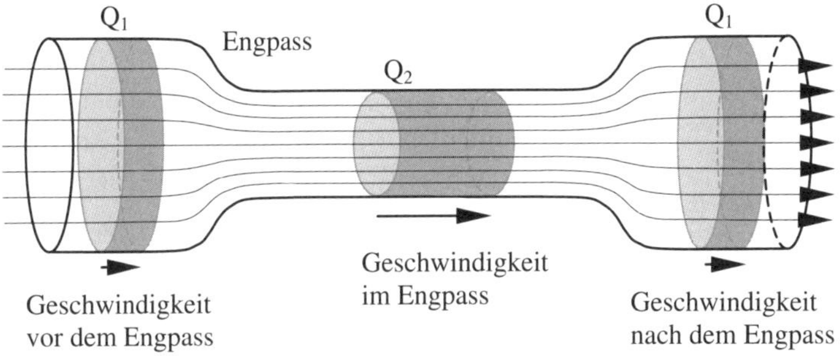

Da Flüssigkeiten und im Wesentlichen auch Gase nicht komprimiert werden können (zumindest bei geringen Geschwindigkeiten), müssen die Teilchen ihre Geschwindigkeit steigern, damit das ganze Volumen, wenn es wieder aus dem Engpass herauskommt, die ursprüngliche Geschwindigkeit besitzt. Es können ja keine Teilchen verloren gehen und wenn wir den Reibungswiderstand an der Rohrfläche vernachlässigen, darf auch die Geschwindigkeit nicht einfach abnehmen. Wohin sollte die Geschwindigkeit nach dem Engpass also „hingehen"? Sie muss genauso groß sein wie vor dem Hindernis.

Kommen wir jetzt zum eigentlichen Problem. Im Engpass ist die Geschwindigkeit des Gases größer als vor und nach dem Hindernis. Gemäß dem Energieerhaltungssatz – Energie darf nicht verloren gehen oder erzeugt, sie kann nur umgewandelt werden – kann aber ein Teilchen oder auch ein Gas nicht einfach schneller werden. Woher könnte für die höhere Geschwindigkeit im Engpass die Energie herkommen? Aus dem Luftdruck. Das schnelle Gasvolumen im Engpass möchte kleiner werden. Es übt keinen so großen Druck mehr auf die Umgebung aus, vor allem auf die Seitenwände.

Das Bernoullische Prinzip besagt Folgendes: Trifft ein Gas auf ein Hindernis, so wird sich das Gas beim Hindernis schneller bewegen und es entsteht ein Unterdruck zwischen dem Hindernis und dem Luftstrom. Das klingt unglaublich, aber probieren Sie es bitte selbst aus.

Nehmen Sie je ein Blatt Papier in die Hand und halten die gegenüberliegenden Seiten zueinander. Blasen Sie nun durch den kleinen Spalt, der noch zwischen den Blättern vorhanden ist. Man würde erwarten, dass die Blätter durch den Luftstrom auseinander getrieben werden. Aber das genaue Gegenteil passiert: Der Abstand zwischen den Blättern wird kleiner. Die Blätter stellen eine Verengung für den Luftstrom dar. Gerade zwischen den Blättern wird der Luftstrom etwas schneller und gleichzeitig nimmt der Druck des Luftstroms zu den Seitenwänden ab. Die beiden Blätter werden zueinander gesaugt, der Abstand zwischen ihnen wird kleiner.

Den Teilchen bleibt im Grunde nichts anderes übrig, als den Weg über die Tragflächenoberseite zu nehmen. Durch das Hindernis müssen die Abstände der Stromlinien kleiner werden. Dadurch steigt die Geschwindigkeit der Luftteilchen. Im Bereich der größten Verengung entsteht ein Unterdruck (verminderter statischer Druck) und die Tragfläche wird nach oben gezogen. Der Druck auf die Tragflächenunterseite, der Unterdruck auf die Tragflächenoberseite und der Bernoulli-Effekt führen zum Auftrieb und damit zum Flug.

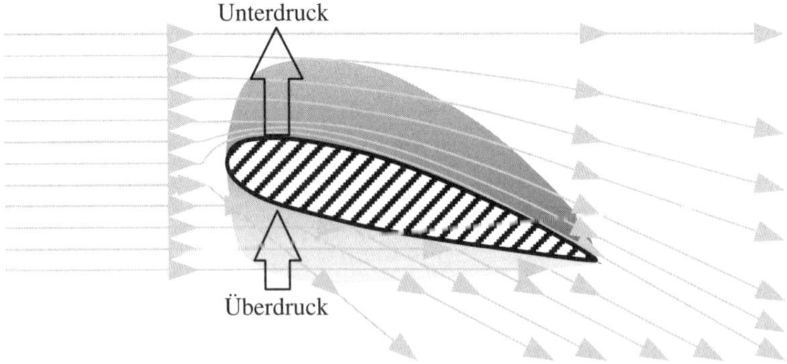

Trotzdem sollten wir nicht vergessen, dass für den Auftrieb eine hohe Geschwindigkeit wichtig ist. Wenn sich die Geschwindigkeit der Luft bzw. der Tragfläche in der Luft verdoppelt, vervierfacht sich der Auftrieb. Große Düsenjets fliegen mit einer enorm hohen Geschwindigkeit. Deshalb schaffen sie es auch, mit relativ kleinen Tragflächen einen hohen Auftrieb zu erreichen.

Leider gibt es auch zum Fliegen einige Erklärungen, die nicht ganz richtig sind. Häufig wird das Phänomen Fliegen nur mit dem Bernoulli-Effekt erläutert. Die Wölbung der Tragfläche – so wie man sie in den meisten Lehrbüchern findet – ist mehr eine theoretische Angelegenheit. Praktisch findet man fast nur symmetrisch gewölbte Tragflächen. Das bedeutet, dass die Unterseite der Tragfläche genauso stark gewölbt ist wie deren Oberseite. Die Wölbung hat nicht die Aufgabe, den Auftrieb zu erhöhen, sondern ihn nicht zu verhindern. Bei höheren Geschwindigkeiten können hinter der Tragfläche störende Wirbel auftreten. Durch die Wölbung entstehen weniger Wirbel. Die Wirbelbildung würde den Unterdruck auf der Tragflächenoberseite zerstören.

Man kann leicht argumentieren, warum die Tragflächenwölbung beziehungsweise der Bernoulli-Effekt eine untergeordnete Rolle beim Fliegen spielen. Praktisch alle Flieger können auf dem Rücken fliegen. Der Rückenflug wirkt zwar sehr spektakulär, aber wenn der Pilot etwas Übung hat, muss er nur auf den richtigen Anstellwinkel achten und schon funktioniert dieses Meisterstück. Wäre die Wölbung von so großer Bedeutung, dann müsste der Flieger nach unten gesaugt werden – er würde abstürzen.

Praktisch gesehen, kann man eine Tragfläche aus einem schräg gestellten Brett bauen!!!

Und für den Fall der Fälle: So landen Sie einen Passagierjet:

1. Entspannen Sie sich und setzen sich auf den Pilotensessel, das ist der linke. Bestellen Sie einen frisch gebrühten Kaffee beim Bordpersonal – Sie werden ihn sicher bekommen.

2. Greifen Sie nichts an. Halten Sie nur Ihren Kaffee. Kommen Sie bitte nicht am Steuerknüppel an. Lassen Sie sich nicht von den vielen Lämpchen und Bildschirmen beeindrucken. Die meisten werden nur für Notfälle benötigt. Jetzt gibt es aber keinen Notfall, denn *Sie* steuern das Flugzeug. Alles nur eine Frage des Selbstvertrauens! Sollten Sie keines haben, so setzen Sie sich bitte in den Sessel des Copiloten, das ist der rechte.

3. Achten Sie darauf, ob der Schalter „API" aktiv ist [ON]; wenn nicht [OFF], einfach einschalten. Dieser Schalter befindet sich meist direkt unterhalb des Fensters, in der Mitte des Cockpits. Alle Schalter sind beschriftet, also nur schauen. Dann können Sie sich endgültig entspannen und genüsslich Ihren Kaffee trinken. Der Autopilot ist eingeschaltet und das Flugzeug weiß, was zu tun ist. Nochmals entspannen.

4. Bestimmen Sie die Position, die Höhe [ALT für Altitude, gemessen in ft (feet)] und die Richtung [wird in DEG angegeben], mit der das Flugzeug gerade fliegt, und notieren diese Daten auf einem Blatt Papier. Diese Daten werden auf einem der mittleren Bildschirme genau vor Ihnen angegeben.

5. Stellen Sie jetzt den Kaffee in die Halterung. Links von Ihnen befindet sich eine eigene Vorrichtung für Getränke.

6. Teilen Sie der Welt mit, dass es ein Flugzeug zu landen gilt. Rechts neben Ihnen, vom Pilotensitz aus, sollte sich der Schalter für das Funkgerät befinden. Einfach den „COM"-Knopf drücken. Ein theatralisches „MAYDAY" lässt erkennen, dass ein Anfänger im Cockpit sitzt. Sprechen Sie deutlich und geben die Flugnummer (findet man auf dem Ticket), die Position, Höhe und Flugrichtung bekannt. Teilen Sie dem Tower mit, dass man einen deutsch sprechenden Piloten finden und man Ihnen ferner erklären soll, wie man den Flugmanagement-Computer [FMGC] aktiviert. Das ist das Gerät mit den vielen Tasten, rechts neben Ihnen. Ist er richtig programmiert, können Sie automatisch landen. Falls er noch

nicht programmiert sein sollte, was sehr unwahrscheinlich ist, dann wird Ihnen der Pilot im Tower die richtigen Anweisungen geben.

7. Teilen Sie dem Bordpersonal mit, dass der Landevorgang beginnt. Das Bordpersonal soll Vorkehrungen für eine Notlandung treffen – es weiß dann schon, was zu tun ist.

8. Sobald der deutschsprachige Pilot Ihnen das Zeichen gibt, ziehen Sie am Hebel für die Landeklappen (flaps). Meist gibt es vier Einstellungen. Welche Sie wählen sollen, teilt Ihnen der Pilot im Tower mit. Man hört dann ein Geräusch an den Tragflächen – keine Angst, das gehört so. Dabei wird der Flieger langsamer.

9. Nachdem die letzte Position der Landeklappen erreicht ist [FULL], wird es Zeit, die Knöpfe für das Fahrwerk [GEAR] zu drücken. Je nach Größe des Flugzeuges sind es drei bis fünf Knöpfe. Oberhalb der Knöpfe sollten dann drei bis fünf Anzeigen auf Grün umschalten. Das kann ein paar Sekunden dauern. Währenddessen hören Sie ein Geräusch unter Ihnen, das Fahrwerk fährt aus – auch das gehört so.

10. Sobald das Flugzeug den Boden berührt hat, können Sie sich endgültig entspannen. Nach ein paar Sekunden steigen Sie in die Pedale vor Ihnen, schieben die Schubregler für die Triebwerke ganz nach hinten (Reverse Mode) und warten, bis der Flieger stehen bleibt.

11. Sollte der Flieger noch immer langsam weiterrollen, ziehen Sie die Handbremse [PARK BRK] und drehen den Hebel. Dieser befindet sich meist zur rechten Hand hinter Ihnen.

12. Lassen Sie sich als Held feiern.

Die Physik der Rakete

Raketen zählen zu den modernsten Fortbewegungsmitteln, die wir kennen. Menschen werden mit Raketen ins All und Sonden auf andere Planeten geschossen. Die Natur verwendet dieses Prinzip freilich schon sehr lange. Zum Beispiel kann sich ein Oktopus mit dem Raketenprinzip fortbewegen. Er saugt Wasser an und versucht es zusammenzudrücken. Wasser lässt sich aber nicht zusammenpressen und so stößt er das Wasser nach hinten aus. Gleichzeitig wird dadurch der Tintenfisch nach vorne bewegt. Hier gilt, genauso wie im vorigen Abschnitt, die Impulserhaltung.

Wagen Sie doch ein nettes Experiment.

Suchen Sie mit Ihrer Familie oder Freunden an einem windstillen Tag den nächsten See mit Mietbooten auf. Sammeln Sie einige faustgroße Steine, rund 3–5 große Kunststoffsäcke voll. Mieten Sie sich ein kleines Ruderboot, je kleiner, desto besser. Nehmen Sie die Steine mit auf das Boot. Rudern Sie vom Ufer und anderen Booten so weit weg, dass Sie mit dem Experiment niemandem schaden. Legen Sie die Paddel zur Seite und achten peinlichst darauf, dass Sie sich nicht in einer Strömung befinden. Das Boot sollte in Ruhe verweilen. Nehmen Sie nun einen Stein und schleudern ihn, so stark es geht, weg. Nehmen Sie den nächsten Stein und schleudern Sie ihn in dieselbe Richtung. Machen Sie das mit all den Steinen, die Sie bei sich haben. Sie werden bemerken, dass sich das Boot in Bewegung setzt: Es bewegt sich entgegengesetzt zur Wurfrichtung Ihrer Steine.

Übrigens: Führen Sie dieses Experiment nicht unbedingt an einem See aus, an dem Sie oder Ihre Familie persönlich bekannt sind. Sie laufen nämlich Gefahr, entweder als ein Mensch mit einem schweren Aggressionsproblem oder als Verrückter, der wahllos mit Steinen um sich wirft, betrachtet zu werden. Glauben Sie mir aus persönlicher Erfahrung, Sie haben keine echte Chance zu erklären, dass es sich hier bloß um ein physikalisches Experiment handelt …

Aber zurück zur Physik. Warum beginnt das Boot sich zu bewegen? Dafür müssen wir uns mit dem Begriff der Trägheit auseinander setzen. Trägheit bedeutet, dass ein Körper in seinem Bewegungszustand bleibt. Wenn sich ein Körper bewegt, dann bleibt er in Bewegung, solange keine Kraft wie die Reibung oder der Luftwiderstand auf ihn einwirkt. Genauso bleibt ein Körper liegen, solange keine Kraft auf ihn ausgeübt wird. Klingt simpel – ist es auch. Sie wissen ja schon: „Ohne Geld, ka Musi".

Was passiert nun, wenn Sie versuchen, den Körper wegzuschleudern? Sie üben mit Ihrer Hand eine Kraft auf den Stein aus. Der Stein will sich aber nicht wegbewegen, er hat eine Trägheit. Daher wird er auch eine Kraft auf die Hand ausüben. Physikalisch gesprochen bedeutet das: Ihre Hand übt eine Kraft auf den Stein aus und der Stein übt eine gleich große entgegengesetzte Kraft aus.

Sie glauben es nicht? Dann versuchen Sie Folgendes: Nehmen Sie einen sehr spitzen Stein und werfen ihn weg. Spüren Sie die Spitze in Ihrer Handfläche? Wenn Sie es immer noch nicht glauben, so stellen Sie sich doch bitte auf ein Bein. Nehmen Sie vorher ein sehr schweres Objekt, das hoffentlich nicht zerbrechlich ist, in die Hände und schleudern es weg. Achten Sie darauf, dass Sie immer noch auf einem Bein stehen. Während Sie das Objekt wegschleudern, wird Ihr Körper eine gleich große entgegengesetzte Kraft erfahren: Sie werden nach hinten gedrückt. Passen Sie bitte auf, dass Sie nicht nach hinten umfallen. Wenn der werfende Mensch und das geworfene Objekt ungefähr das gleiche Gewicht haben, umso stärker kann man den Effekt beobachten. Wenn ich dieses Experiment vorführe, ersuche ich das schmächtigste und kleinste Mädchen, das gerade anwesend ist, mir zu helfen. Meist wird ein Karton mit Büchern, die halten das ganz gut aus, durch die Gegend geworfen.

Bei einer Rakete ist es nicht anders. Nur werden hier nicht Steine nach hinten weggeschleudert, sondern Verbrennungsgase. Man unterscheidet mehrere Arten von Raketen. Bei Feststoffraketen wird ein fester Treibsatz gezündet. Dieser Treibsatz ist meist ein langsam verbrennender Explosivstoff. Gerne wird Schwarzpulver verwendet. Wenn dieser Treibsatz verbrennt, dann entsteht ein sehr heißes Gas. Dieses kann die Rakete über eine Düse nur in eine Richtung verlassen. Die Abgasteilchen bewegen sich mit einer sehr hohen Geschwindigkeit aus der Rakete heraus. Wenn die Teilchen ausströmen, haben sie einen Impuls. Damit gibt es einen genauso starken entgegengesetzten Impuls, der die Rakete nach oben drückt. Die Rakete muss sich nirgends abstoßen. Die Abgase im Inneren der Rakete sorgen für den Rückstoß. Da die Abgase mit einer sehr hohen Geschwindigkeit ausströmen, wird auch die Rakete auf eine hohe Geschwindigkeit beschleunigt. Eine gut gebaute Feststoffrakete kann eine Geschwindigkeit von 2 500 m/s erreichen. Das sind 9 000 km/h! Leider hat dieser Konstruktionstyp einen großen Nachteil. Wenn diese Rakete einmal gezündet wird, kann man sie nicht mehr abschalten. Dafür ist sie billig.

Jedoch benötigt man für die Raumfahrt sicherere und vor allem schnellere Raketen. Deshalb verwendet man dort gerne Flüssigstoffraketen. Dabei werden zwei Flüssigkeiten verbrannt. Meist handelt es sich um Benzin und eine sauerstoffhaltige Flüssigkeit. Wenn man eine wirklich hohe Leistung benötigt, dann lässt man flüssigen Wasserstoff und flüssigen Sauerstoff miteinander verbrennen. Dabei entstehen viel höhere Temperaturen als bei der Feststoffrakete. Dadurch erreicht man auch höhere Geschwindigkeiten. 4 500 m/s beziehungsweise 16 200 km/h sind als Endgeschwindigkeit möglich.

Dieser hohen Geschwindigkeit steht leider ein großer Nachteil gegenüber. Die Flüssigkeiten müssen in die Brennkammer gepumpt werden. Um sich einen Überblick zu verschaffen: Mehrere Tonnen an extrem kaltem Wasserstoff (–260°C) und Sauerstoff (–186°C) müssen binnen Sekunden in die heiße Brennkammer gepumpt werden. Diese Pumpen brauchen meist nur einmal zu funktionieren, das Material wird aber bis an die Grenzen beansprucht. Diese Pumpen sind das Teuerste an diesen Raketen. Dafür hat man den Vorteil, dass man höhere Geschwindigkeiten erreicht und, wenn man möchte, die Pumpen einfach abschalten kann. Natürlich lassen sie sich auch zu einem späteren Zeitpunkt wieder einschalten.

Wenn wir uns schon mit den Raketen beschäftigen, so möchte ich kurz ein häufiges Vorurteil ansprechen. Viele Menschen glauben, dass man nur ausreichend hoch fliegen muss, um die Schwerelosigkeit zu erfahren. Aber leider ist das so nicht richtig. Wenn man eine Höhe von 100 Kilometer erreicht, so fällt man wieder auf die Erde zurück. Während des Fallens sind Sie in der Kapsel tatsächlich schwerelos. Nehmen Sie eine stärkere Rakete und fliegen Sie 300 Kilometer hoch. Auch dann werden Sie wieder auf die Erde zurückfallen. Die Fallzeit ist jetzt länger, und damit auch die Phase der Schwerelosigkeit. Aber Sie werden wieder auf die Erde zurückfallen. Wenn Sie eine längere Dauer an Schwerelosigkeit erleben wollen, dann müssen Sie nicht nur hoch, sondern vor allem schnell um die Erde fliegen. Wenn Sie die erste kosmische Geschwindigkeit von 7.9 km/s erreichen, dann fallen Sie unendlich

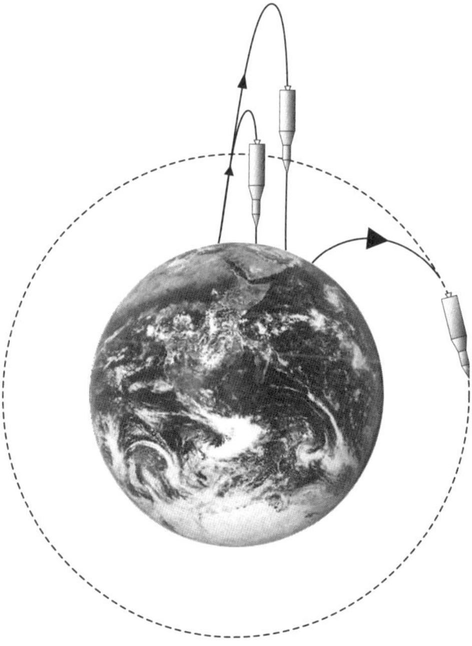

lange um die Erde: Sie bewegen sich dann auf einer Kreisbahn um die Erde. Bei genau dieser Geschwindigkeit halten sich die Anziehungskraft der Erde und die Fliehkräfte im Raumschiff im Gleichgewicht. Im Raumschiff herrscht Schwerelosigkeit. Nicht die Höhe ist folglich entscheidend, sondern die Geschwindigkeit um die Erde ist für die Schwerelosigkeit maßgeblich.

Nur wenn die Geschwindigkeit um die Erde groß genug ist, können die Körper um die Erde „fallen“ und es herrscht im Inneren dieser Körper Schwerelosigkeit.

Wenn wir eine Rakete zu einem anderen Planeten schießen, so sind wir froh, wenn diese Rakete dort auch ankommt. Viele Probleme könnten auf der langen Reise eine glückliche Ankunft verhindern. Aber wenn die Rakete – oder meist ist es dann nur mehr eine kleine Sonde – in die Nähe des Planeten gerät, so muss sie auch wieder langsamer werden. Das wird immer wieder vergessen. Ein Körper, der sich bewegt, hält seine Bewegung bei. Das ist auch der Grund, warum das Space Shuttle unter einem bestimmten Winkel in die Erdatmosphäre eintauchen muss. Das Space Shuttle fliegt in rund 90 Minuten einmal um die Erde. Es wurde vorher auf eine Geschwindigkeit von mindestens 7.9 km/s gebracht. Für eine Landung wäre dies viel zu schnell. Also muss das Shuttle langsamer werden. Um nicht zusätzlich Treibstoff für das Bremsen mitnehmen zu müssen, arbeitet man mit dem Luftwiderstand. Das Shuttle taucht in die obere Atmosphäre ein und stellt sich dann im richtigen Winkel gegen die oberen Schichten der Atmosphäre. Wichtig ist, dass der Winkel nicht zu groß wird. Dann würde das Shuttle zwar schnell abbremsen, aber es würde für das Shuttle zu heiß werden und es müsste verglühen. Ist der Eintrittswinkel zu gering, prallt das Shuttle, wie ein flacher Stein, der über eine Wasseroberfläche geschleudert wird, ab.

Bei der irdischen Raumfahrt haben wir es leicht. Auch Sonden, die zum Mars oder zur Venus fliegen, können die jeweilige Atmosphäre verwenden. Aber was macht das Raumschiff Enterprise, wenn es dringend zu einem anderen Planeten fliegen muss? Man sieht dann immer, dass im hinteren Bereich des Raumschiffs ein paar Düsen rot aufglühen und die Enterprise wird dabei immer schneller. An Bord beginnt man sich zu überlegen, wie man das örtliche Problem lösen könnte. Der Steuermann oder die Steuerfrau manövrieren die Enterprise zum richtigen Planeten und auf einmal bleibt das Raumschiff stehen. Meistens hört man dann noch, dass das brummende Hintergrundgeräusch, welches wahrscheinlich von den Raketenmotoren kommt, verstummt.

Das wirkt alles sehr eindrucksvoll, aber physikalisch kann hier einiges nicht stimmen. Wenn eine Rakete einmal ihren Kurs aufgenommen hat, also die Richtung feststeht, und die Reisegeschwindigkeit erreicht ist, kann man getrost die Raketentriebwerke abschalten. Wodurch sollte das Raumschiff abgebremst werden? Luft gibt es da draußen in den unendlichen Weiten keine und ein Gravitationsfeld schließen wir hier aus. Umgekehrt müssten Captain James T. Kirk oder Captain Jean Luc Picard beim Planeten mit den Problemen die Bremsraketen zünden, um wieder langsamer zu werden. Für die Bremsraketen benötigt man genauso viel Treibstoff, wie für die ursprüngliche Beschleunigung notwendig war.

Im Raumschiff Enterprise habe ich noch nie erlebt, dass Bremsraketen gezündet wurden. Aber das ist eben Hollywood …

Wurmlöcher, WARP-Antrieb oder wie kann man überlichtschnell reisen?

Nun verbietet die Relativitätstheorie nach Einstein, dass sich Körper schneller als das Licht bewegen. Bis heute haben wir keinen Grund, an dieser Aussage zu zweifeln. Die Relativitätstheorie gilt als eine der am besten untersuchten Theorien, die schon oft experimentell bestätigt wurde.

Trotzdem ist es unbefriedigend, dass sich nichts schneller als das Licht bewegen kann. Wie schön wäre es, andere Planeten zu besuchen, den Kosmos zu erforschen und auf eine Entdeckungsreise durch unsere Milchstraße zu gehen! Es müssen ja keine Abenteuer in anderen Galaxien sein, die doch entsprechend weit entfernt sind. Aber ein kurzer Abstecher zu Alpha Proxima oder Alpha Centauri könnte doch spannend sein.

Aber die Physik kann die Naturgesetze nicht brechen. Normalerweise erforschen wir die Naturgesetze. Dass sich kein Objekt schneller als die Lichtgeschwindigkeit bewegen kann, gilt als Naturgesetz. Falls man jedoch clever ist, lassen sich die Naturgesetze manchmal beugen. So gibt es drei Möglichkeiten, „überlichtschnell zu reisen“ – zumindest theoretisch.

Betrachten wir die Möglichkeit von Wurmlöchern. Diese Wurmlöcher sind eine theoretische Konsequenz, die aus der Relativitätstheorie gefolgert werden können. In manchen Science-Fiction-Filmen wird ja genügend von Wurmlöchern Gebrauch gemacht. So öffnet sich in der Fernsehserie „Deep Space Nine“ ein Wurmloch auf eine sehr spektakuläre Art und Weise. Was ist eigentlich dran an solchen Wurmlöchern?

Viele glauben, dass ein Wurmloch aus zwei Schwarzen Löchern besteht. Was ist ein Schwarzes Loch? Ein Schwarzes Loch ist eine Punkt-Singularität im Raum. Gut, was ist eine ...?? Seit Albert Einsteins Relativitätstheorie wissen wir, dass Raum und Zeit keine voneinander unabhängigen Größen sind. Wenn wir uns einen Termin vereinbaren, dann müssen wir nicht nur den Ort, sondern auch die Zeit festlegen. Beide physikalischen Größen sind miteinander verquickt.

Wenn der Raum nun gekrümmt ist, entspricht dies der gravitiven Wechselwirkung. Es ist schwierig, sich einen gekrümmten drei-, pardon: vierdimensionalen Raum vorzustellen. Machen wir es uns leichter und nehmen wieder ein einfaches Modell zu Hilfe. Stellen wir uns den Raum wie eine große, straff

Modell für die Raumzeit: Die Masse der Erde krümmt den umgebenden Raum und die Zeit. Achtung: Wir leben nicht auf der Matte, sondern in ihr drinnen. Den Raum oberhalb und unterhalb der Matte gibt es nicht. Es handelt sich eben nur um ein Modell.

gespannte Gummimatte vor. Wenn wir nun in diese Gummimatte eine kleine Kugel hineinlegen, wird sich die Gummimatte nach unten ausbeulen. Legen wir eine schwere Kugel in die Gummimatte, so entsteht ein tieferer Trichter. Nun können wir eine kleine Kugel nehmen und sie mit einem sachten Stoß in den Trichter hineinwerfen. Wenn wir das richtig machen, wie beim Kessel des Roulettespiels, dann wird sich die Kugel auf einer Kreisbahn um die große Kugel bewegen. Vorsicht: Natürlich wird sich die Kugel im realen Leben nach einer bestimmten Zeit spiralförmig zur großen Kugel bewegen. Aber wir haben hier ein Modell und in diesem Modell gibt es keine Reibung auf der Gummimatte. Also wird sich die kleine Kugel auf einer Kreisbahn um die große Kugel bewegen. Die große Kugel könnte der Sonne entsprechen und die kleine Kugel wäre demnach ein Planet, der um die Sonne kreist. Natürlich verursacht auch die kleine Kugel eine Delle in der Gummimatte – dem Raum-Zeit-Gefüge. In dieser kleinen Vertiefung könnte sich nun wieder eine noch kleinere Kugel um die kleine Kugel bewegen. Dabei handelt es sich dann um einen Mond, der um einen Planeten kreist, die beide wiederum um die Sonne kreisen.

Am besten zitiert man hier John Archibald Wheeler (*1911), einen gewieften Relativitätstheoretiker: *„Die Materie schreibt der*

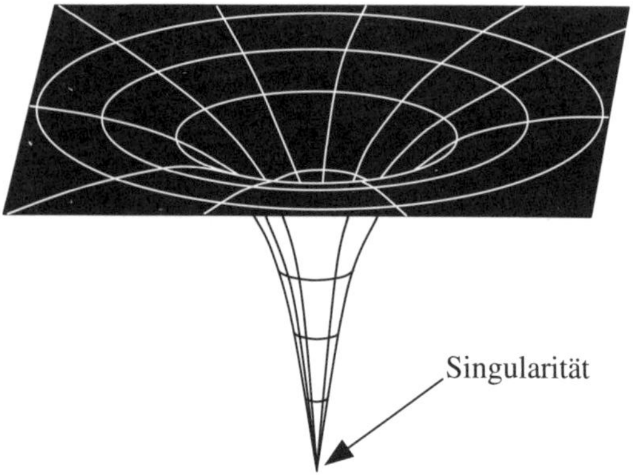

Die Raum-Krümmung eines Schwarzen Loches. Die gesamte Masse befindet sich in der Singularität – einem punktförmigen Körper, der keine Ausdehnung besitzt.

Raumzeit vor, wie sie sich zu krümmen hat, und die Raumzeit schreibt der Materie vor, wie sie sich zu bewegen hat.“

Manchmal taucht nun die Meinung auf, dass ein Schwarzes Loch einfach eine besonders schwere Kugel in der Gummimatte sei. Das stimmt aber nur bedingt, denn diese Kugel ist unendlich klein, aber gleichzeitig extrem schwer. Diese Kugel – oder besser gesagt: das Schwarze Loch – hat keine räumliche Ausdehnung. Die gesamte Masse befindet sich in einer Singularität – einem Punkt, der keine räumliche Ausdehnung hat. Diese Singularität ist unendlich klein. Am ehesten kann man sich das so vorstellen, dass man versucht, die Gummimatte mit einer spitzen Nadel zu perforieren. Wo befindet sich die Masse des Schwarzen Loches? In der Spitze der Nadel beziehungsweise in der Singularität.

Nehmen wir nun nicht eine einfache Gummimatte, sondern einen Luftballon als Modell für unsere gekrümmte Raumzeit. Die Gummihaut des aufgeblasenen Luftballons stellt unser Universum dar. Wie wir später noch sehen werden, ist dieses Modell gar nicht so schlecht.

Stellen wir uns nun vor, wir würden an zwei gegenüberliegenden Stellen des Luftballons je einen Finger in die Gummihaut stecken. Zum Glück ist es nur ein Modell, denn in Wirklichkeit würde der Luftballon nun platzen. Aber wir besitzen einen idealen Luftballon, der hält das aus. Wenn wir uns geschickt anstellen, könnten sich unsere Finger berühren. Nur etwas Gummi wäre zwischen den Fingern. Im Prinzip entspricht dies zwei Schwarzen Löchern, die an unterschiedlichen Stellen des Universums existieren und sich treffen. Damit hätte man eine tolle Abkürzung gefunden. Man müsste nicht mehr um den ganzen Luftballon reisen, sondern man könnte über diese Abkürzung von einem Bereich des Universums ganz schnell in einen anderen Bereich gelangen. Damit hätten wir sehr viel Zeit gespart. Betrachten wir eine Reise durch zwei gekoppelte Schwarze Löcher.

Was wird passieren, wenn wir uns einem Schwarzen Loch nähern? Nehmen wir ein kleines, harmloses Schwarzes Loch mit nur 20 Sonnenmassen. Noch bevor wir dem Schwarzen Loch wirklich nahe kommen, werden wir zerrissen. Das hängt mit der Ausdehnung unseres Körpers zusammen. Gehen wir davon aus, ich stehe ein paar Meter vor einem Schwarzen Loch. Der Bauch hat einen geringeren Abstand zu diesem Objekt als meine Hände. Darum wird mein Bauch stärker angezogen als meine Hände. Demzufolge

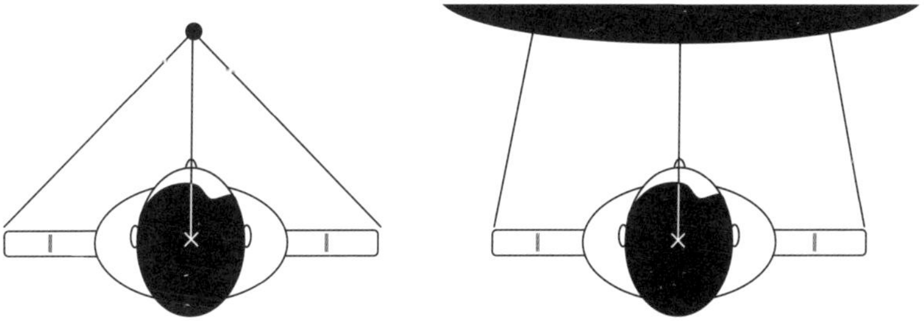

Der relative Abstand zwischen dem Rumpf und den Armen ist bei einem kleinen Schwarzen Loch größer als bei einem sehr massereichen Schwarzen Loch. Hier ist der Schwarzschildradius der beiden Schwarzen Löcher eingezeichnet.

wird sich mein Bauch näher zum Schwarzen Loch bewegen. Da sich nun mein Bauch näher beim Schwarzen Loch befindet, wird er noch stärker angezogen als meine Hände. Das führt letztendlich dazu, dass mein Körper zerrissen wird.

Je kleiner ein Schwarzes Loch ist, umso stärker werden wir zerrupft. Man spricht hier von „Spaghettifizierung“, da unser Körper in die Länge zerrissen wird. Nach Berechnungen des Physikers Roy Patrick Kerr (*1934) sind nur Schwarze Löcher mit mehr als 10 000 Sonnenmassen brauchbar. Dabei wird unser Körper „nur“ mit rund 15 g in das Innere des Schwarzen Loches hineingezogen. Damit man sich unter 15 g etwas vorstellen kann: Mit einem g werden wir von der Erde festgehalten. Die Apollo-Astronauten erlebten rund 6 g Verzögerung beim Wiedereintritt in die Atmosphäre. Eine Vollbremsung mit einem Auto auf einer trockenen Fahrbahn entspricht rund einem g!

Damit können wir zumindest den Ereignishorizont erreichen. Der Ereignishorizont beziehungsweise der Schwarzschildradius – benannt nach dem Astronom und Physiker Karl Schwarzschild (1873–1916) – entspricht dem „point of no return“. Das bedeutet, dass ein Objekt, das den Ereignishorizont überschreitet, nie wieder zurückkommen kann. Es ist für immer und ewig im Schwarzen Loch gefangen. Auch nicht mit der ganzen Energie des Universums könnten wir wieder aus dem Schwarzen Loch herauskommen. Sogar das Licht wird gefangen genommen. Genau an diesem Ereignishorizont ist es wirklich dunkel. Einen schwärzeren Ort gibt es im Universum nicht.

In Science-Fiction-Filmen wird das Überschreiten des Schwarzschildradius als sehr dramatisches Ereignis geschildert. Das Raumschiff beginnt zu vibrieren, der Kapitän wird nervös, das Raumschiff bebt und auf einmal beruhigt sich alles wieder. Die Crew atmet auf, der Ereignishorizont ist überschritten.

Tatsächlich würde es einem gar nicht auffallen, dass man den Ereignishorizont überschritten hat. Das Raumschiff würde einfach weiterfliegen. Die Crew kann sich auch vor dem Ereignishorizont entspannen. Damit haben wir noch eine Distanz von rund 25 Millionen Kilometer bis zur Singularität zu überwinden. Leider fliegen nicht nur wir zu der Singularität, sondern auch noch Gase und Staubteilchen. Diese Teilchen werden aneinander reiben. Dabei entsteht Strahlung. Die Teilchen werden sogar sehr heftig aneinander reiben. Es bildet sich Gamma-Strahlung. Sie wäre für uns tödlich. Aber zum Glück befinden wir uns nur auf einer hypothetischen Reise in ein Schwarzes Loch.

Nun kommt die Nagelprobe. Ist dieses Schwarze Loch mit einem anderen weit entfernten Schwarzen Loch verbunden? Die Physiker Albert Einstein und Nathan Rosen (1909–1995) hatten als Erste diese Idee. Ihnen zu Ehren wird eine solche Verbindung als „Einstein-Rosen-Brücke“ bezeichnet. Leider können wir einem

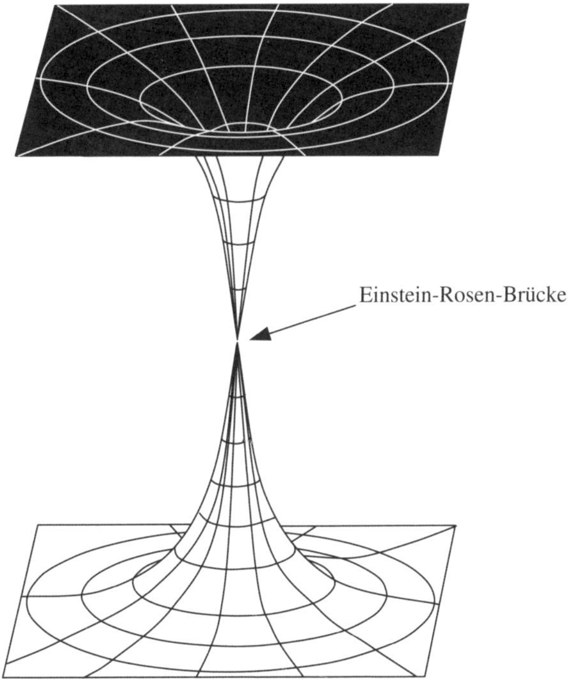

Zwei Schwarze Löcher können den Raum so verkrümmen, dass sie sich berühren. Der Bereich, wo sie sich berühren, wird als „Einstein-Rosen-Brücke“ bezeichnet.

Schwarzen Loch von außen nicht ansehen, ob es mit einem anderen Schwarzen Loch „verbunden“ ist. Wir müssen also hoffen. In unserem hypothetischen Fall haben wir natürlich Glück und das Schwarze Loch ist mit einem anderen Schwarzen Loch verknüpft. Nun werden wir selbstverständlich versuchen, durch diese Brücke in das andere Schwarze Loch zu reisen. Diese Brücken haben aber eine unangenehme Eigenschaft. Sie sind extrem instabil und nur sehr kurze Zeit offen. Kein menschlicher Körper kann von einem Schwarzen Loch in ein anderes hüpfen.

Dass man trotzdem, zumindest hypothetisch, von einem ins andere Schwarze Loch hüpfen kann, haben wir dem Physiker Roy P. Kerr zu verdanken. Die Lösung liegt in der Rotation der Punktsingularität. Schwarzschild ging nur vom statischen Fall aus, aber

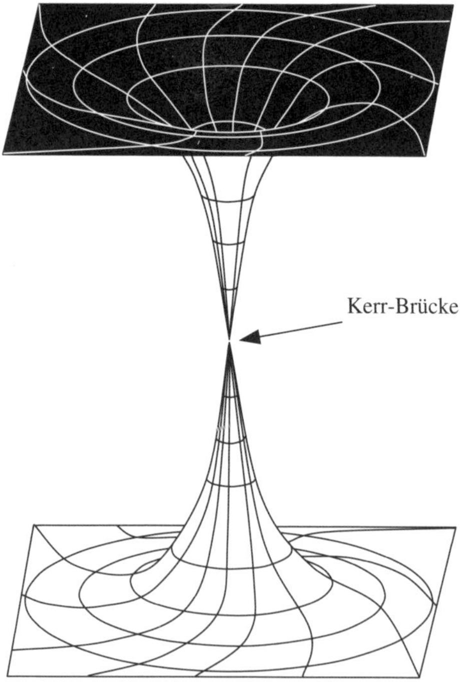

Zwei rotierende Schwarze Löcher bilden eine Kerr-Brücke. Dieser Übergang ist etwas stabiler als eine Einstein-Rosen-Brücke.

Schwarze Löcher können auch rotieren. Rotierende Schwarze Löcher, die miteinander verbunden sind, bilden eine „Kerr-Brücke", die bedeutend stabiler ist. Fliegt man über einen der Pole in ein solches Schwarzes Loch, dann hat man gute Chancen, von einem Schwarzen Loch in das andere zu gelangen. Und wie geht es weiter?

Sie befinden sich nun in einem anderen Schwarzen Loch. Ich gratuliere Ihnen, dass Sie diese schwere Reise überlebt haben. Aber nun geht es leider nicht mehr weiter. Beide Schwarze Löcher haben einen Schwarzschildradius. Dadurch können Sie aus keinem heraus. Pech gehabt!

Aber bisher haben wir uns nur über zwei durch eine „Kerr-Brücke" miteinander verbundene Schwarze Löcher unterhalten. Aber das ist kein Wurmloch. Klären wir zuerst die Namensgebung. Stellen Sie sich einen Apfel vor. Um von einem Bereich der Apfeloberfläche zum gegenüberliegenden Bereich der Apfeloberfläche zu gelangen, müssen Sie auf der Apfeloberfläche wandern. Das kann ein langer Weg sein, vor allem wenn man eine kleine Ameise ist. Zum Glück gibt es noch einen Wurm. Er frisst sich von der einen zur anderen Seite durch. Es entsteht ein Loch im Apfel: ein so genanntes Wurmloch. Die kleine Ameise kann nun viel schneller an ihr Ziel kommen.

Leider gibt es keinen Wurm, der sich durch das Raum-Zeit-Kontinuum frisst. Aber es könnten tatsächlich solche Verbindungen von einem Gebiet des Universums in ein anderes Gebiet des Universums existieren. Betrachten wir wieder unseren Luftballon. Würden wir einen solchen Tunnel, natürlich auch aus Gummi, in unserem Luftballon haben, dann würde sich dieser zusammenziehen. Kein Objekt könnte sich durch dieses Wurmloch bewegen. Aber auch dafür haben sich PhysikerInnen etwas überlegt. Ein paar Tonnen exotische Materie stützen die Tunnelwände ab. Das Wurmloch kann sich nicht mehr zusammenziehen und der intergalaktischen Reise steht nichts mehr im Wege.

Sie werden es sich schon denken, das Problem ist die exotische Materie. Diese weist eine interessante Eigenschaft auf. Teilchen aus exotischer Materie stoßen sich durch die Schwerkraft ab. Normale Teilchen – zumindest solche, die wir bisher kennen – ziehen sich aufgrund der Schwerkraft an. Bisher haben wir solche Teilchen noch nicht beobachtet, aber es gibt auch keinen Grund, dass solche Teilchen nicht vielleicht doch existieren.

Es ist schon einmal passiert, dass man die Existenz von speziellen Teilchen nicht für möglich gehalten hat. Der Physiker Paul Dirac (1902–1984) stellte eine später nach ihm benannte Gleichung auf. Diese beschrieb manche Teilchen hervorragend. Leider gab es in dieser Theorie auch Teilchen mit scheinbar negativer Energie. Sie haben zur damaligen Zeit keinen Sinn ergeben. Ein paar Jahre später wurden diese Teilchen zur Verblüffung vieler PhysikerInnen gefunden. Die Teilchen wurden von nun an als Antiteilchen bezeichnet. Manche vermuteten, dass sich diese Teilchen auf-

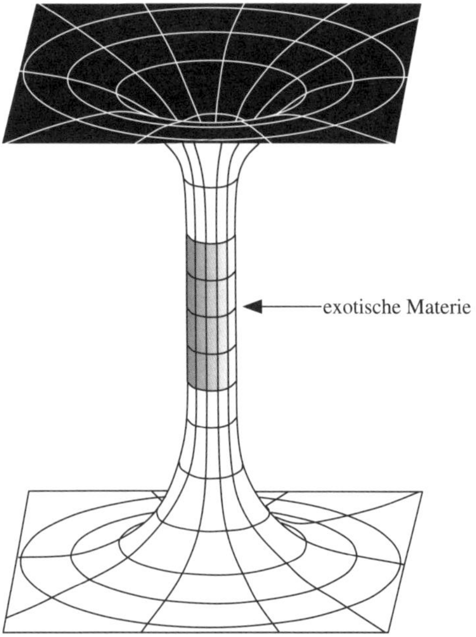

Ein „echtes" Wurmloch, indem zwei weit entfernte Raumgebiete durch die Raumkrümmung und exotische Materie miteinander verbunden sind.

grund der scheinbaren negativen Energie untereinander abstoßen würden (negative Schwerkraft). Messungen haben leider ergeben, dass sich auch diese Teilchen durch die Schwerkraft anziehen.

Im Moment können wir uns nur damit trösten, dass es kein physikalisches Gesetz gibt, das diese Teilchen verbietet. Vielleicht findet morgen eine Kollegin oder ein Kollege ein oder zwei exotische Teilchen ...

Zuletzt noch ein nettes Detail am Rande. Bewegen sich die Wurmlochöffnungen relativ zueinander, dann kann man Zeitreisen unternehmen, sowohl in die Vergangenheit als auch in die Zukunft. Zumindest erlauben dies die Gleichungen von Albert Einstein.

Betrachten wir nun den WARP-Antrieb. Das Raumschiff Enterprise unternimmt mit Hilfe des WARP-Antriebes Reisen zu fernen Planeten und erlebt spannende Abenteuer. Wie fad wären Science-Fiction-Abenteuer ohne überlichtschnellen Antrieb! Es würde Jahrzehnte dauern, bis eine Raumschlacht organisiert wäre, und noch viel länger, bis man in unerforschte Regionen der Milchstraße vorgestoßen wäre. Leider verbietet die Relativitätstheorie, dass sich alle Teilchen, also auch das Licht, schneller bewegen als das Licht selbst. Die Lichtgeschwindigkeit stellt eine natürliche Grenze dar, die nicht überbrückt werden kann. Aber einem findigen Physiker, dem aus Mexiko stammenden Miguel Alcubierre, fiel eine interessante Lösung der Einsteinschen Gleichungen ein: der WARP-Antrieb. Dabei geht es darum, dass der Raum zwischen dem Raumschiff und dem Ziel kontrahiert, während gleichzeitig hinter dem Raumschiff das Raum-Kontinuum expandiert. Dabei ist das Raumschiff in einer Blase eingesperrt. Diese kann durch Kontraktion und Expansion des Raumes mit Überlichtgeschwindigkeit vorwärts bewegt werden. Nicht das Raumschiff bewegt sich, sondern der Raum, in dem das Raumschiff eingebettet ist, verändert sich.

Leider kann die Veränderung der Raum-Krümmung nicht durch das Raumschiff selbst erfolgen. Es muss von außen geschehen. Man benötigt so genannte „WARP-Tankstellen“, an denen die WARP-Blase hergestellt und dann auf die Reise geschickt wird.

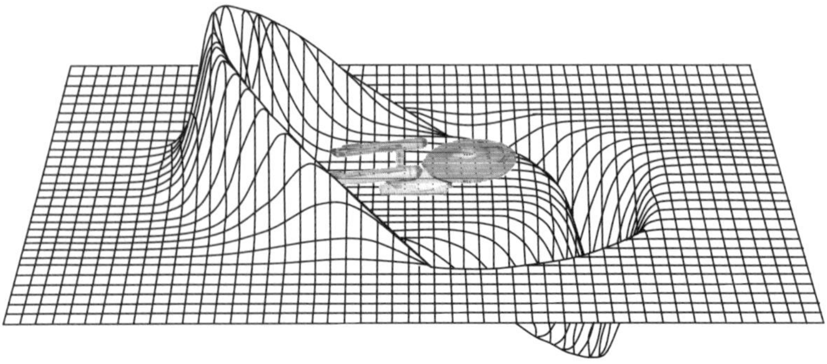

Auch für diese Form des überlichtschnellen Antriebs braucht man exotische Materie beziehungsweise exotische Energie. Aber es wird auch eine enorme Menge an „gewöhnlicher" Energie benötigt, die bedauerlicherweise irreal hoch ist. Zuerst wurde diese Arbeit von Alcubierre für falsch erklärt, aber er konnte alle Bedenken ausräumen. Diese Arbeit dient heute als Grundlage vieler Überlegungen für den überlichtschnellen Antrieb. Wichtig ist aber, dass es Ideen gibt. Vielleicht hat jemand, inspiriert von „Star Trek", „Star Wars" und Alcubierre, eine Idee, die ohne exotische Materie auskommt ...

Aus einem ganz anderen Bereich stammt eine andere Überlegung. Sie hat zwar einen gewaltigen theoretischen Überbau, aber im Gegensatz zu den bisherigen Ideen gibt es hier sogar Experimente. Aber bevor wir zum Experiment kommen, erlauben Sie mir, Ihnen eine kurze Einführung in einen Bereich der Quantenmechanik zu geben.

Wo befinden sich die Autoschlüssel? Diese Frage lässt eher auf einen Gedächtnistest schließen als auf eine fundamentale physikalische Frage. Aber leider ist es nicht so einfach. Die Autoschlüssel haben tatsächlich einen klar definierten Ort, auch wenn man selber den Ort nicht immer kennt. Wo befindet sich nun ein Atom? Dort, wo es ein vergesslicher Physiker hat liegen lassen, würde ein unbedarfter Mensch sagen. Aber können wir uns da so sicher sein? Wir müssen, um sicher zu sein, wo sich denn das Atom befindet, den Bereich betrachten, wo sich wahrscheinlich das Atom befindet. Dafür brauchen wir Lichtteilchen oder andere Objekte, die von dem einen Atom reflektiert werden. Diese Teilchen verändern während der „Berührung" mit dem Atom dessen Position.

Stellen Sie sich einen Billardtisch vor. Darauf befindet sich eine Kugel, Sie können diese aber nicht sehen, weil der Tisch im Dunkeln liegt. Sie haben aber zusätzlich eine Kugel, diese wird als Testteilchen bezeichnet, mit der Sie mehrmals über den Tisch schießen können. Sie kennen die Anfangsposition und, nachdem Sie geschossen haben, auch die Endposition der Testkugel. Wenn Sie oft genug mit der Testkugel schießen, wird sie die Kugel berühren. Wir können die ursprüngliche Position der Kugel berechnen. Aber genau in dem Moment, in dem die Kugel von der Testkugel getroffen wird, wird sie durch den Anstoß in eine neue Richtung versetzt und ändert damit ihre Position. Dadurch können Sie die neue Position und Geschwindigkeit der Kugel nicht lokalisieren. Natürlich können Sie erneut die Testkugel über den Billardtisch schießen, aber wenn die Testkugel wiederum die Kugel trifft, verändert die Kugel erneut ihre Position sowie die Geschwindigkeit. Sie können also niemals die Position und die Geschwindigkeit der Kugel genau bestimmen. Es lässt sich lediglich ihre ungefähre Position abschätzen. Trotzdem hat der Autoschlüssel eine klar definierte Position im Raum.

Der Grund ist ganz einfach: Der Schlüssel reflektiert Lichtteilchen, die dann in Ihr Auge gelangen. Die Lichtteilchen sind aber um ein Vielfaches kleiner als der Schlüssel. Deshalb ändern die Lichtteilchen die Position des Schlüssels nicht. Er lässt sich von den Lichtteilchen nicht bewegen. Wenn die Teilchen, die man beobachten will, sehr klein sind, können diese leicht ihre Position ändern.

Dies ist eine der fundamentalen Erkenntnisse der Quantenmechanik. Man kann die Position und die Geschwindigkeit eines Teilchens gleichzeitig nicht eindeutig bestimmen. Bei dem vorhergehenden Billardproblem wussten wir nichts über die Geschwindigkeit und Position der Kugel auf dem Billardtisch. Die Aussage, man kann nie gleichzeitig die Geschwindigkeit und die Position eines Teilchens exakt bestimmen, gilt für Teilchen, die sehr klein sind. Dies hängt aber nicht nur von dem Beobachtungsproblem ab. Es ist eine grundlegende Eigenschaft der Materie. Diese Aussage wird als „Heisenbergsche Unschärferelation“ bezeichnet.

Was machen PhysikerInnen, wenn sie ein solches kleines Teilchen beschreiben wollen? Sie führen eine so genannte „Aufenthaltswahrscheinlichkeit“ ein. Das bedeutet, wir wissen **nicht genau**, wo sich das Teilchen aufhält, aber wir können **ungefähr** sagen, wo sich ein solches Teilchen befindet. Meist schaut die Aufenthaltswahrscheinlichkeit aus wie der Buckel einer Schildkröte: Der höchste Punkt des Schildkrötenbuckels stellt den wahrscheinlichsten Ort für den Aufenthalt dar. Das Teilchen könnte sich auch vor oder hinter diesem Ort befinden. So genau weiß das keiner zu sagen. Die Wahrscheinlichkeit, das Teilchen weit vor oder nach dem Buckel zu messen, ist allerdings sehr gering.

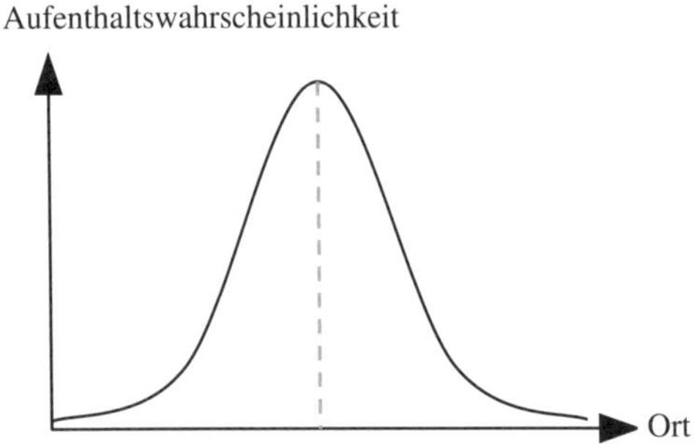

Eine Gauß-Kurve beschreibt die Aufenthaltswahrscheinlichkeit eines Teilchens. An der strichlierten Linie ist es am wahrscheinlichsten, das Teilchen zu finden, wenn man misst.

Für den überlichtschnellen Transport müssen wir aber noch den Tunneleffekt besprechen. Betrachten wir einen Tunnel mit drei Meter Tunnelbreite. Das Auto, mit dem Sie durch den Tunnel fahren, hat genau zwei Meter Breite. Also werden Sie keine Probleme haben, den Tunnel zu durchqueren – Gegenverkehr gibt es keinen. Machen wir den Tunnel etwas kleiner. Mit einer Tunnelbreite von zwei Meter und fünf Zentimeter werden Sie auch noch durch den Tunnel kommen. Ist der Tunnel genau zwei Meter breit, muss man schon sehr vorsichtig sein, aber auch hier kommen Sie noch durch.

Wäre der Tunnel etwas kleiner, würden vielleicht noch ein paar Rowdys durchpreschen und das Auto erlitte Totalschaden. Aber bei einer Tunnelbreite von nur einem Meter käme ein zwei Meter breites Auto nicht mehr durch. So ist es in der großen weiten Welt, so wie wir sie kennen.

Aber in der Welt des Allerkleinsten (Größe von Atomen) ist vieles ein wenig anders. Nehmen wir nun nicht einen Tunnel, sondern einen Spiegel und anstelle eines Autos ein Lichtteilchen. Lassen wir das Lichtteilchen auf den Spiegel fliegen. Wir sind es gewohnt, dass Spiegel das Licht reflektieren – immer. Aber stimmt das wirklich?

Erinnern wir uns an die Aufenthaltswahrscheinlichkeit. Natürlich haben auch Lichtteilchen eine Aufenthaltswahrscheinlichkeit. Betrachten wir die Aufenthaltswahrscheinlichkeit des Photons (Lichtteilchens) knapp vor dem Spiegel. Ein Teil dieser Aufenthaltswahrscheinlichkeit, des Schildkrötenbuckels, wird durch den Spiegel ragen. Das würde bedeuten, dass sich das Teilchen, wenn auch nur mit einer sehr geringen Wahrscheinlichkeit, **hinter** dem Spiegel befinden kann. Und ob Sie es jetzt glauben oder nicht, das Teilchen kann sich, zumindest manchmal, hinter dem Spiegel befinden. Genau zum Zeitpunkt, wo das Lichtteilchen den Spiegel trifft, teilt sich die Aufenthaltswahrscheinlichkeit. Es entsteht hinter dem Spiegel ein kleiner Buckel, das entspricht einer kleinen Aufenthaltswahrscheinlichkeit. Die Aufenthaltswahrscheinlichkeit vor dem Spiegel ist noch immer relativ groß, aber kleiner

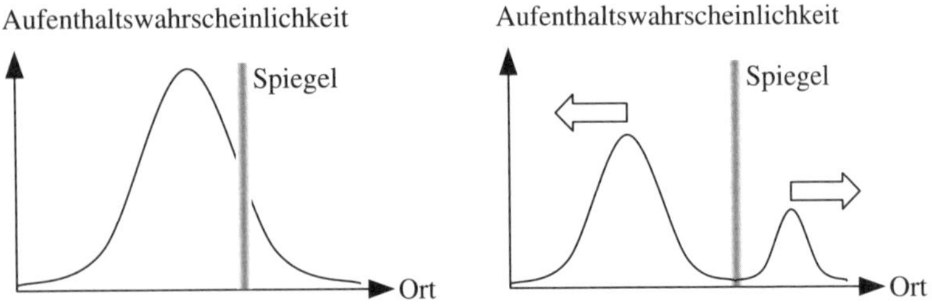

Trifft ein Lichtteilchen auf einen Spiegel (links), gibt es eine bestimmte Wahrscheinlichkeit, dass das Teilchen reflektiert wird beziehungsweise durch den Spiegel hindurchwandert (rechts).

als für das Photon ohne Spiegel. Diese Aufenthaltswahrscheinlichkeit entspricht dem reflektierten Teilchen. Es ist sehr wahrscheinlich, dass Teilchen von diesem Spiegel reflektiert werden. Aber es gibt eine ganz kleine Wahrscheinlichkeit, dass Teilchen einfach durch den Spiegel marschieren. Dieser Effekt wird als quantenmechanischer Tunneleffekt bezeichnet. Ein Teilchen lässt sich nicht einsperren. Es gibt immer eine gewisse Restwahrscheinlichkeit, dass dieses Teilchen entkommen kann.

In der Realität ist die Tunnelwahrscheinlichkeit für große Objekte astronomisch gering. Man kann ein paar Myriarden Mal gegen eine Tür laufen und jedes Mal wird man von der Tür zurückgestoßen. Es könnte aber einmal passieren, dass man einfach durch die geschlossene Tür schreitet, als ob es kein Hindernis gäbe. Probieren Sie es bitte nicht aus. Die Wahrscheinlichkeit, dass es funktioniert, ist astronomisch gering.

Von welchen Parametern hängt es ab, ob das Teilchen tunnelt oder reflektiert wird? Wir haben immer noch eine Aufenthaltswahrscheinlichkeit, aber mit zwei wahrscheinlichen Bereichen. Das Lichtteilchen befindet sich **vor *und* hinter** dem Spiegel. Solange wir nicht nachsehen, können wir es nicht sagen. Es handelt sich um ein sog. „Schrödingers-Katze-Problem“. Bevor Sie beim Tierarzt nachfragen, um welche Krankheit es sich hierbei eventuell handeln könnte, betrachten wir folgenden Versuch.

Ich möchte betonen, es handelt sich ausschließlich um ein Gedankenexperiment. Es wurde meines Wissens noch nie durchgeführt – hoffentlich. Wir nehmen eine Katze und geben sie in eine Schachtel. In diese Schachtel stellen wir auch ein Reagenzglas mit einem giftigen Gas. Das Reagenzglas wird, von einem Zufallsgenerator gesteuert, zerschlagen. Dann verschließen wir die Schachtel und warten. Wenn ein Nichtphysiker gefragt wird, ob denn die Katze lebt oder tot ist, so würde er antworten, dass man nicht weiß, ob die Katze lebt **oder** tot ist.

Für PhysikerInnen ist die Antwort viel einfacher: Die Katze lebt **und** ist tot. Erst wenn wir die Schachtel öffnen – PhysikerInnen nennen den Vorgang „messen" –, lässt sich eine genauere Aussage treffen. Während die Katze in der Schachtel ist, gibt es zwei Möglichkeiten, ähnlich den Aufenthaltswahrscheinlichkeiten.

Man muss aber nicht eine Katze opfern, um mit Schrödingers Katze zu experimentieren.

Nehmen Sie eine Spielkarte und stellen diese auf. Wenn die Karte neu ist und nicht verbogen, dann wird sie nicht von alleine stehen bleiben. Wenn Sie die Karte mit Ihrem Finger ausbalancieren, dann wird die Karte ganz kurz stehen bleiben, um anschließend nach vorne oder nach hinten zu fallen. Etwas anderes kann die Karte nicht tun. Aber in welche Richtung fällt sie? Wir wissen es nicht.

Führen wir das Experiment im Dunkeln durch, dann wissen wir nicht, ob die Karte nach vorn oder nach hinten gefallen ist. Wir haben zu diesem Zeitpunkt noch keine Messung durchgeführt. Also werden wir als physikalisch gebildete Menschen sagen, die Karte ist nach vorne **und** nach hinten gefallen. Erst wenn wir das Licht einschalten, wissen wir, wohin die Karte wirklich gefallen ist. So sehr mir dieses Beispiel gefällt, so problematisch ist es. Es verführt dazu zu denken, es hänge von physikalischen Parametern, wie der Ungenauigkeit der Karte oder einem Luftstoß, ab, in welche Richtung die Karte fällt. In der Welt der Quantenmechanik gibt es aber keine „verborgenen Parameter", die entscheiden, in welche Richtung die Karte fällt, oder ob die Katze lebt oder gestorben ist. Es ist eine rein zufällige Entscheidung.

Bei unserem Lichtteilchen am Spiegel verhält es sich genauso. Solange wir keinen Detektor hinstellen beziehungsweise das Lichtteilchen nicht mit der Umgebung wechselwirkt, wissen wir nicht, ob es reflektiert oder getunnelt ist. Soweit wir bis heute wissen, hängt es nur vom Zufall ab, ob das Teilchen durchkommt oder reflektiert wird. Natürlich kann man die Tunnelwahrscheinlichkeit per se beeinflussen. Verwendet man einen ganz dünnen Spiegel, können mehr Teilchen durchtunneln, als wenn der Spiegel entsprechend dicker wäre. Aber welches Teilchen genau durchtunnelt und welches reflektiert wird, das lässt sich nicht vorhersagen.

So weit, so gut. Aber wie lange braucht ein Teilchen, um durch den Tunnel zu gelangen? Normalerweise kann sich eine Aufenthaltswahrscheinlichkeit, diese steht stellvertretend für das Teil-

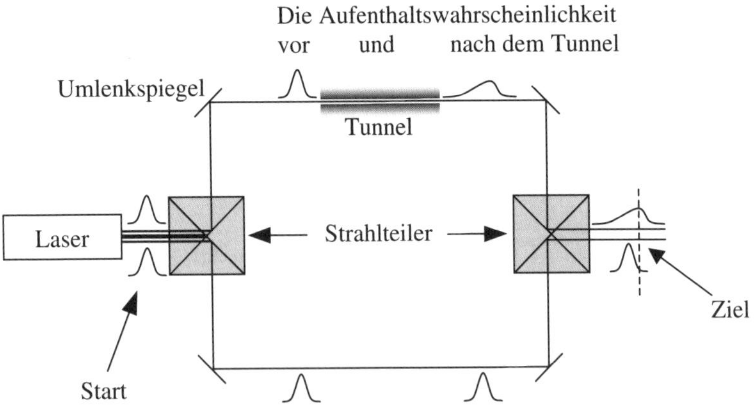

Es gibt zum „Tunnelexperiment" verschiedene Aufbauten. Manche Arbeitsgruppen arbeiten mit Mikrowellen, andere mit Licht in Glasfasern; das Prinzip ist aber immer dasselbe.

chen, nur mit Lichtgeschwindigkeit bewegen. Aber welche Schnelligkeit braucht ein Teilchen für das Tunneln? Könnte das mit Überlichtgeschwindigkeit funktionieren?

Mehrere Arbeitsgruppen (Raymond Y. Chiao, Paul G. Kwiat und Aephraim M. Steinberg, um nur einige zu nennen) haben diese Geschwindigkeit bestimmt. Tatsächlich betrug die durchschnittliche Tunnelgeschwindigkeit das 1.7fache der Lichtgeschwindigkeit. Die Arbeitsgruppe um den Physiker Günter Nimtz aus Köln konnte sogar eine 4,7fache Lichtgeschwindigkeit messen. Also, lasst uns einen gigantischen Tunnel bauen und tunneln wir einfach zum nächsten Stern …

Schauen wir uns die Aufenthaltswahrscheinlichkeit des getunnelten Teilchens an. Die Aufenthaltswahrscheinlichkeit ist gestaucht und in Bewegungsrichtung deformiert. Das bedeutet, der Buckel der Schildkröte ist nun kleiner, insgesamt breiter geworden und leicht nach vorne geschoben. Das Teilchen kann sich nun in einem breiteren Bereich aufhalten als vorher. Damit gibt es mehr Teilchen, die vorauseilen können. Es existieren aber auch genauso viele Teilchen, die hinterherhinken. Zusätzlich hat sich der Bereich mit der höchsten Aufenthaltswahrscheinlichkeit etwas nach vorne verschoben. Damit kann man sagen, dass sich zumindest hin und wieder Teilchen mit Überlichtgeschwindigkeit bewegen können. Sowohl für einen überlichtschnellen Informationsaustausch als auch für eine Reise in den Kosmos ergeben sich dabei unüberwindliche Probleme.

Für einen überlichtschnellen Informationsaustausch benötigt man einen langen Tunnel. Dieser könnte zum Beispiel aus einer Glasfaser bestehen, die einfach eine Spur zu klein für das Licht einer bestimmten Wellenlänge ist. Hätte das Licht eine Wellenlänge von 632.8 nm und die Glasfaser einen Durchmesser von 630 nm, so stünde uns ein Tunnel zur Verfügung, in dem sich das Licht, oder besser gesagt einzelne Teilchen, manchmal überlichtschnell ausbreiten könnten. Leider ist die Tunnelwahrscheinlichkeit so gering, dass am anderen Ende praktisch keine Teilchen ankommen können.

Für eine Reise zu einem fernen Stern benötigen wir einen Tunnel, den man erst bauen müsste. Auch wenn es ihn schon gäbe, hätten wir das Problem mit der Tunnelwahrscheinlichkeit. Wir würden fast nie vollständig am anderen Ende wohlbehalten ankommen. Das Wörtchen „fast" bedeutet, dass Sie es länger probieren müssten, als es das Universum wahrscheinlich gibt. In rund 22 Milliarden Jahren wäre dann Schluss mit dem Experiment ...

Die Physik in der Freizeit

Physik und Spielzeug: Papierflieger

Ein Papierflieger ist nicht nur ein Spielzeug, sondern er bildet auch ein hervorragendes physikalisches Anschauungsobjekt, an dem man die Grundgesetze der Aerodynamik erfahren kann. Mit diesem Thema haben wir uns schon im Kapitel „Die Physik der Fortbewegung – Das Fliegen" beschäftigt. Jetzt geht es darum, einen perfekten Papierflieger zu bauen. Dazu benötigen wir Papier, eine gute Faltanleitung und eine perfekte Abwurftechnik.

Es gibt sehr viele Sorten von Papier, aber nur eine Unterscheidung ist im Grunde wichtig: geeignetes und nicht geeignetes Papier. Geeignetes Papier besitzt Knickstabilität, das heißt, die Falten bleiben erhalten. Also sollte man kein Zeitungspapier oder Papierhandtücher verwenden. Karton beziehungsweise schweres Papier sollte man gleichfalls meiden. Diese lassen sich nur schwer falten und besitzen keine Spannkraft. Das bedeutet, die Faltungen sind zu starr und federn nicht. Der Flieger kann sich nicht an die Luft anpassen.

International ist für Wettkämpfe ein Blatt US-Letter in Nordamerika und A4 im Rest der Welt mit 80 g/m^2 üblich. Im Prinzip handelt es sich um gewöhnliches Kopierpapier. Ein kleiner Tipp am Rande: Verwenden Sie schon kopiertes Papier. Nicht die Druckerschwärze macht den Unterschied aus, sondern das Papier wird durch das Kopieren noch einmal erhitzt und die Oberfläche dadurch eine Spur glatter. Dass das Papier trocken ist, versteht sich von selbst. Oft wird das Wetter unterschätzt. Wenn es draußen leicht feucht ist oder sogar regnet, sollte man sich lieber mit anderen Kapiteln in diesem Buch beschäftigen. Durch die Feuchtigkeit verliert das Papier nämlich an Spannkraft. Es ist vergeudete Zeit, an regnerischen Tagen einen Papierflieger zu bauen. Sie werden vielleicht etwas dahingleiten, aber wirkliche Spitzenweiten oder Höhen kann man dann nicht erreichen.

Möchten Sie trotzdem Ihre Flieger im Freien starten, so verwenden Sie etwas dickeres Papier. Optimal sind dann 100 oder 120 g/m^2. Der Flieger wird dadurch etwas schwerer, aber damit ist er nicht so anfällig gegenüber Störungen.

Für spezielle Origami-Modelle eignet sich 40-g/m^2-Papier ausgezeichnet – die Flügel beginnen beim Fliegen dann tatsächlich zu flattern. Leider funktioniert dieser Effekt nur ein paar Mal, da die Faltungen dann ihre Spannkraft verlieren. Wenn man schöne bunte Modelle erhalten möchte, verwendet man Geschenkpapier – es ist knickfest und preisgünstig. Leider muss man es noch zurechtschneiden (das Format A4 bzw. US-Letter ist wichtig). Aber selbst aus den ungewöhnlichsten Papieren kann man schöne Flieger bauen: Fahrkarten, Prospekte oder auch Speisekarten.

Wenn man Papier faltet, sollte man sehr sorgfältig arbeiten. Ein typischer Anfängerfehler besteht darin, dass das Papier zu stark gefalzt wird. Ein einfacher Falz einmal mit einem Lineal oder auch nur mit dem Daumennagel verstärkt, reicht vollkommen aus. Wenn man das Papier zu stark malträtiert, verliert die Faltung an Festigkeit und das Flugzeug an Stabilität. Bitte beachten Sie folgende Punkte:

1. Man sollte nur auf einer festen Unterlage arbeiten. Die Faltungen werden dadurch exakter und stabiler.
2. Das Papier sollte man nur anfassen, wenn man damit arbeitet. Jeder Mensch schwitzt und diese Flüssigkeit führt dazu, dass sich das Papier wellt.
3. Man sollte unbedingt auf die Ecken des Blattes achten. Wenn sie leicht verbogen sind, sollte man lieber ein neues Blatt Papier nehmen. Biegungen an den Ecken dienen auch als Stabilisatoren – aber nur, wenn sie gezielt gemacht werden.

Wie bewahrt man die Papierflieger am besten auf? Eigentlich gar nicht, denn wenn die Luftfeuchtigkeit etwas steigt, verliert das Papier seine Eigenschaften, die es durch die Faltung bekommen hat. Besondere Modelle oder auch Modelle, die sehr schwierig zu falten sind, kann man in Plastikhüllen legen – die Knicke bleiben dabei gut erhalten. Natürlich gibt es auch andere Möglichkeiten, das Wichtigste ist aber, das Papier möglichst flach in trockener Umgebung zu lagern.

Bevor wir uns mit den verschiedenen Bauanleitungen beschäftigen, müssen wir uns mit den Besonderheiten von Papierfliegern auseinander setzen. Papierflieger verhalten sich zwar genauso wie echte Flieger, aber mit dem Unterschied, dass es keinen Antrieb gibt. Der Antrieb eines Papierfliegers kommt von der Schwerkraft. Sie zieht den Flieger nach unten, dadurch erhöht sich die Geschwindigkeit des Fliegers und deshalb beginnt er zu schweben. Zur Erinnerung: Der Auftrieb eines Fliegers beziehungsweise einer Tragfläche ist vor allem von der Geschwindigkeit abhängig. Am Anfang erhält das Flugzeug seine Beschleunigung von der Kraft des Wurfarms. Durch den Luftwiderstand wird das Flugzeug aber abgebremst und die Nase kippt nach vorne – das Flugzeug besitzt jetzt die charakteristische Geschwindigkeit. Jetzt zeigt es sich, ob ein Papierflugzeug wirklich fliegen kann und aerodynamische Eigenschaften besitzt oder ob es einfach abstürzt. Wenn der durch die charakteristische Geschwindigkeit verursachte Auftrieb im Gleichgewicht mit dem Gewicht des Papierfliegers ist, dann fliegt der Flieger auf einer Geraden und verliert keine Höhe. Aufgrund des Luftwiderstandes nimmt die Geschwindigkeit ab, der Auftrieb sinkt und der Papierflieger schwebt langsam zu Boden. Ein Papierflieger sollte eher leicht nach unten geneigt gleiten. Dann ist die Schwerkraft etwas stärker als der Auftrieb, während der Schub und der Luftwiderstand gleich groß sind. Über die charakteristische Geschwindigkeit wird der Auftrieb bestimmt, welcher der Schwerkraft entgegenwirkt. Die Schwerkraft zieht den Flieger zum Boden und die Geschwindigkeit würde dadurch wieder zunehmen, wenn sie nicht vom Luftwiderstand abgebremst werden würde. Die Geschwindigkeit des Fliegers wird vom Luftwiderstand und der Gewichtskraft geregelt. Da Erstere in diesen Bereichen als konstant angesehen werden kann, ergibt sich eine charakteristische Geschwindigkeit. Sie resultiert aus dem Luftwiderstand und der Lage des Schwerpunkts. Wenn der Schwerpunkt des Fliegers ganz vorne liegt, stürzt der Flieger unvermeidlich ab. Wenn er ganz hinten liegt, bäumt sich der Flieger auf, es entstehen Wirbel in der Luft und er stürzt ebenfalls ab. Der Schwerpunkt sollte sich daher knapp vor dem Auftriebspunkt befinden. Der Auftriebspunkt ist dadurch definiert, dass dort der Auftrieb wirkt. Leider klappt es nicht immer, dass alleine durch die Faltungen des Papierfliegers der Auftriebspunkt und der Schwerpunkt zusammenfallen. Durch das Tunen des Fliegers kann man aber noch einiges verbessern.

Beim Falten eines Papierfliegers entsteht immer eine Tragfläche, die einen Auftrieb produziert. Bei Papierfliegern ist das etwas komplizierter, denn eine Tragfläche besteht aus zwei Teilen: jenem Teil, der leicht gewölbt ist, und den Strukturkomponenten. Letztere müssen den richtigen Anstellwinkel besitzen, denn nur mit dem richtigen Anstellwinkel kann der Flieger zu gleiten beginnen. Trotzdem sollte man die Wölbung nicht vernachlässigen. Über diese Wölbung kann man noch manches an tollen Gleiteigenschaften aus einem Papierflieger herausholen.

Durch die Faltungen entstehen Taschen, die leicht gewölbt sind. Diese sollte man im Regelfall nicht glatt streifen.

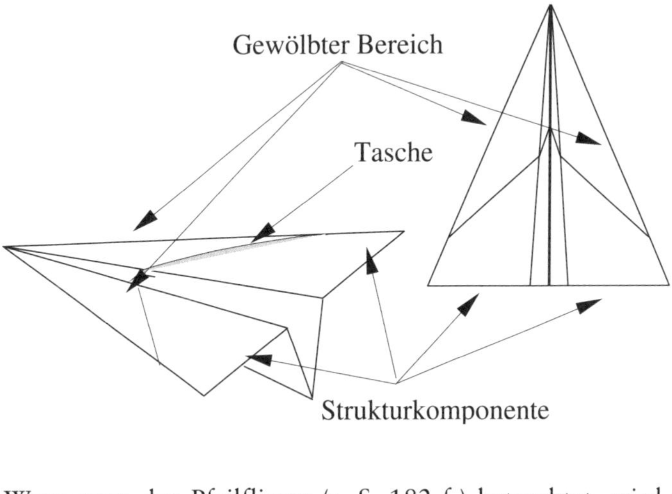

Wenn man den Pfeilflieger (s. S. 182 f.) betrachtet, wird der Unterschied erkennbar. Weil das Papier nicht perfekt gefaltet ist (man sollte es eben nicht zu stark falzen), entsteht eine Tasche. Diese besitzt eine Wölbung, die man nicht zerstören darf. Praktisch jeder Papierflieger besitzt diese Taschen beziehungsweise solche Wölbungen, manchmal befinden sie sich auch auf der Unterseite des Tragflügels. Wenn ein Flieger nicht richtig gleitet, wurden meist die Taschen zu stark zusammengedrückt. Man kann etwas nachhelfen, wenn man mit den Fingern vorsichtig in die Taschen hineinstochert und sie etwas aufbiegt – meist hilft dies.

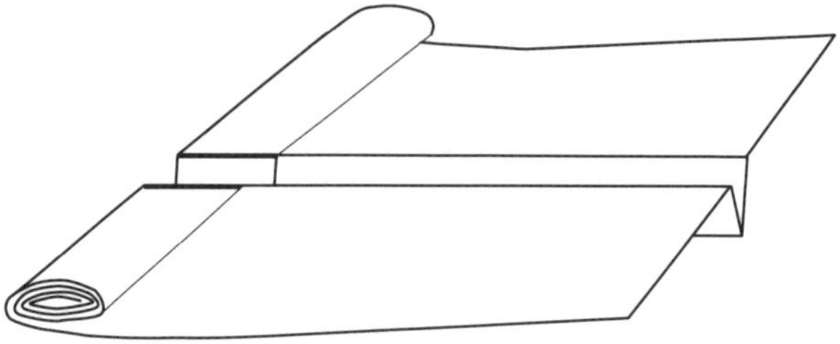

Beim Planarflieger und einigen exotischen Papierfliegern (s. S. 185 ff.) gibt es keine Taschen. Hier entsteht das aerodynamische Profil auf eine andere Art. Durch die Walzen aus Papier bildet sich ein großes Hindernis für die umströmende Luft – siehe den Satz von Bernoulli. Wenn die Walzen gut gefaltet wurden, bekommt man ein hervorragendes Tragflächenprofil – leider ist aber auch der Luftwiderstand entsprechend groß.

Sie haben das perfekte Papier, eine wunderbare Bauanleitung, die Sie auch verstanden haben – und trotzdem stürzt der Flieger ab. Warum? Auch dies hat physikalische Gründe, die nichts mit der Bauanleitung oder anderen mystischen Bereichen zu tun haben. Wenn die Symmetrie oder andere Parameter des Flugzeuges schlecht eingestellt sind, dann nützt der größte Auftrieb nichts. Es gibt einige einfache Tricks, mit denen man die Flugstabilität eines Papierfliegers verbessern kann. Dazu ist es aber notwendig zu wissen, warum ein Papierflieger abstürzt beziehungsweise wie ein Flieger sich im Raum bewegt. Also beschäftigen wir uns zunächst mit dem Versagen sowie mit dem Abstürzen von Fliegern.

Dazu müssen einige Fachbegriffe erläutert werden.

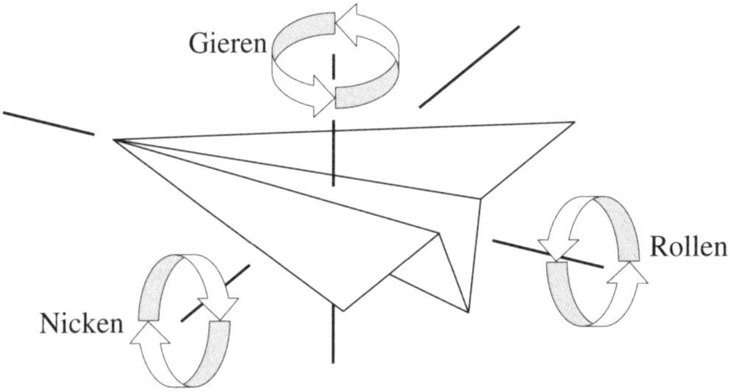

Rollen: Der Flieger dreht sich um seine Längsachse. Es kann auch zum Pendeln kommen – es wird dabei aber keine vollständige Drehung durchgeführt. Wenn ein Flieger diese Eigenschaft besitzt, stürzt der Flieger nicht sofort ab, sondern torkelt durch den Raum.

Nicken: Beim Nicken hebt oder senkt sich die Nase. Wenn sich die Nase zu stark zum Boden neigt, stürzt der Flieger ab. Umgekehrt kann sich die Nase auch zu stark nach oben neigen. Dies kann von einem zu starken Auftrieb herrühren. Leider steigt dabei auch der Luftwiderstand, was sich auf die Weite des Fluges auswirken kann. Wenn der Flieger sich dabei zu stark aufrichtet, verliert er den Auftrieb und er stürzt auch ab. Das Wichtigste beim Papierfliegerbau ist, das Nicken in den Griff zu bekommen.

Gieren: Das Flugzeug fliegt im Kreis. Manchmal wünscht man sich einen weiten geradlinigen Flug und das Gieren ist dabei hinderlich.

Wie sollte nun ein perfekter Flug aussehen? In der folgenden Grafik sind die vier prinzipiell möglichen Flugbahnen dargestellt. Nachdem der Flieger geworfen wurde (Wurfphase), geht er in die Gleitphase über. Der Flieger kann abstürzen – vgl. die strichlierte beziehungsweise punktierte

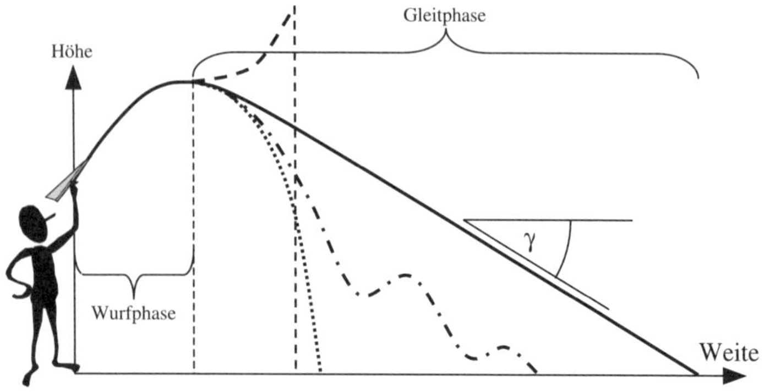

Flugbahn – oder sehr lange dahingleiten – durchgehende Flugbahn. Die vierte Flugbahn (strichliert-punktiert) stellt ein Mittelding zwischen Absturz und Gleitphase dar. Durch verschiedene Veränderungen am Flieger kann man (fast) jeden Flieger dazu bringen, sich auf einer schönen Gleitbahn zu bewegen. Aber auch wenn der Flieger schön gleitet, ist es meist möglich, die Weite noch zu steigern. Zum Beispiel beträgt der Weltrekord für die Weite eines getunten A4-Papierfliegers 58.7 Meter (in einem geschlossenen Raum)!

Die Neigungsstabilität ist dafür verantwortlich, dass der Bug, das ist der vordere Bereich des Fliegers, nicht zu stark nach oben beziehungsweise nach unten geneigt ist. Der Flieger nickt. Wichtig für den Flug ist die richtige Trimmung. Das Gewicht der Nase beziehungsweise der Schwerpunkt des Papierfliegers ist wichtig für die Stabilität des Fluges. Bei einem guten Papierflieger ergibt sich durch die Faltung eine optimale Position des Schwerpunktes zum Auftriebspunkt. Der Flieger braucht nicht mehr justiert werden – was aber nur selten der Fall ist.

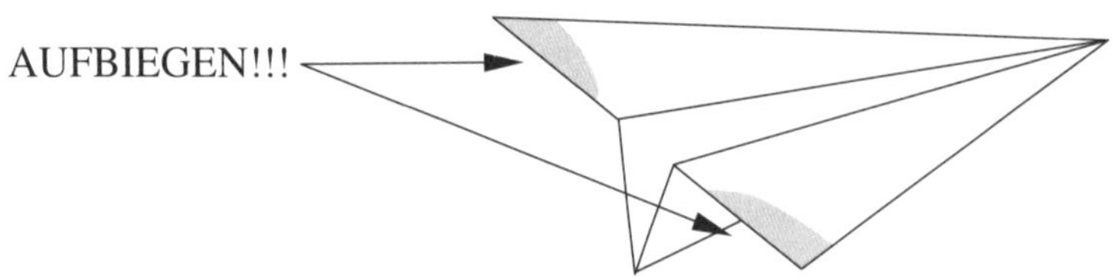

Wenn ein Flugzeug nicht gut austariert ist, kann man sich mit einigen kleinen Tricks helfen. Manche Flieger stürzen auf einer Wurfparabel (punktierte Flugbahn, Grafik S. 173) dem Boden entgegen. Durch das leichte Hochbiegen der hinteren Ecken an den Strukturkomponenten (obere Grafik) ändert sich die Neigungslage und damit auch der Auftrieb. Die Biegung stellt einen zusätzlichen Luftwiderstand im hinteren Bereich des Fliegers dar. Durch den Luftwiderstand wird der hintere Bereich nach unten gedrückt, während der vordere Bereich des Fliegers gleich bleibt: Der Anstellwinkel des Fliegers hat sich verändert. Aber Achtung: Ist der Auftrieb zu stark, führt dies wiederum zum Absturz, der Flieger überzieht. Der Auftrieb ist dann so groß, dass er senkrecht nach oben steigt. Dabei nimmt die Geschwindigkeit rapide ab – der Auftrieb sinkt und der Flieger stürzt ab. An den hinteren Ecken des Papierfliegers sollte das Papier auf keinen Fall geknickt, sondern nur ganz leicht aufgebogen werden. Praktisch sollte man die Biegung mit freiem Auge nicht erkennen können.

Man ist immer wieder überrascht, welchen großen Einfluss solche kleinen Verbiegungen haben können. Auf beiden Seiten muss das Papier gleich stark gebogen werden. Es erfordert einige Übung, dies korrekt durchzuführen. Man beginnt mit einer leichten Biegung, testet den Flieger und biegt, wenn es notwendig ist, weiter. Man sollte immer mit den kleinsten Änderungen beginnen, da es sehr schwer ist, dies wieder rückgängig zu machen. Natürlich kann man das Papier auch nach unten biegen, wenn der Auftrieb des Fliegers zu stark ist. Wenn der Flieger nach rechts weggleitet, muss am rechten hinteren Ende die Ecke etwas aufgebogen beziehungsweise auf der linken Ecke nach unten gebogen werden. Hier beginnt die mühevolle Arbeit eines professionellen Papierfliegerbauers – aber der Aufwand lohnt sich.

Bei manchen Fliegern ist es nicht möglich, die seitlichen Strukturkomponenten zu verbiegen. Man kann ein Dreieck (folgende Grafik) in den Rumpf hineinknicken – das Dreieck sollte man in beide Richtungen bewegen können. Danach faltet man den Rumpf leicht auf und drückt die Spitze des Dreiecks leicht nach oben.

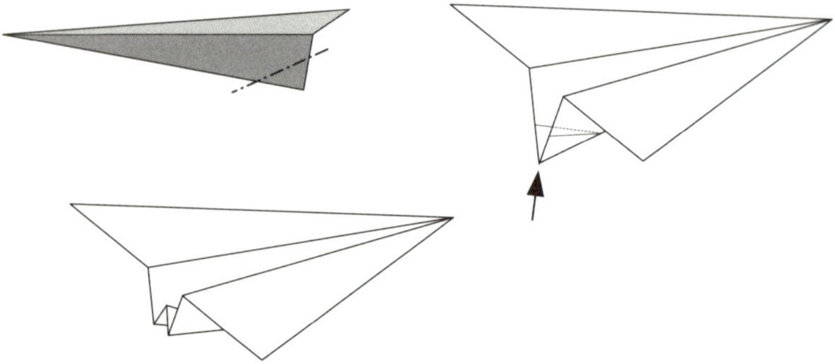

Es entsteht ein zusätzliches Element, das über den Luftwiderstand den Anstellwinkel des Fliegers und damit den Auftrieb verändert. Auf die Frage, mit welchem Winkel man das Dreieck falten sollte, gibt es leider keine Antwort. Es erfordert viel Übung, den exakten Winkel zu erkennen. Aber Sie müssen ja nicht jeden Flieger zu einem Rekordflieger tunen. Man sollte nicht vergessen, dass mit dieser Methode die Geschwindigkeit über den erhöhten Luftwiderstand stark reduziert wird.

Eine andere Methode, dem Flieger das Nicken abzugewöhnen, besteht in der Verwendung einer Büroklammer. Dies ist dann sinnvoll, wenn die Flugbahn vom abwechselnden Aufstieg und Abfall gekennzeichnet ist (punktiert-strichlierte Flugbahn, Grafik S. 174). Die Büroklammer wird im vorderen Drittel befestigt. Dadurch verlagert sich der Schwerpunkt – der Flieger kann nicht mehr so stark steigen. Hier beginnt die wahre Arbeit des Papierflugzeugbauers. Es erfordert etwas Zeit, die richtige Position für die Büroklammer zu finden, aber man wird mit beeindruckenden Ergebnissen belohnt.

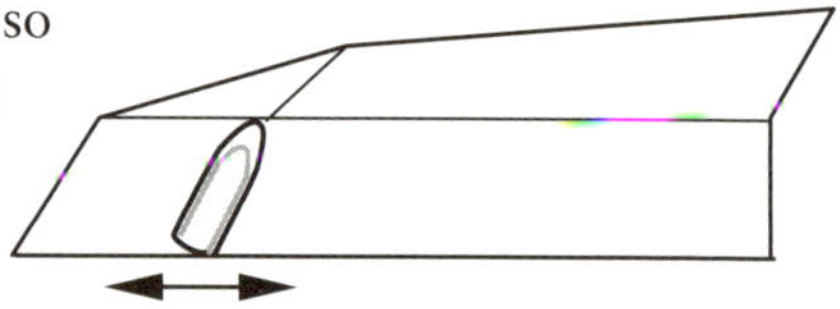

Leider folgen Papierflieger nicht immer dem geradlinigen Kurs. Die Kursstabilität ist nicht gegeben. Manche Flieger sind als Gleiter, andere als Kunstflieger konzipiert. Die Kunstflieger kön-

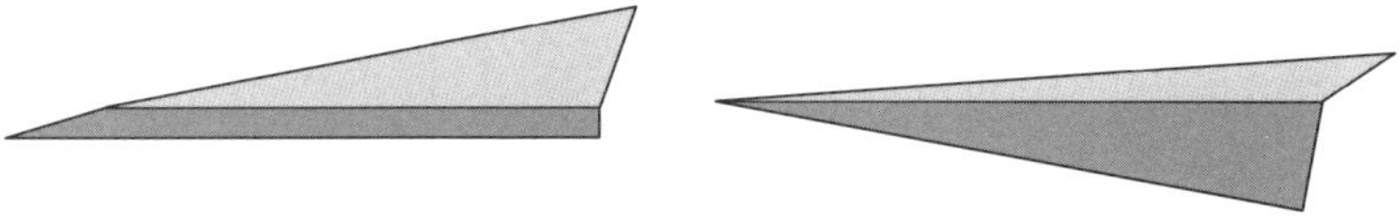

nen beeindruckende Loopings und Kurven fliegen – aber bei einem Gleiter ist dies nicht unbedingt erwünscht. Manchmal sollte ein Flieger nur schön geradeaus fliegen. Es ist nicht immer einfach, Flieger zu falten, die wirklich symmetrisch sind. Eine Tragfläche besitzt etwas mehr Auftrieb oder einen leicht unterschiedlichen Luftwiderstand als die andere Tragfläche. Der Flieger wird in Kurven fliegen. Also benötigt er ein Seitenruder. Bei den meisten Fliegern ist dies der Rumpf. Je größer der Rumpf ist, desto kursstabiler wird das Flugzeug fliegen.

Wenn der Rumpf klein ist, sind die Tragflächen groß – dadurch gibt es einen großen Auftrieb und das Flugzeug wird lange in der Luft bleiben, aber möglicherweise in Kurven fliegen. Wenn man den Rumpf und die Tragflächen stark deltaförmig faltet, dann wird der Rumpf größer und der Flieger bleibt stabil auf seiner Flugbahn. Dafür hat er einen geringeren Auftrieb. Achtung: Die Tragfläche darf nicht zu klein werden!

Durch ein zusätzliches Höhenruder kann weitere Stabilität gewonnen werden. Man faltet den äußeren Bereich der Strukturkomponente nach oben. Es ist sehr wichtig, dass die Faltung parallel zum Rumpf (gerade Linie in der unteren Grafik) erfolgt, sonst

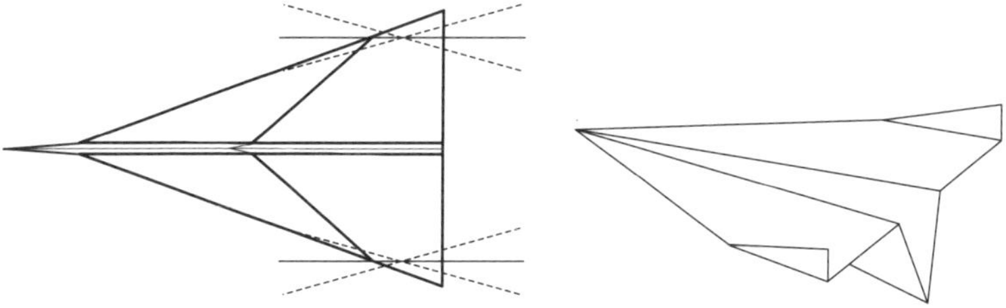

wird sich der Flieger noch mehr in die Kurve legen (strichlierte Linie in der unteren Grafik). Leider steigt dadurch der Luftwiderstand an beziehungsweise der aerodynamische Teil der Tragfläche wird möglicherweise etwas kleiner, was zu Lasten des Auftriebs geht.

Die Absturzstabilität lässt sich durch einen einfachen Trick beheben. Ein Flieger kann auf viele Weisen abstürzen. Ein absturzstabiler Flieger beginnt immer engere Kurven zu fliegen und bewegt sich in immer enger werdenden Kreisen immer schneller dem Boden entgegen. Dies passiert dann, wenn ein kleiner Lufthauch den Flieger aus dem Gleichgewicht bringt und der Flieger in eine Richtung zu rollen beginnt. Ein „gutmütiger“ Flieger fängt dann an, in die entgegengesetzte Richtung zu rollen und er erholt sich von diesem Lufthauch. Für einen absturzstabilen Flieger gilt dies nicht. Dies ist auf einen typischen Fehler zurückzuführen, den Anfänger machen.

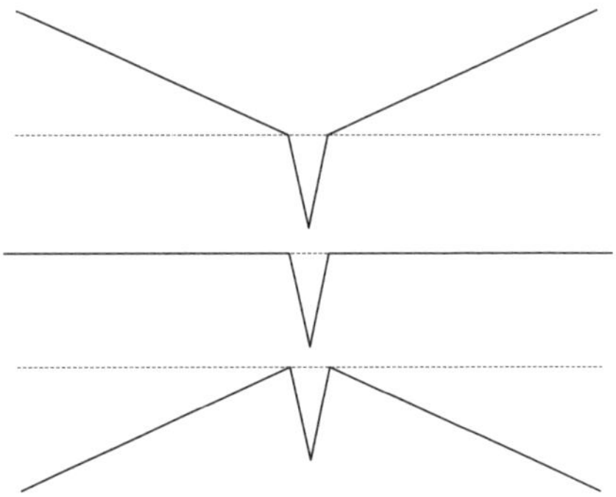

Die Tragflächen können auf drei verschiedene Arten zum Rumpf gefaltet sein. Die Tragflächen können nach oben zeigen (Y-Stellung), gerade ausgebildet sein (T-Stellung) oder nach unten weisen (negative Y-Stellung). Faltet man Papierflieger, dann müssen die Tragflächen ordentlich entfaltet werden. Die meisten Anfänger berücksichtigen dies zu wenig und der Papierflieger stürzt ab. Wichtig ist die Y-Stellung. Die Tragflächen müssen als Ganzes nach oben gefaltet sein.

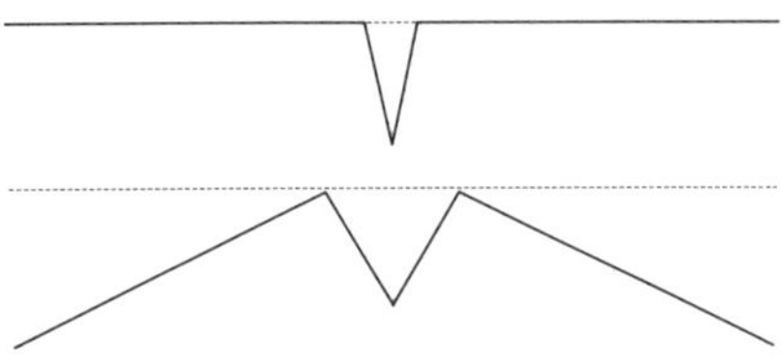

Warum sollen die Tragflächen so stark nach oben gefaltet sein? Betrachten wir einen Flieger mit T-Querschnitt, den wir mit den Fingern halten. Vergessen wir nicht, dass sich das Papier im Flug – nicht mehr von den Fingern gehalten – leicht auffaltet. Dies führt dazu, dass sich der Rumpf verbreitert und die Tragflächen nach unten zeigen. Dies ist einer der Gründe, warum die Tragflächen nach oben gefaltet sein sollten.

Die Tragflächen müssen aber auch aus einem anderen Grund noch stärker nach oben gefaltet werden.

Eine stabile Fluglage ist durch das Gleichgewicht zwischen der Gewichtskraft und dem Auftrieb gegeben. Bei einem seitlichen

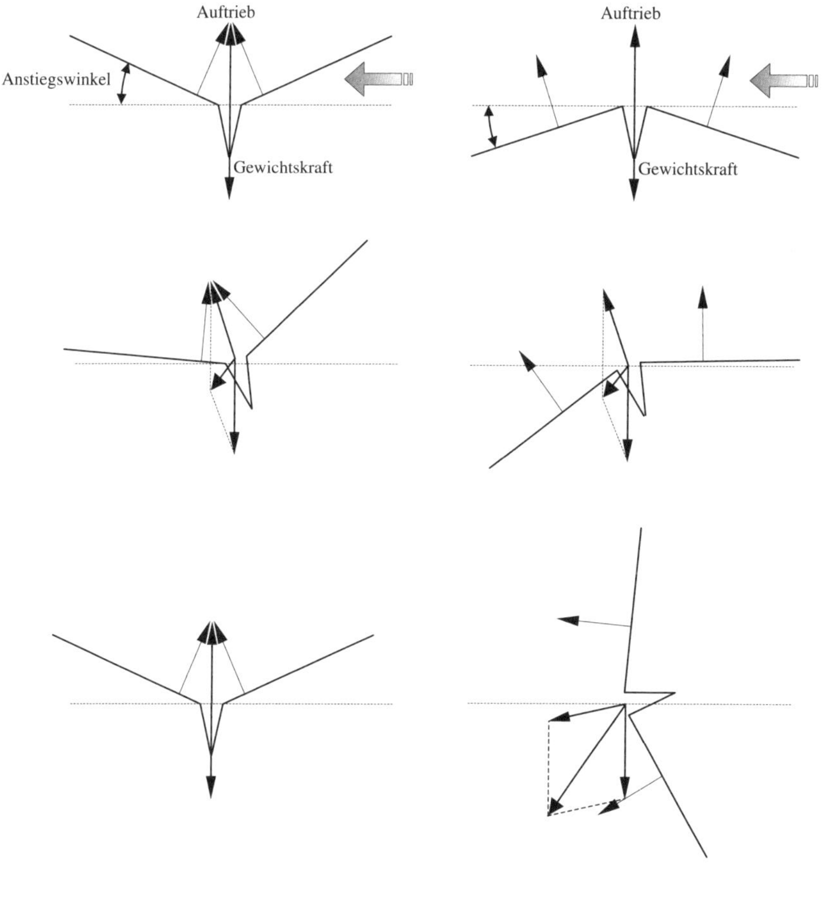

Luftstoß wird dieses Gleichgewicht gestört. Die Y-Stellung sorgt für eine starke Flugstabilität und bei Störungen stellt sie wieder das Gleichgewicht her. Wenn ein kleiner Luftstoß von der Seite den Flieger aus dem Gleichgewicht bringt, gleicht der Flieger die Störung durch eine kleine Rollbewegung aus. Damit kehrt das Flugzeug wieder in seine ursprüngliche Lage zurück. Wenn das Flugzeug eine umgekehrte Y-Stellung besitzen würde, dann gibt es diese kleine Rollbewegung ebenso, allerdings wird die Rollbewegung nun weiter verstärkt. Dies führt letztlich zum Trudeln und der Flieger stürzt ab.

Nun wissen wir, welches Papier wir verwenden sollen, was man beim Bau berücksichtigen muss und wie man einen Papierflieger durch verschiedene Faltungen verbessert. Aber über das Wichtigste haben wir noch nicht gesprochen: Wie erfolgt der richtige Abwurf? Einen Papierflieger zu bauen, ist eine Sache; ihn fliegen zu lassen, etwas ganz anderes. Die häufigsten Fehler passieren nicht beim Falten – da achten die meisten auf die genaue Anweisung –, sondern beim Werfen. Leider ist es nicht einfach zu erklären, mit welcher Geschwindigkeit man einen Flieger wirft. Der wichtigste Tipp besteht in der alten Weisheit: Übung macht den Meister. Versuchen Sie ruhig verschiedene Geschwindigkeiten beim Abwurf. Manche Flieger eignen sich eher für geringe Abwurfgeschwindigkeiten, während andere mit der ganzen Kraft des Arms in den Raum geschleudert werden müssen. Man darf nicht vergessen, dass der Auftrieb eines Fliegers sehr stark von der Geschwindigkeit abhängt, man sollte deswegen verschiedene Abwurfgeschwindigkeiten ausprobieren.

Es gibt kaum jemand, der nicht an seiner Wurftechnik arbeiten muss!!!

Papierflieger mit einer stumpfen Nase eignen sich eher für den langsamen Flug, wobei durchaus beträchtliche Weiten erzielt werden können. Diese Flieger sollten leicht abwärts geworfen werden. Der Abwurf sollte behutsam aber bestimmt sein. Flieger mit einer spitzen Nase sollten mit viel Kraft leicht schräg nach oben geworfen werden. Aber übertreiben Sie es nicht mit der Schräglage. Wenn Sie den Flieger zu steil in den Himmel werfen, steigt er zwar schön, aber er kann dann nicht in eine Gleitphase übergehen und wird abstürzen. Die Startgeschwindigkeit hängt stark von der Konstruktion ab. Bei stabilen Konstruktionen kann die Startgeschwindigkeit entsprechend groß gewählt werden – solange sich die Tragflächen nicht verbiegen. Der Papierflieger sollte nicht seine Form verlieren, da sonst der Auftrieb darunter leidet. Prinzipiell kann man sagen, dass jeder Flieger eine optimale Abwurfgeschwindigkeit und einen optimalen Abwurfwinkel besitzt – man muss es ausprobieren. Leider kann hier die Physik nicht weiterhelfen.

Bevor Sie sich mit den einzelnen Konstruktionen auseinander setzen, lesen Sie sich bitte den nächsten Absatz sehr genau durch.

Anfänger vergessen gerne, wie schon erwähnt, auf die Y-Stellung. Dies ist einer der am meisten gemachten Fehler. Überprüfen Sie das Flugzeug auf seine Symmetrie (Y-Stellung und Trimmung).

Manche Flieger baut man 10-mal und nur einer davon fliegt. Dies lässt auf ein Problem mit der Abwurftechnik schließen. Seien Sie nicht frustriert, wenn es nicht auf Anhieb klappt. Überlegen Sie sich, warum der Flieger abstürzt, zur Seite rollt oder in Kurven fliegt. Man kann es meistens ändern. Es gibt aber auch den Fall, dass man den Flieger einfach nicht zum Fliegen bringt. Das macht auch nichts – ein neues Blatt Papier und in ein paar Minuten ist ein neuer Flieger gebaut.

Bei einigen Fliegern entstehen durch die Faltungen Wölbungen. Diese sollte man mit der flachen Hand glatt streifen. Sollte der Flieger nicht schön gleiten, kann es sehr viel bringen, diese Wölbungen wiederherzustellen – sachte allerdings.

Konstruktionen:

Der Pfeil

Dieser Flieger ist wohl das bekannteste Modell in Europa. Man kann sehr viele unterschiedliche Flieger aus dem Basismodell falten. Leider ist er kein besonders guter Gleiter, aber mit ein paar Tricks lässt sich das Problem in den Griff bekommen.

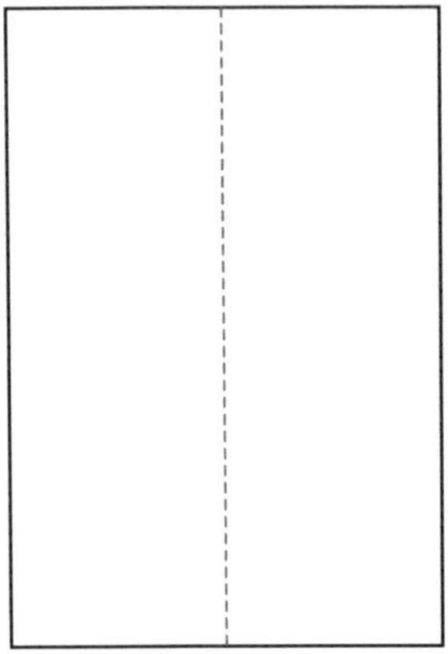

1. Man faltet ein Blatt der Länge nach und faltet es wieder auf.

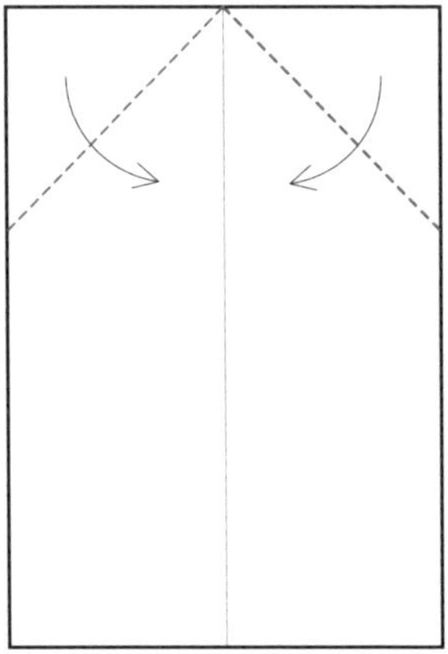

2. Die beiden oberen Ecken werden zur Mitte hin gefaltet.

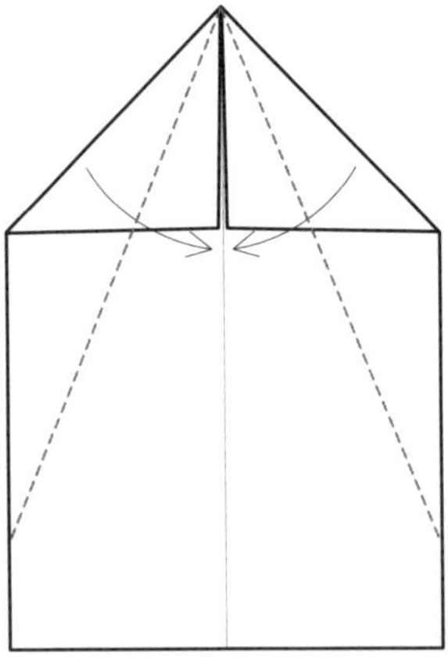

3. Die Seiten, die das obere Dreieck bilden, werden zur Mitte hin gefaltet.

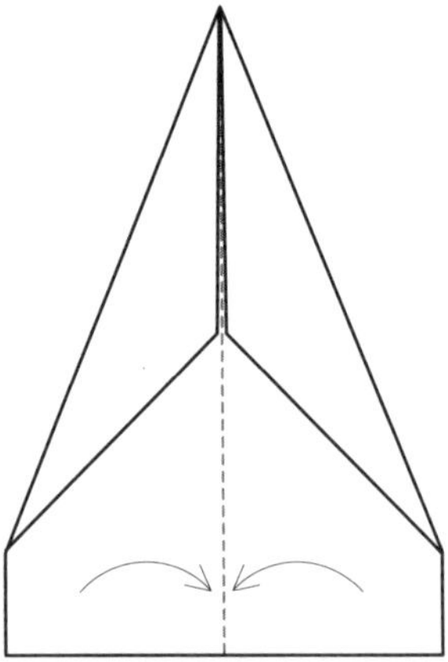

4. Die beiden Seiten werden zusammengefaltet.

Nun gibt es zwei Möglichkeiten, wie man die Tragfläche faltet. Man kann die Tragfläche parallel zum Rumpf falten – dies führt zu einer großen Tragfläche mit einem starken Auftrieb – oder man faltet die Tragflächen schräg – der Rumpf fällt größer aus, womit die Kurvenstabilität höher wird, aber der Auftrieb ist geringer.

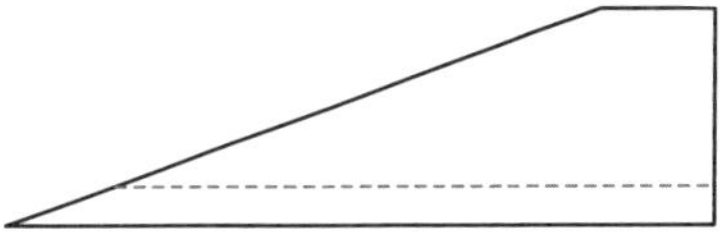

5a. Wenn man parallel faltet, sollte der Rumpf nicht größer als 1–2 Daumenbreiten sein.

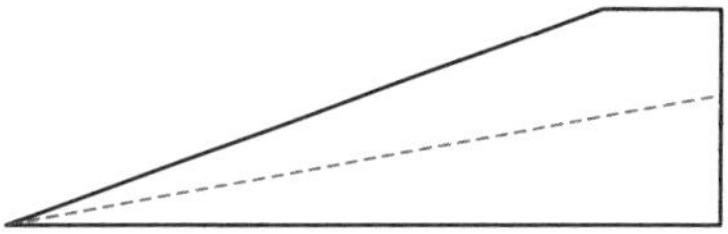

5b. Die obere Seite wird genau auf die untere Seite hin gefaltet.

Dies muss auch mit der anderen Tragfläche durchgeführt werden. Achten Sie dabei auf die Symmetrie. Man erhält dann, von oben betrachtet, einen der beiden Flieger:

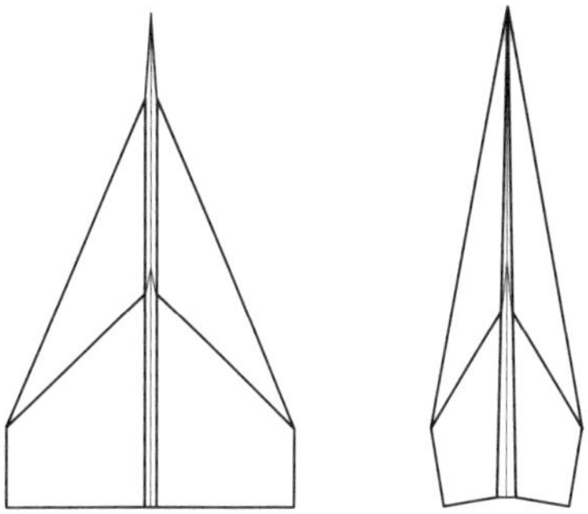

Um die Gleiteigenschaften zu verbessern, sollten die hinteren Ecken leicht nach oben aufgebogen werden. Die zweite Möglichkeit besteht in der Verwendung eines Hilfsdreiecks:

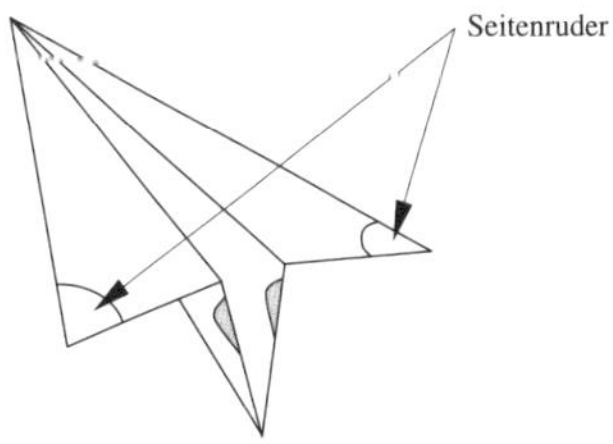

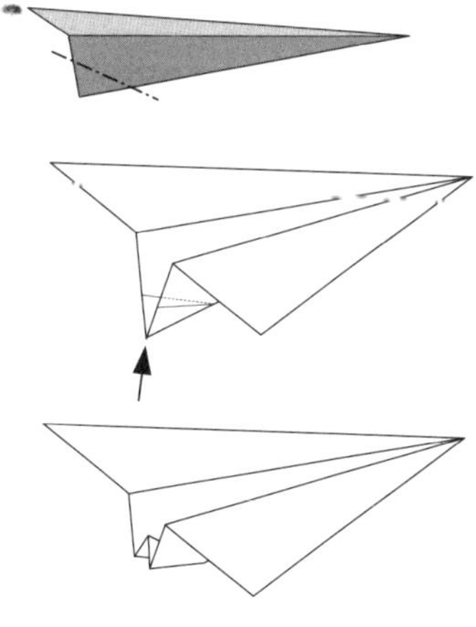

Moskito (einfache Version)

Der Moskito ist eine Abwandlung des vorherigen Pfeils. Mit zwei zusätzlichen Faltungen ändern sich das Flugverhalten und das Aussehen beträchtlich. Diese beiden Faltungen können bei sehr vielen Fliegern angebracht werden. Wir beginnen beim Ende von Schritt 3 des Pfeils (vorige Konstruktion).

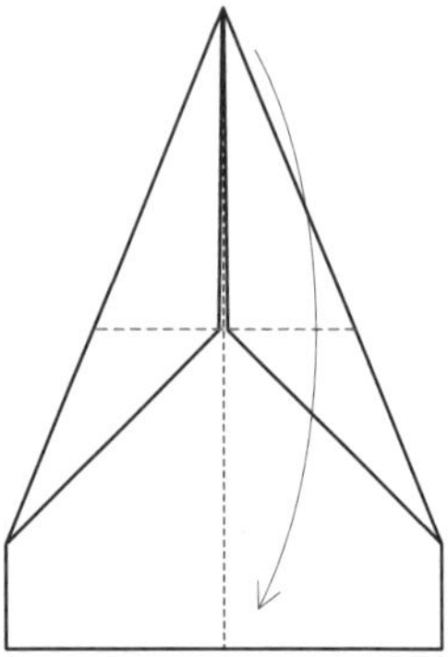

4. Die Spitze wird zur Mitte nach unten hin gefaltet.

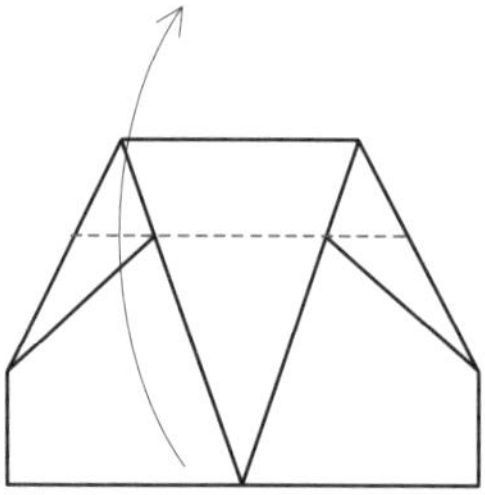

5. Dort, wo sich das große Dreieck und die beiden seitlichen Flächen treffen, faltet man wieder zurück.

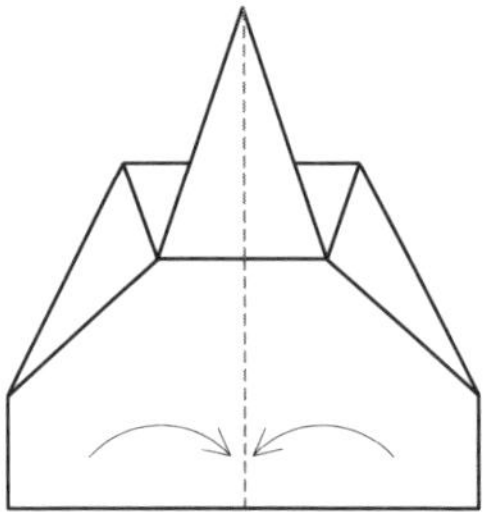

6. Danach faltet man die rechte und linke Seite wieder zusammen.

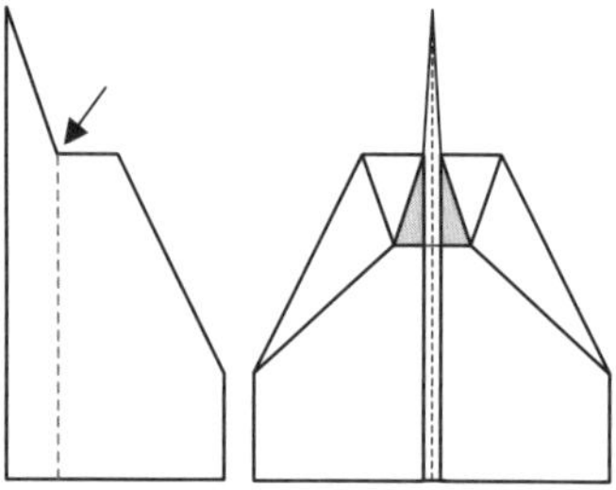

7. Die Tragfläche sollte gerade gefaltet werden – dort, wo sich die Spitze des Rumpfes und die flache Seite des Tragflügels treffen. Achtung: Man muss hineingreifen und auch die inneren Faltungen mitfalten. Im gefalteten Zustand sollten dann 2 Dreiecke entstehen.

Dieser Flieger ist kein perfekter Gleiter. Um die Gleiteigenschaften zu verbessern, sollten die hinteren Ecken leicht nach oben aufgebogen werden.

Auf die Y-Stellung nicht vergessen, mit aller Kraft leicht nach oben schießen.

Planarflieger (Standard)

Dieser Flieger ist etwas schwieriger herzustellen. Manche Faltgrößen können willkürlich gewählt werden. Nur durch das richtige Ausprobieren erlangt man tolle Ergebnisse. Dieses Modell hält den Weltrekord im „am längsten in der Luft bleiben“ mit fast 30 Sekunden!

1. Das Papier wird der Länge nach in der Mitte gefaltet und wieder aufgefaltet.

2. Die obere Kante wird um eine Daumenbreite nach unten gefaltet.

3. Der entstandene Streifen wird nochmals umgefaltet. Dies macht man so lange, bis man ungefähr die Mitte des Papiers erreicht.

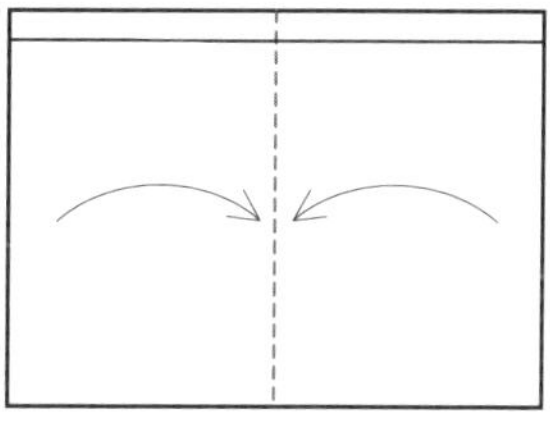

4. Die rechte und linke Seite werden zusammengefaltet.

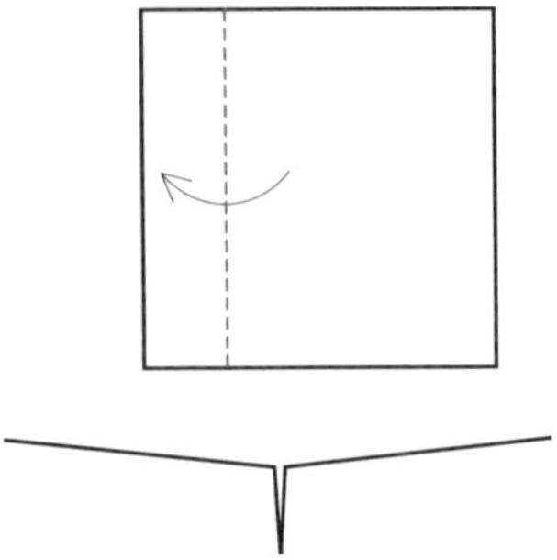

5. Die Tragflächen werden gerade – rund 1–2 Daumenbreiten – herausgefaltet.

Durch die Variation der Höhe des Rumpfes entstehen unterschiedlich gute Flieger. Dieser Flieger ist ein perfekter Gleiter. Um einen perfekten Gleiter zu erhalten, sollten die hinteren Ecken leicht nach oben aufgebogen werden.

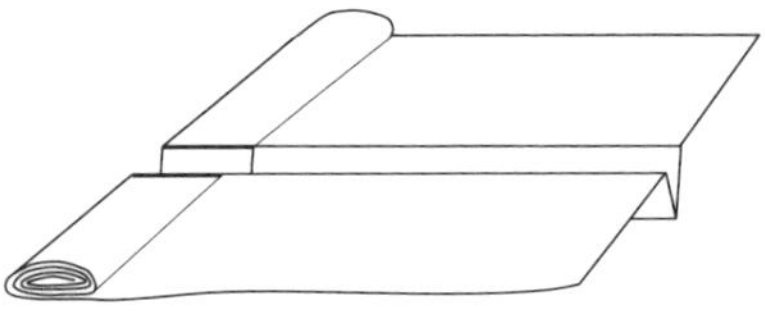

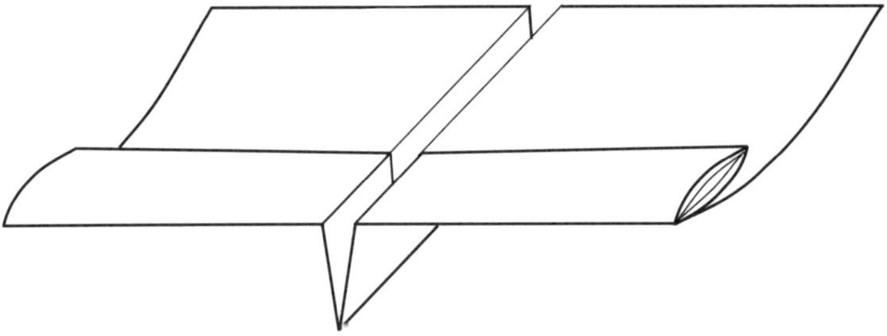

Auf die Y-Stellung nicht vergessen, mit viel Kraft sehr stark nach oben, leicht nach unten oder einfach geradeaus schießen.

Adler

Mein persönlicher Lieblingsflieger unter den einfachen Modellen. Er lässt sich ohne Schwierigkeiten bauen, besitzt hervorragende Flugeigenschaften und ist problemlos zu werfen.

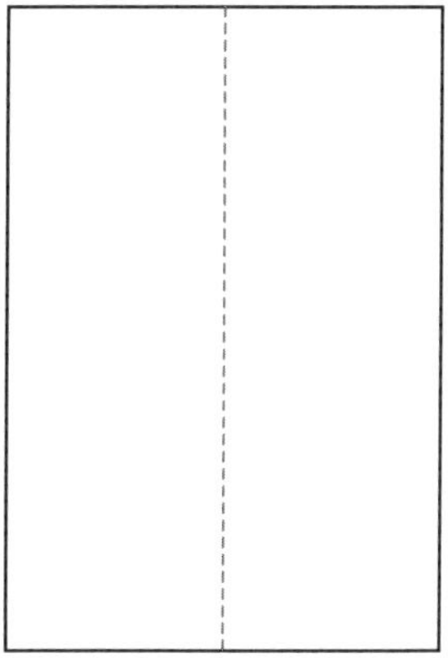

1. Man faltet das Papier der Länge nach und faltet es wieder auf.

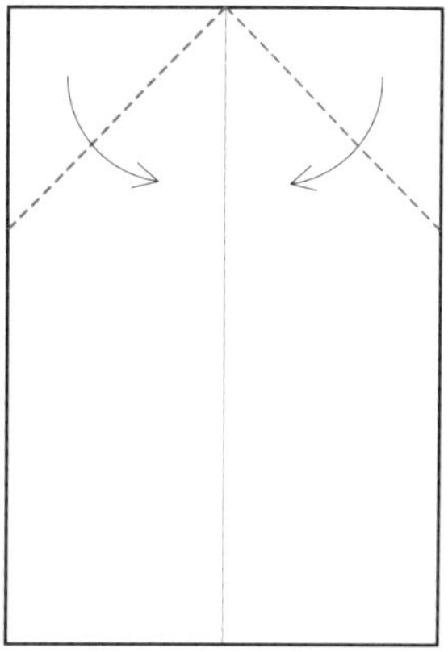

2. Es wird eine einfache Spitze hineingefaltet.

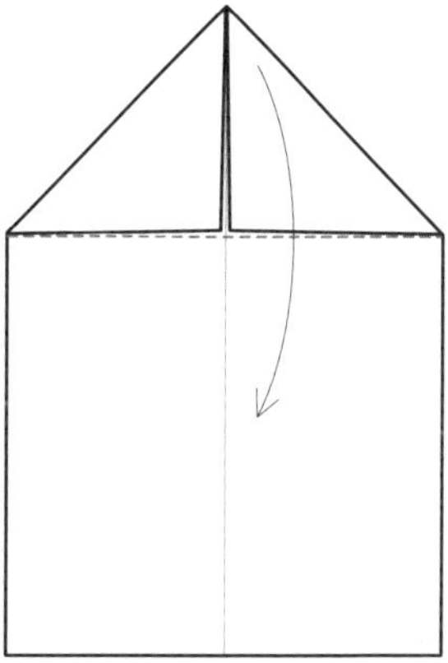

3. Das gesamte Dreieck wird nach unten zur Mitte hin gefaltet.

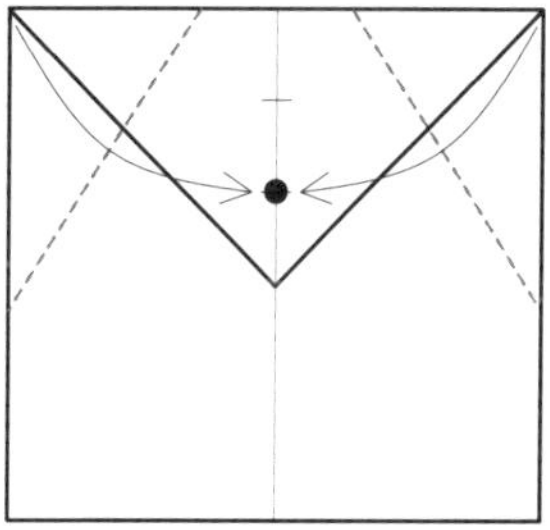

4. Man drittelt den Bereich des umgefalteten Dreiecks und faltet die beiden Ecken auf diesen Punkt hin. Achtung: Es entsteht eine stumpfe Spitze.

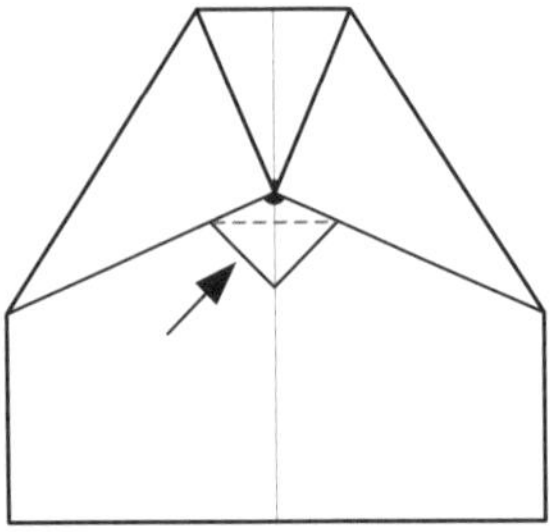

5. Das kleine Dreieck wird umgefaltet.

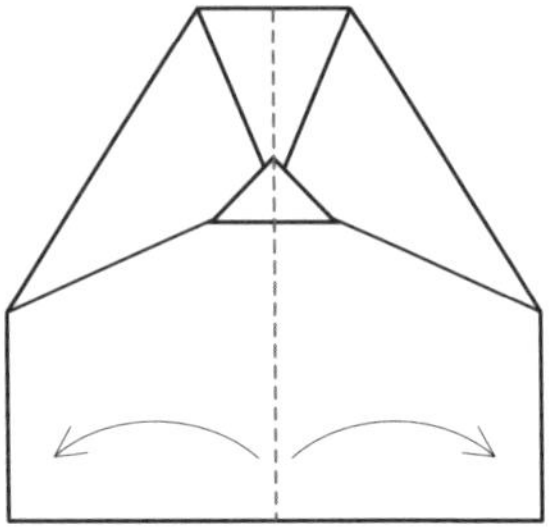

6. Das Papier umdrehen und zusammenfalten. Innen darf keine Faltung sein – die ist auf der Außenseite.

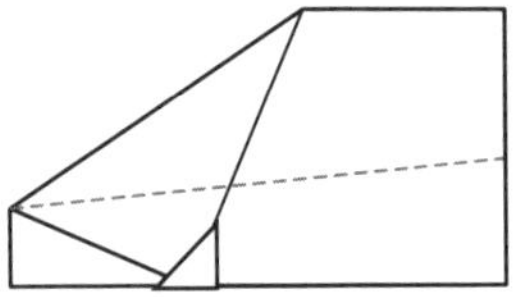

7. Die beiden Tragflächen leicht schräg falten …

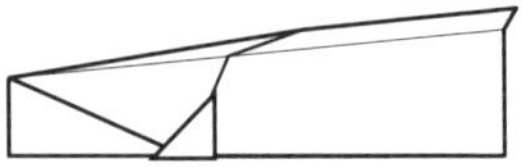

… und der Flieger ist eigentlich fertig.

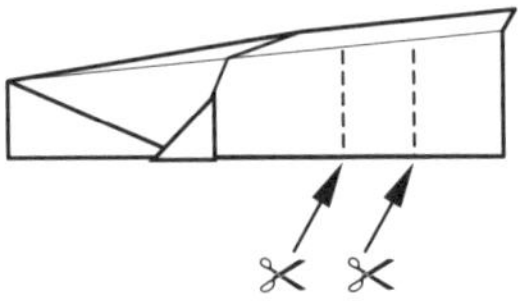

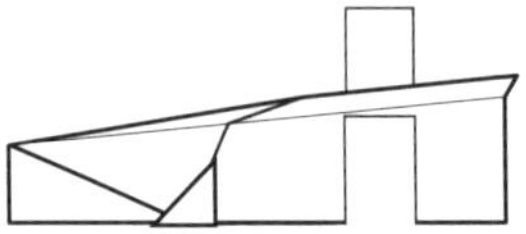

Mit einem kleinen Trick wird der Flieger optimiert: 2 Einschnitte in den Rumpf und die entstandene Lasche nach oben falten. Dadurch ändert sich der Anstellwinkel – der Gleitflug wird meist besser.

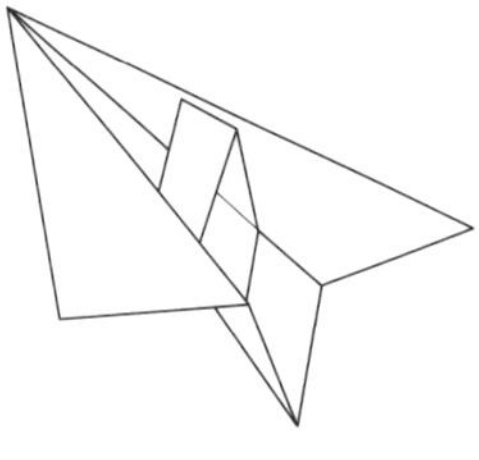

Auf die Y-Stellung nicht vergessen, mit wenig oder starker Kraft leicht nach oben, leicht nach unten oder einfach geradeaus schießen.

Manta (Exote)

Dieser Flieger gilt als Exote – mit hervorragenden Flugeigenschaften. Er ist leicht zu bauen und es verblüfft die meisten Anfänger, dass ein solches „Ding“ überhaupt fliegt.

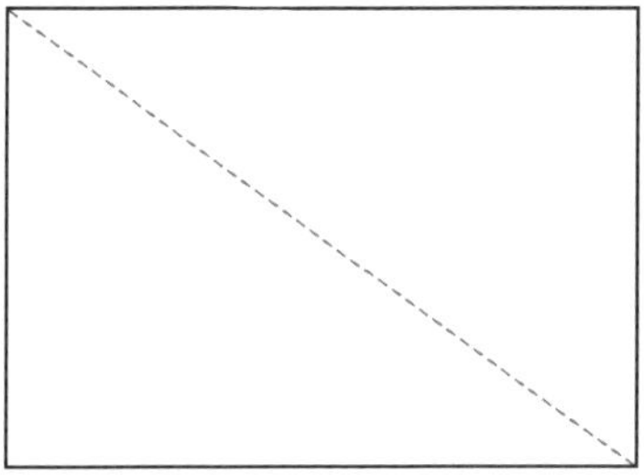

1. Das Papier wird so gefaltet, dass eine Faltung von einer Ecke zur gegenüberliegenden Ecke entsteht.

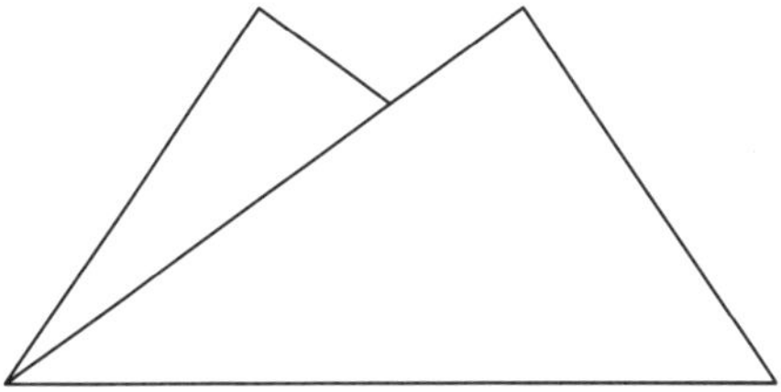

2. So sollte dies dann aussehen.

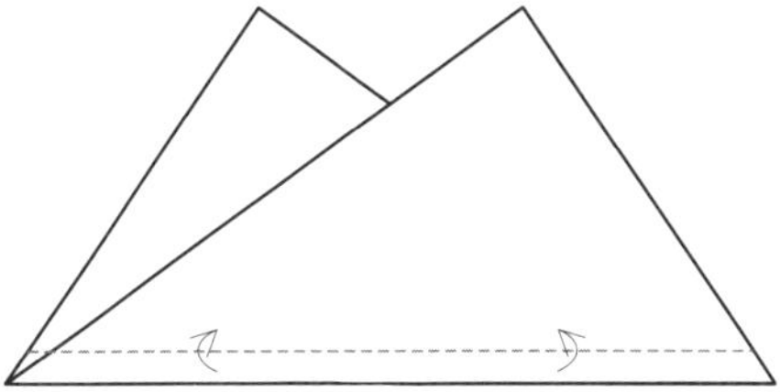

3. Der untere Rand sollte rund eine Daumenbreite umgefaltet werden.

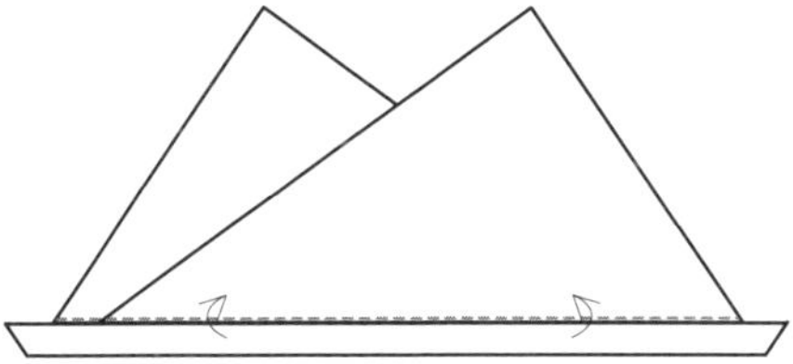

4. Nochmals den unteren Rand umfalten (wieder eine Daumenbreite).

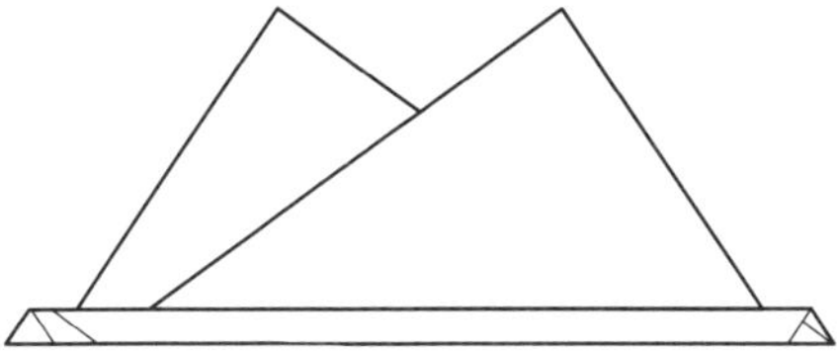

5. Danach sollte das Papier so aussehen.

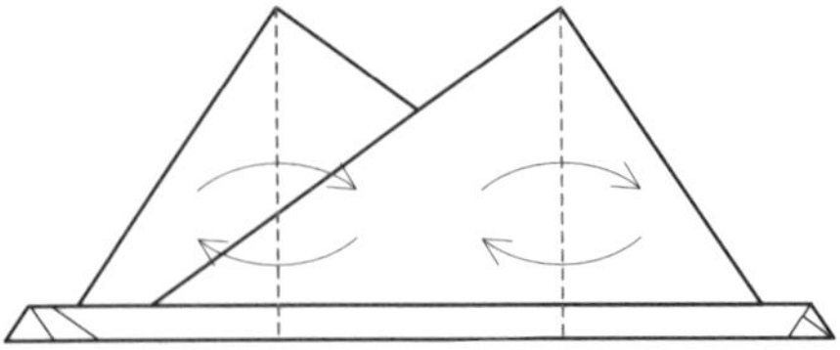

6. Es sollte eine Faltung von der Spitze ausgehend zum unteren Rand durchgeführt werden – falten und wieder auffalten (für beide Spitzen).

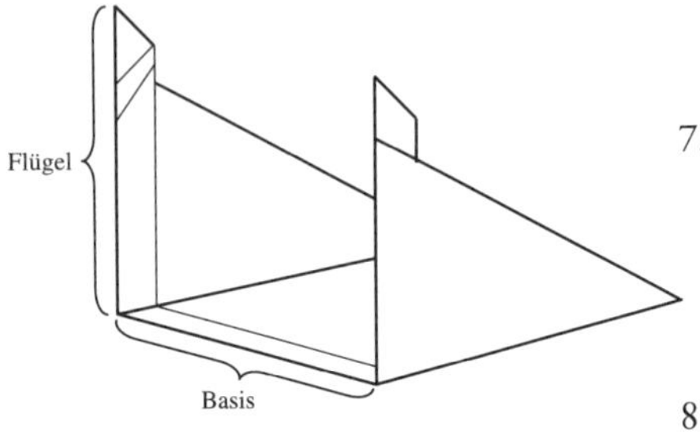

7. Danach sollte das Papier so aussehen.

8. Die Basis und die beiden Flügel müssen nun abgerundet werden: Der gefaltete Teil wird auf eine Tischkante gelegt und man zieht mehrmals kräftig zwischen den Flügeln hin und her. Danach legt man den nicht gefalteten Teil der Flügel über eine Tischkante und zieht die Flügel mehrmals über die Kante. Dabei wird das Papier schön rund und sollte danach wie in der Abbildung aussehen.

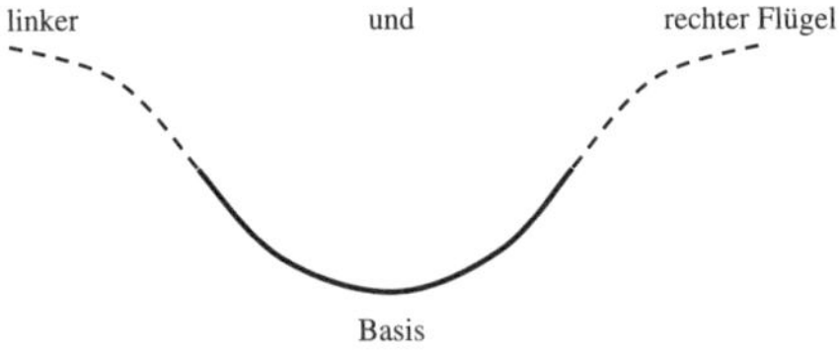

Durch die Faltung entsteht eine Art Y-Stellung – hier kann man nicht darauf vergessen. Der Teil mit den Faltungen ist die „Spitze" des Fliegers. Man hält den Flieger hinten mit vier Fingern oben und dem Daumen unten, neigt den Flieger leicht nach unten und gibt ihm einen kleinen Stoß. Er gleitet leicht nach unten, beginnt sich dann aufzurichten und gleitet langsam zu Boden.

Besonders eindrucksvoll gleitet der Flieger von höheren Stockwerken hernieder.

Immamura Spezial (Profi-Flieger)

Dieser Flieger ist etwas schwieriger zu bauen, aber er besitzt hervorragende Flugeigenschaften. Durch die Falttechnik ist der Schwerpunkt zum Auftriebspunkt perfekt ausbalanciert. Jeder Anfänger kann ihn werfen – mit einem wunderbaren Flug als Ergebnis. Man nehme ein quadratisches Blatt Papier:

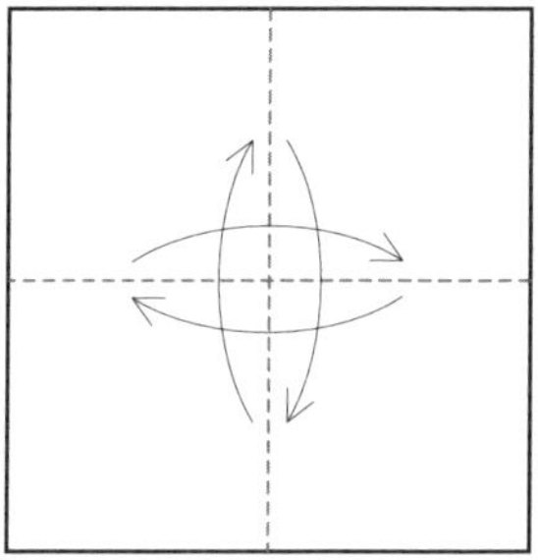

1. Man falte das Blatt der Länge und der Breite nach. Auffalten nicht vergessen.

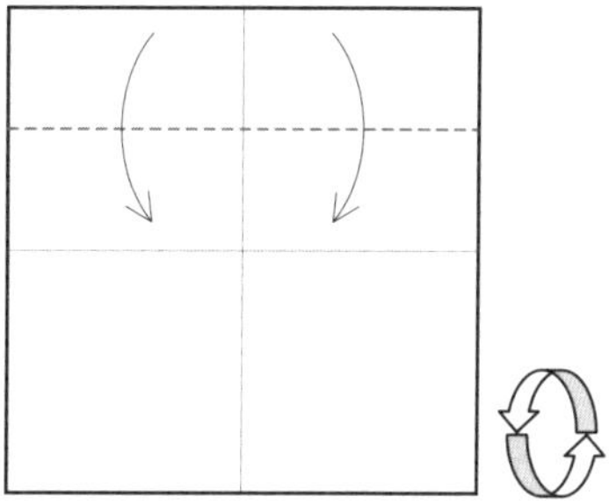

2. Die obere Seite zur Mitte hin falten, anschließend das Papier umdrehen.

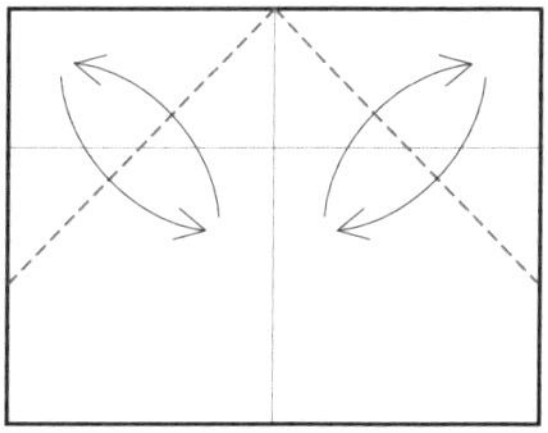

3. Eine einfache Spitze in das Papier falten. Wieder auffalten.

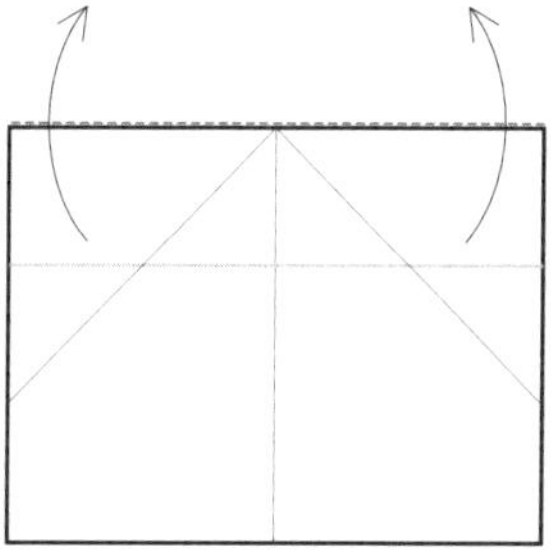

4. Das Papier komplett auffalten.

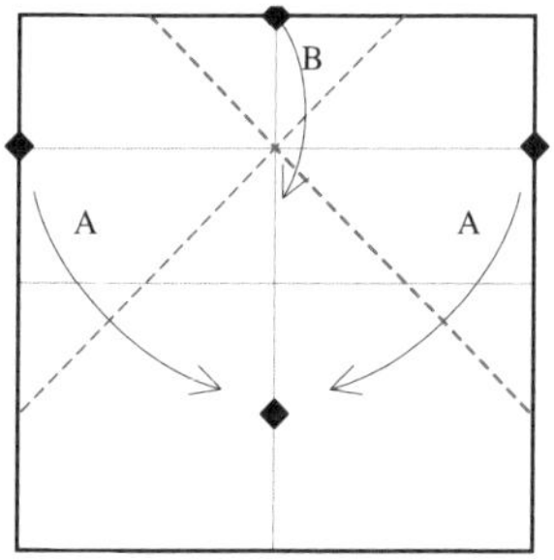

5. Im aufgefalteten Zustand ist ein Stern erkennbar. Zuerst werden die beiden Punkte A zur Mittellinie hin gefaltet, danach streift man die entstandene Falte mit der glatten Hand nach unten, sodass der Punkt B auf der Mittellinie zu liegen kommt.

6. Nach der vorigen Faltung sollte das Papier so aussehen. Wichtig: Es gibt zwei kleine Flügel, die durch die vorige Faltung entstanden sind.

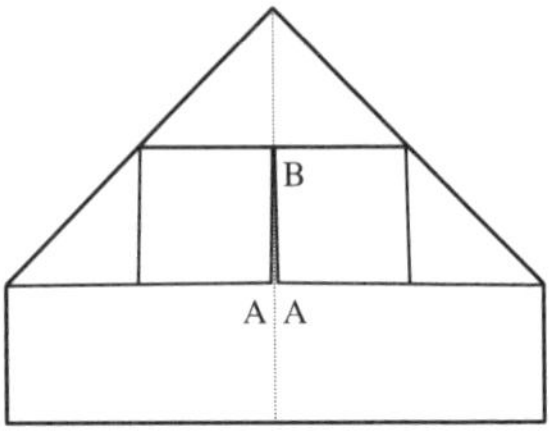

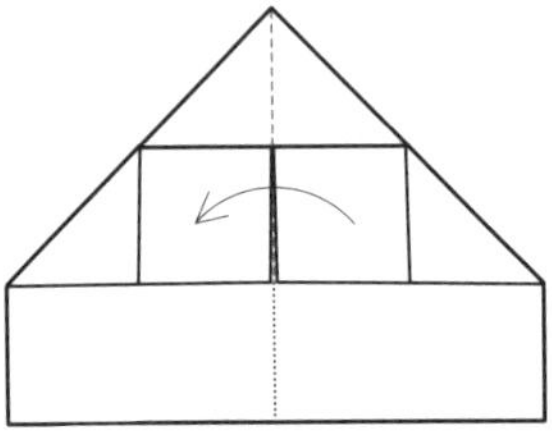

7. Der rechte kleine Flügel wird nach links gelegt.

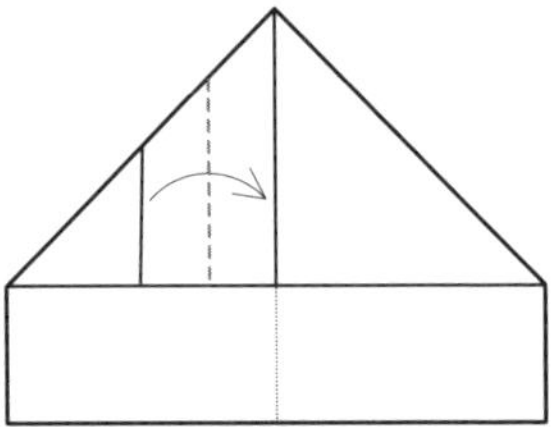

8. Die linke Seite des gerade herübergelegten Flügels wird zur Mitte hin gefaltet.

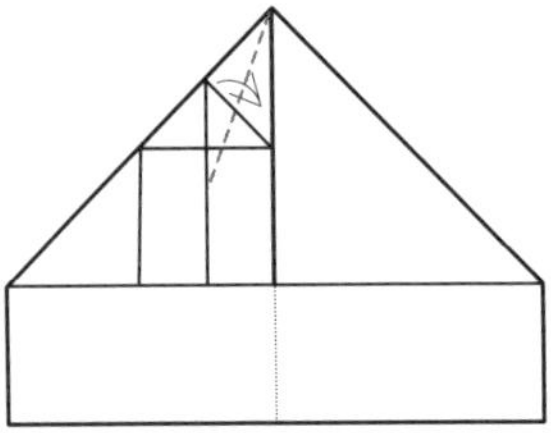

9. Die Spitze des umgeklappten rechten Flügels wird zur Mitte hin gefaltet.

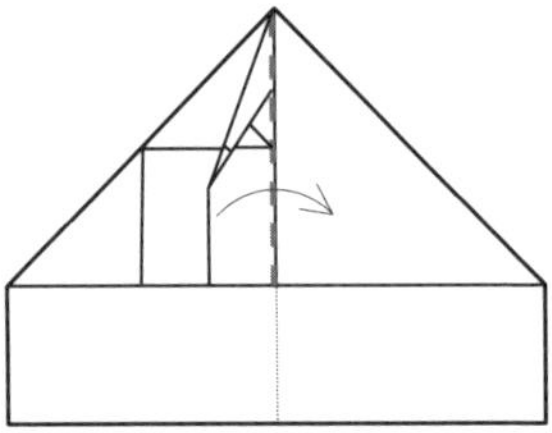

10. Den umgeklappten Flügel wieder auf die rechte Seite zurückklappen.

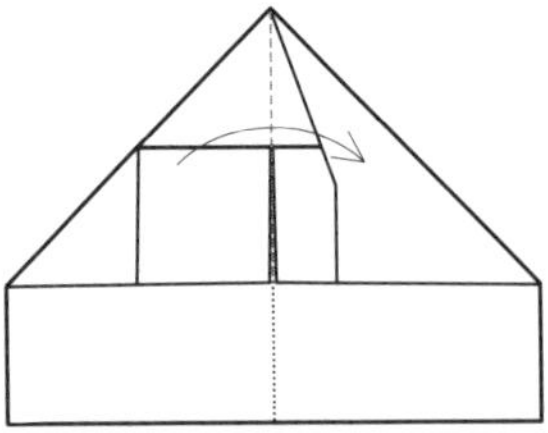

11. Der linke kleine Flügel wird nach rechts gelegt.

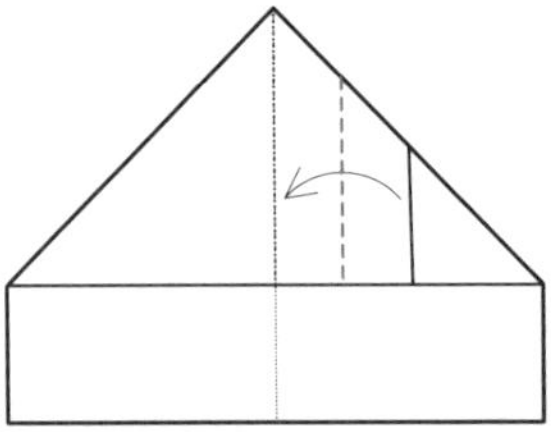

12. Die rechte Seite des gerade herübergelegten Flügels wird zur Mitte hin gefaltet.

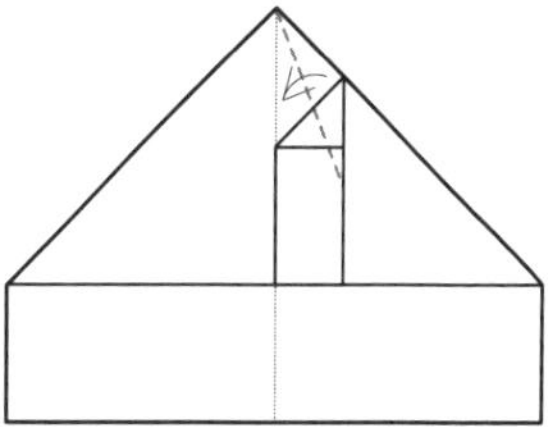

13. Die Spitze des umgeklappten linken Flügels wird zur Mitte hin gefaltet.

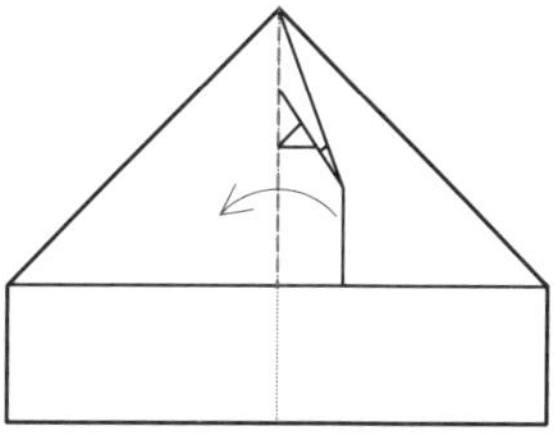

14. Den umgeklappten Flügel wieder auf die linke Seite zurückklappen.

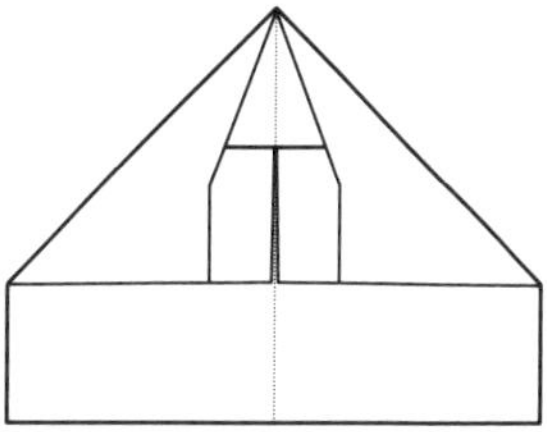

Nach all den Faltungen sollte das Papier so aussehen.

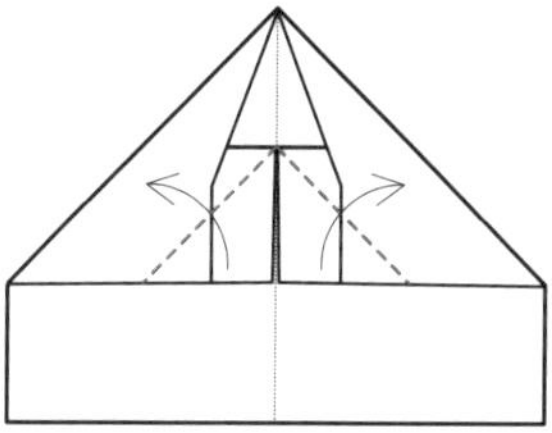

15. Den großen und kleinen Flügel der jeweiligen Seite wie eingezeichnet falten.

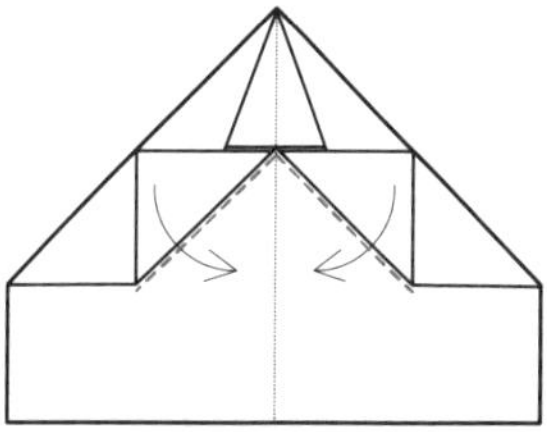

16. Die Dreiecke, die gerade gefaltet wurden, werden nun zurückgefaltet bzw. unter der jeweiligen Seitenfalte hineingeschoben – versteckt.

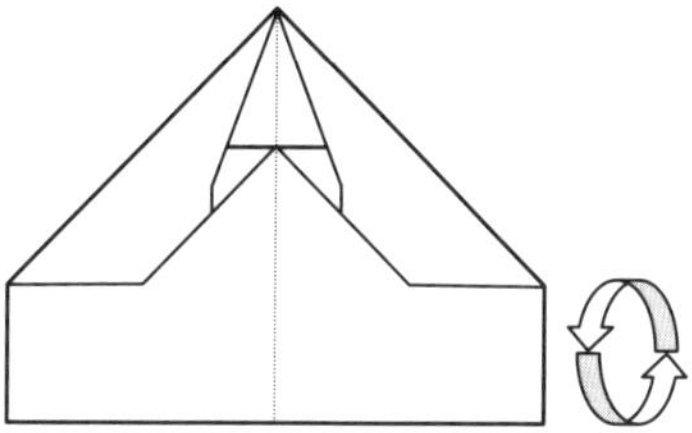

17. Das Papier umdrehen.

Der Immamura Spezial scheint zwar schwierig im Bau, aber wenn man einmal weiß, wie es funktioniert, dann ist es kein so kompliziertes Modell mehr.

Der Flieger benötigt nur eine leichte Y-Stellung, sonst kann man ihn werfen, wie man will – er wird auf jeden Fall exzellent fliegen.

Die Physik im Kaffeehaus: von der Melange, dem Milchhäubchen und dem weichen Ei

Ein Café, und insbesondere ein Wiener Kaffeehaus, kann dem/der PhysikerIn viel bieten: Ruhe zum Arbeiten, gemütliche Gespräche über neue Entdeckungen und mögliche neue Ideen in den Naturwissenschaften etwa. Man bekommt auch Kaffee mit einem Milchhäubchen, wenn man freundlich zum Kellner ist. Selbst hier, wo andere sich entspannen oder mit Freunden plaudern, beschäftigen ihn/sie physikalische Gedanken. Während er/sie Zucker in den Kaffee schüttet, überlegt er/sie sich: Warum gießt man nicht einfach die Milch in den Kaffee und verzichtet auf das Häubchen? Gut, stellen wir uns bitte zuerst die Frage, wie überhaupt ein Milchhäubchen entsteht?

Betrachten wir kurz das Kochen gewöhnlicher Milch. Milch kann übergehen, während Wasser kochen kann. Worin liegt der Unterschied? Milch ist eine Emulsion aus Wasser und Öl. Wir wissen, dass sich Öl und Wasser nicht miteinander vermengen können. Deshalb hat die Natur Netzmittel erfunden. Diese verwenden wir auch bei der Mayonnaise. Bei der Mayonnaise handelt es sich um das Lezithin aus dem Dotter. Auch Milch verfügt über ein Netzmittel. Die Kaseinmoleküle umhüllen die kleinsten Öltröpfchen in der Milch. Der fettfreundliche Teil des Moleküls liegt auf der Öloberfläche, während der wasserfreundliche Teil vom Öltröpfchen zum Wasser hinzeigt. Die mit Kaseinmolekülen umhüllten Öltröpfchen stoßen sich nicht mehr vom Wasser ab. Sie können sich frei im Wasser bewegen. Wenn sich diese Kasein-Öl-Tröpfchen treffen, so prallen sie voneinander ab. Sie verhalten sich wie Billardkugeln. Erhöht man nun die Temperatur, bewegen sich die Wassermoleküle schneller, genauso wie die Kasein-Öl-Tröpfchen. Sie prallen öfter aneinander. Erhöht man die Temperatur weiter, bewegen sich die Teilchen immer schneller. Bei rund 80°C passiert etwas Wichtiges. Die Öltröpfchen prallen mit einer so großen Geschwindigkeit aufeinander, dass aus zwei Tröpfchen eines wird. Das Volumen des neuen Tröpfchens ist nun doppelt so groß, aber die Oberfläche wurde im Verhältnis etwas kleiner. Jetzt werden für das große Kasein-Öl-Tröpfchen weniger Kaseinmoleküle zum Abschirmen benötigt. Die freien Kaseinmoleküle schweben nun durch die Milch. Teilweise werden sie bei 80°C denaturieren. Das bedeutet, dass das einzelne Kasein-Molekül, das vorher wie ein Wollknäuel aufgerollt war, sich der Länge nach streckt. Diese denaturierten Moleküle sammeln sich auf der Oberfläche der Milch und „verkleben" miteinander. Es bildet sich die Milchhaut. Dieser Umstand kann der Beginn einer kleinen Katastrophe sein. Diese Milchhaut wirkt wie ein Deckel. Die schnellen Wassermoleküle können nicht mehr in die Luft abdampfen und die Flüssigkeit erhitzt sich immer weiter. Bei rund 90°C entstehen die ersten Dampfblasen. Sie steigen nach oben und versuchen zu entweichen. In der Mitte der Oberfläche des Gefäßes hat sich schon die Milchhaut gebildet, dort können die Dampfblasen nicht entweichen. Das kann nur am Topfrand passieren. Dort kommen die Kaseinmoleküle in Kontakt mit Luft. Durch die am Topfrand entweichenden Dampfblasen vermengen sich Luft, Wasserdampf und die Kaseinmoleküle. Letztere würden sich gerne an fetthaltige Substanzen heften. Leider stehen diese nicht zur Verfügung und so nehmen sie mit der Luft vorlieb. Dadurch bildet sich Milchschaum. Er verhindert, dass die Dampfblasen weiter aufsteigen und die Katastrophe ist perfekt. Die Milch wird in sehr kurzer Zeit heißer als 100°C, da keine Wassermoleküle mehr entweichen können. Umgekehrt bilden sich in kürzester Zeit immer mehr Bläschen auf der Milchoberfläche. Die Milch geht über. Natürlich möchten wir dies in einem Kaffeehaus vermeiden. Deshalb wird die Milch mit heißem Wasserdampf aufgeschäumt. Die hohe Temperatur veranlasst die Kaseine zu denaturieren und zusätzlich wird Luft in die Milch eingebracht. Es entsteht ein fester Schaum, der dann unsere Melange schmücken wird. Aber wozu?

Einerseits schaut es schön aus und andererseits hält das Häubchen den Kaffee länger warm. Je größer die Oberfläche ist und je leichter schnelle Wasserteilchen von der Oberfläche abdampfen können, umso schneller kühlt der Kaffee ab. Es bleiben nur mehr die langsamen Teilchen im Kaffee übrig – die Temperatur sinkt. Die Temperatur ist proportional zur durchschnittlichen Geschwindigkeit der Teilchen einer Flüssigkeit. Das Milchhäubchen schützt den Kaffee wie ein Deckel aus Styropor. Die Luftbläschen, enthalten im Styropor beziehungsweise im Milchschaum, leiten die Wärme sehr schlecht. Daher bleibt der Kaffee nach rund 20 Minuten ungefähr um 5–8°C, in Abhängigkeit von der Häferlgröße, wärmer als ohne Häubchen.

Aber auch für den hektischen Kaffeetrinker empfiehlt sich ein Milchschaum. Er hat eine geringere Temperatur als der Kaffee. Bringt man beides zusammen, so wird die Kaffeetemperatur kurzfristig erniedrigt. Dadurch kann der Kaffee schneller getrunken

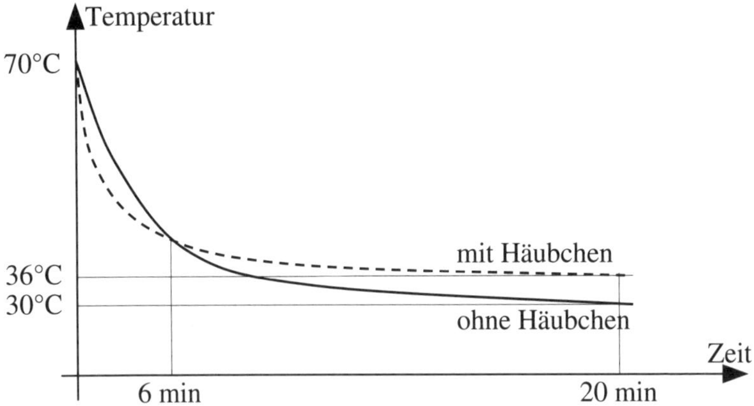

Die Werte können sich stark unterscheiden, verwendet man zum Beispiel andere Kaffeehäferl. Dennoch ähneln sich die Kurven. Bei 6 Minuten ist es für die Temperatur egal, ob mit oder ohne Milchhäubchen.

werden. Das Milchhäubchen wirkt sich erst nach ein paar Minuten aus. In der Grafik (S. 196) ist der Zusammenhang zwischen der Temperatur und der Zeit für einen Kaffee mit und ohne Häubchen dargestellt.

Übrigens war es nicht Georg Franz Kolschitzky (1640–1694), der in Wien das erste Kaffeehaus „Zur blauen Flasche" 1683 eröffnete, sondern zwei Jahre früher der Armenier Johannes Didato. Trotzdem sind wir Kolschitzky zu großem Dank verpflichtet. Den Wienerinnen und Wienern schmeckte der bittere Kaffee nämlich nicht. So gab er Milch und Honig zum Kaffee – die erste Melange war geboren.

Was gibt es Herrlicheres, als in einem Kaffeehaus zu frühstücken: Melange, Semmel mit Butter, weiches Ei und Schinken dazu und – ein gutes Buch über Physik. Nur leider erhält man weder ein Physikbuch (man wird Ihnen allenfalls eine Zeitung bringen wollen) noch ein weiches Ei. Meist ist es eher hart als weich. Wie kommt das? Der Mensch fliegt zum Mond und erfindet ständig neue Dinge – da sollte es doch möglich sein, ein weiches Ei zu kredenzen. Dass es meist hart gekocht serviert wird, hängt mit den Vorschriften im Gastgewerbe zusammen. Man möchte nicht riskieren, dass Salmonellen die Gäste vergiften, diese sollen schließlich wiederkommen. Erhitzt man ein Ei auf über 65°C, so werden die Salmonellen zerstört, nur leider ist das Ei dann auch eher fest. Also müssen wir uns ein 3-Minuten-Ei selber zubereiten. Dabei werden Sie feststellen, dass man es doch länger als drei Minuten kochen lassen müssen. Kommen wir zur Physik des Eierkochens.

Sollte man das Ei in kaltes oder in heißes Wasser legen? Es gibt Menschen, die immer mit demselben Topf die gleiche Menge an Eiern kochen. Sie wissen ganz genau, wie lange sie bei welcher Wassermenge die Eier kochen lassen sollen. Doch kommt ein zusätzlicher Gast oder ist der Topf gerade nicht verfügbar, so scheitern ihre Bemühungen: Die Eier werden nicht perfekt weich. Entweder ist das Eiweiß noch nicht vollständig geronnen oder der Dotter schon zu hart. Variiert die Wassermenge, die Topfgröße oder die Zahl der Eier, kann keine verlässliche Zeitangabe mehr gemacht werden. Ein weiter Topf mit 10-mal so viel Wasser benötigt mehr Zeit, um heiß zu werden, als ein kleiner hoher Topf. Umgekehrt ist es vollkommen egal, wie viel Wasser sich in einem Topf befindet, wenn es kocht. Daher sollten Sie die Eier immer in kochendes Wasser legen.

Manche von Ihnen werden nun einwenden, dass dadurch die Eier platzen können. Stimmt, aber nur, wenn man die Eier nicht richtig behandelt. Essigwasser würde zwar die Eischale, die aus Kalziumkarbonat besteht, zerstören, aber das braucht einige Stunden Zeit. Auch ist nicht die sich durch den Temperatureinfluss ausdehnende Luftblase dafür verantwortlich. Luft nimmt die Wärme nur sehr langsam auf. Würde die Luftblase für das Springen des Eies verantwortlich sein, so würde das Ei erst gegen Ende des Kochvorganges springen. Wir wissen aber, dass dem nicht so ist. Einerseits kann sich das Eiweiß, das einen hohen Wasseranteil besitzt, ausdehnen und andererseits können dickere Schalenteile sich nicht so gut ausdehnen wie dünnere.

Betrachten wir die unterschiedlichen Fälle im Einzelnen. Wenn sich Eiweiß ausdehnt, wird es größer. Die Luft in der Luftblase ist komprimierbar und so sollte das Ei eigentlich nicht platzen. Wird das Ei aber zu schnell in das Wasser geworfen, so wird sich das Eiweiß nur in der Nähe der gesamten Eischale ausdehnen und ein gewaltiger Druck auf die Eischale ausgeübt. Die Luftblase kann den Druck nicht kompensieren. Deshalb sollte man das Ei vorsichtig auf einem Löffel im heißen Wasser mehrmals drehen und erst dann vollständig einlegen.

Der zweite Fall ist der wahrscheinlichere. Die Kalkschale ist nicht gleichförmig dick. Es gibt Stellen, die dicker sind als andere. Die dünnen Stellen können die Wärme schneller aufnehmen und damit etwas größer werden als die dickeren. Damit entstehen im Inneren der Eischale Spannungen, die mitunter zum Bruch führen. Am einfachsten löst man dieses Problem dadurch, dass man Entlastungssprünge anbringt – ein kleines Loch am Po des Eies genügt. Dabei entstehen viele kleine Sprünge in der Eischale und die unterschiedlich dicken Bereiche können, ähnlich wie die Kontinente auf der Erde bei der Plattentektonik, aneinander reiben.

Wie lange muss man nun ein 3-Minuten-Ei kochen? Eine komische Frage, die aber berechtigt scheint. Unter einem 3-Minuten-Ei versteht man ein Ei, das exakt drei Minuten lang gekocht wurde und danach perfekt ist: Das Eiweiß ist geronnen und das Eigelb noch weich. Kochen Sie jedoch heutzutage ein Ei drei Minuten lang, so wird das Eiweiß gerade von dem heißen Wasser geküsst – aber vollständig geronnen ist es nicht. Früher, also vor rund hundert Jahren, waren die Eier noch kleiner. Damals stimmte die Angabe mit den drei Minuten. Heute sind die Eier aber größer. Zusätzlich hat die Lagertemperatur einen wichtigen Einfluss auf die Kochdauer.

Kommt das Ei aus dem Kühlschrank oder hat es Raumtemperatur? Auch dafür gibt es eine Formel:

$$t = 0.0016 \cdot d^2 \cdot \ln\left(\frac{2 \cdot (T_{Wasser} - T_{Starttemperatur})}{T_{Wasser} - T_{Innentemperatur}}\right)$$

Der Durchmesser d des Eies wird in Millimeter angegeben – an der schmalsten Stelle, T_{Wasser} ist die Temperatur des kochenden Wassers, also rund 100°C. Das Ei kann aus dem Kühlschrank kommen oder es wurde bei Raumtemperatur gelagert. Die Starttemperatur $T_{Starttemperatur}$ beträgt meist zwischen 4°C (Kühlschrank) und 20°C (Raumtemperatur). Die gewünschte Endtemperatur des Inneren des Eies wird in $T_{Innentemperatur}$ angegeben. Wenn man ein weiches Ei haben möchte, dann sollte der Wert $T_{Innentemperatur} = 62°C$ und bei einem harten Ei $T_{Innentemperatur} = 82°C$ betragen. Wenn man in die Formel einsetzt, erhält man die Kochdauer t in Minuten – physikalisch ungewöhnlich, aber praktisch. Für alle, die mit dem Logarithmus (*ln*) kämpfen, gibt es eine Schablone zum Herauskopieren. Ausschneiden, die schmalste Stelle des Eies zwischen die

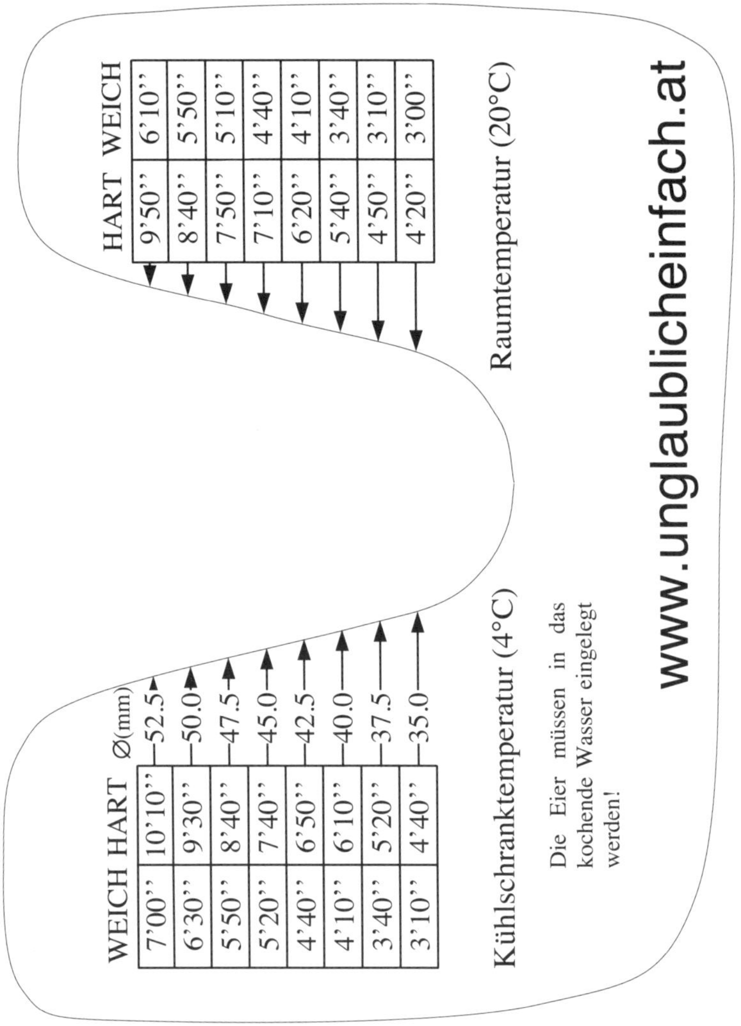

beiden Laschen geben und den Bereich, wo es den Rand berührt, die Kochdauer für Eier aus dem Kühlschrank beziehungsweise für Raumtemperatur ablesen.

Es gibt noch eine andere Möglichkeit, Eier zu kochen: nämlich mit einer Filterkaffeemaschine. Jetzt höre ich schon die Kommentare, dass man mit einer Filterkaffeemaschine keinen befriedigenden Kaffee kochen kann. Stimmt, wenn man eine schlechte Maschine verwendet. Nach Professor Illy gelingt der Kaffee am besten, wenn er mit 92°C heißem Wasser übergossen wird. Dann lösen sich die meisten Geschmacksstoffe heraus und die Bitterstoffe bleiben großteils noch im Inneren des Kaffeepulvers. Wer kennt schon die Brühtemperatur seiner Kaffeemaschine? Meist kauft man dieses Produkt der Zivilisation nach der Farbe und dem Design und nicht nach der Brühtemperatur. Sie können diese Temperatur jedoch ganz leicht bestimmen. Kochen Sie ein Ei mit Ihrer Filterkaffeemaschine. Geben Sie anstelle des Kaffees ein Ei mittlerer Größe, das bei Raumtemperatur gelagert wurde, in den Kaffeefilter. Bitte vergessen Sie den Papierfilter nicht, man erspart sich viel Reinigungsarbeit, sollte das Ei wider Erwarten platzen. Lassen Sie eine volle Kanne Wasser durchlaufen. Brüht Ihre Kaffeemaschine mit einer Temperatur von 92°C, so erhalten Sie ein perfektes weiches Ei. Sollte das Eiweiß noch nicht vollständig geronnen sein, lassen Sie das Ei noch ein bis zwei Minuten liegen. Dadurch kann es weiter ziehen und wird allmählich weich. Deshalb sollte man ein weiches Ei auch sofort nach dem Kochvorgang abschrecken. Sonst wird es, obwohl perfekt gekocht, nach ein paar Minuten steinhart. Das Abschrecken hat aber keinen Einfluss auf die Schälbarkeit des Eies. Diese hängt ausschließlich vom Alter des Eies ab. Eier, die gerade gelegt wurden, können nicht einfach geschält werden. Ein Ei sollte mindestens eine Woche gelagert werden, besser noch sind zwei. Dann löst sich die Schale ganz leicht vom Ei und einem kulinarischen Genuss am Morgen steht nichts mehr im Wege.

Die Physik im Wirtshaus: Gulasch und Schnaps

Für einen Physiker stellt ein Wirtshaus, eine Gaststätte, im noblen Fall ein Restaurant mitunter ein sehr interessantes Betätigungsfeld dar. Man kann am Tisch die anwesenden Gäste mit physikalischen Fingerübungen unterhalten oder verärgern, einfache und doch spannende Experimente vorführen oder nur essen und über den Sinn des Lebens nachdenken.

Experimente, geeignet für das Wirtshaus:
Eine Rakete aus einem Teebeutel

Man nimmt einen Teebeutel. Da wir eine billige Rakete bauen wollen, entfernen wir die Nutzlast (den Faden und die Klammer). Der Raketentreibstoff ist ebenfalls teuer, also weg mit ihm (dem Schwarztee). Aus dem übrig gebliebenen Papierbeutel formt man eine Rolle, die auf eine feuerfeste Unterlage gestellt wird. Dann zündet man das obere Ende der Rolle an.

Der Countdown beginnt –

ein paar Sekunden noch –

und

LIFT OFF

Natürlich lassen sich auch beim Speisen einige interessante Beobachtungen durchführen. Hat der Koch eine Ahnung von dem, was er tut, oder kocht er nur um des Geldes wegen? So wissen wir, dass Gulasch (fast) immer im Wirtshaus besser schmeckt als zu Hause. Wie macht man eigentlich ein Gulasch und welche Geheimnisse stecken dahinter?

Für mich begann die Geschichte, als ich ungefähr sechs Jahre alt war. Meine Großmutter bereitete immer ein sensationelles Gulasch zu, aber es gab einen Haken dabei. Jedes Mal, wenn man ein Stück Fleisch in den Mund schob, biss man auf Kruspeln und Flachsen (Sehnen). Ein äußerst unangenehmes Gefühl. Ich fragte meine Großmutter, ob man denn dies nicht vermeiden könnte, denn dann wäre das Gulasch perfekt. Meine Großmutter meinte lapidar: „In ein ordentliches Gulasch gehören Flachsen – sonst wird es nichts.“ Ich musste erst Physik studieren, um mich einem perfekten Gulasch anzunähern – ohne Flachsen.

Beschäftigen wir uns mit der Frage, warum ein Wadschinken, der mit Flachsen durchzogen ist, für das Gulasch so häufig verwendet wird. Flachsen bestehen aus Kollagen. Diese Substanz umhüllt alle Fleischfasern. Das Eiweiß im Inneren der Fleischfasern ist zähflüssig, ähnlich dem Eiklar des Eies. Durch das Kollagen erhält das Fleisch seine Stabilität. Rindfleischfasern sind sehr stark von Kollagen umhüllt, während Geflügelfleischfasern nur wenig von Kollagen ummantelt sind. Sehnen, Knorpel oder auch die Haut bestehen vorwiegend aus Kollagen. Diese Substanz sorgt für die Zähigkeit des Fleisches. Durch das mehrwöchige Abhängen des Fleisches wird ein Teil des Kollagens zerstört und dadurch das Fleisch mürbe.

Damit sind wir schon bei einem spannenden Vorurteil. Wir kochen oder braten Fleisch nicht, um es weich zu bekommen. Fleisch ist weich – weicher geht es nicht. Wir wollen mürbes Fleisch, nicht zähes. Das bedeutet, dass das Kollagen zerstört werden muss. Dazu haben wir zwei Möglichkeiten. Einerseits können wir Fleisch einer Temperatur von über 80°C aussetzen. Dabei lösen sich die Strukturen des Kollagens auf. Kollagen besteht aus drei langen fadenartigen Makromolekülen, die sich der Länge nach umschlingen. Man spricht von einer Tripelhelixstruktur. Bei einer Erhöhung der Temperatur lösen sich die drei langen fadenartigen Moleküle voneinander. Praktisch erfolgt eine Gelatinierung: Aus den zähen Strukturen bildet sich eine weiche, gelartige Substanz. Dieser Prozess hängt von der Temperatur und der Zeit ab. Je länger Fleisch gekocht oder gebraten wird, umso mehr Kollagen wandelt sich in Gelatine um und umso mehr Kollagen geht in die Kochflüssigkeit über.

Bei der zweiten Variante sprengt man das Fleisch. Klingt unglaubwürdig, ist es auch, funktioniert aber. Die Amerikaner scheinen viele ihrer Probleme mit Sprengstoff zu lösen, so auch die Zähigkeit von Fleisch. Man versenkt eine Rinderhälfte in einem Stahltank, der mit Wasser gefüllt ist. Dann wirft man eine Stange Dynamit in das Wasser und geht in Deckung. Bei der Explosion entstehen Druckwellen im Wasser, die sich durch das Fleisch fortsetzen. Wenn sich eine starke Druckwelle durch das Fleisch bewegt, so werden die Kollagenfasern ganz leicht zerrissen. Hat man die richtige Dosis Sprengstoff gewählt, so erhält man perfektes Fleisch. Das gesprengte Fleisch wurde zigfach nach allen Qualitätskriterien getestet und es hielt, was es versprach – besser als langwierig Abgehangenes. Das Ganze klingt nach einer scherzhaften Idee, aber hätte ich sie nur gehabt, so hätte ich schon einen Flug auf die Raumstation gebucht. Wirtschaftsexperten gehen davon aus, dass diese Idee alleine auf dem amerikanischen Markt über fünf Milliarden US-Dollar pro Jahr Reingewinn bedeuten kann. Man spart sich lange Lagerzeiten und vor allem teure Kühlgeräte. Aus schlechtem Fleisch wird hochwertiges. Bitte machen Sie aber keine Experimente mit Feuerwerkskörpern und Rindsschnitzeln – man sollte genau wissen, was man tut.

Um auf unser Gulasch zurückzukommen. Gulasch im kalten Zustand lässt sich beinahe schneiden, denn es ist relativ fest und nicht flüssig. Hingegen im warmen Zustand ist Gulasch sämig und flüssig. Warum? Das aus dem Fleisch herausgelöste Kollagen wandelt sich in Gelatine um. Im kalten Zustand ist Gelatine fest, im warmen Zustand aber flüssig und cremig. Genau deshalb benötigen wir Flachsen und Sehnen. Lassen Sie uns das Problem lösen:

Ein sämiges Gulasch und Fleisch ohne Flachsen. Bereiten wir Gulasch zu:

Als Erstes müssen wir Zwiebeln schneiden und in heißem Öl goldgelb anschwitzen. Dabei entstehen viele Geschmacksstoffe aufgrund der Maillard-Reaktion (siehe dazu „Die Physik zu Weihnachten"). Dann geben wir flachsenfreie Rindfleischwürfel, die in Mehl gewälzt wurden, in den Topf. Durch das Mehl und das heiße Öl entstehen wiederum zusätzliche Geschmacksstoffe – richtig, durch die Maillard-Reaktion. Dann kommen die Gewürze dazu: scharfer und süßer Paprika, Cayennepfeffer, ein Esslöffel Tomatenmark, etwas Salz ... – über Geschmack lässt sich nicht streiten. Man darf das Paprikapulver aber nicht zu lange zu hohen Temperaturen aussetzen, sonst verbrennt es. Damit haben wir fast alles, was ein gutes Gulasch ausmacht. Nur mit dem Kollagen hapert es noch. Also geben wir ein kräftiges Stück Ochsenschlepp dazu. Ein Ochsenschlepp besteht fast nur aus Kollagen – gewonnen! Durch zweistündiges Kochen löst sich aus dem Ochsenschlepp so viel Kollagen heraus, dass das Gulasch perfekt wird. Vielleicht findet sich jemand, der flachsiges Fleisch mag – diese Person bekommt dann den Ochsenschlepp. Bitte kochen Sie das Gulasch nicht im Druckkochtopf. Dabei entstehen Temperaturen von über 120°C. Bei so hohen Temperaturen wird die Gelatine zerstört – es wäre schade um das gute Gulasch. Immerhin musste ein Tier für diese Köstlichkeit sterben.

Woran erkennt man ein gutes Kochbuch? Nicht an den schönen Bildern faszinierender Speisen, nicht an den wunderbaren, auf der Zunge zergehenden Rezepten, nicht am Namen der AutorInnen, sondern daran, ob in dem Kochbuch die Maße eines Esslöffels etwa angegeben sind, denn nicht alle Esslöffel sind überall auf der Welt gleich groß. Um die genauen Gewichtsangaben für die Küchenmaße zu finden, bitte im Anhang unter „Maßeinheiten beim Kochen" nachsehen.

Nach zwei Stunden sollte man den Herd abdrehen und das Gulasch auskühlen lassen. Nach der Auskühlphase erwärmt man es wieder. Damit haben wir den Wirtshaus-Effekt. Das ausgekühlte Gulasch ist fest. Zuerst wird der untere Bereich des Gulaschs über dem Topfboden erhitzt. Das warme Gulasch kann aber nicht nach oben aufsteigen, denn oben ist es noch kalt und fest. Jetzt gilt es, das Gulasch umzurühren, sonst verbrennt es. Obwohl Sie umrühren, von unten nach oben, werden Teile des Gulaschs leicht anbrennen. Keine Panik – das wollen wir. Es gilt nur darauf zu achten, dass das Gulasch als Ganzes nicht verbrennt. Durch das leichte Anbrennen entstehen nochmals zusätzliche Geschmacksstoffe. Diese sind es, die ein Gulasch beim Wirt'n um die Ecke besser schmecken lassen, als wenn man es zu Hause kocht. Das Geheimnis liegt im Wiederaufwärmen!

Variationen (Ableitungen) des Rindsgulaschs

Andrassy-Gulasch: Rindsgulasch mit Haluska als Beilage.

Bauerngulasch: Rindsgulasch mit kleinem Semmelknödel pro Portion.

Bosnisches Gulasch: Gulasch aus Rinds- und Hammelfleisch und Kartoffeln.

Debreziner Gulasch: Im Rindsgulasch werden kurz vor dem Fertigwerden 2 grüne, in Streifen geschnittene Paprikaschoten mitgedünstet, zuletzt zwei Stück Debreziner Würstchen, in Scheiben geschnitten, beigegeben und leicht erwärmt. Mit Salzkartoffeln servieren.

Esterházy-Gulasch: Ist ein Rahmgulasch mit extra gedünsteter Wurzeljulienne (ohne Zwiebeln), Kapern und Erbsen vermischt. Man reicht dazu Salzkartoffeln.

Fiakergulasch: Ein Saftgulasch wird mit Spiegelei, Fächergurken, Einspänner und rotem Paprikasalat garniert.

Gulasch auf Fiumer Art: Rindsgulasch mit Speckwürfeln, Kartoffeln und zerteiltem Kohl.

Herrengulasch: Zum fertigen Saftgulasch werden Pommes frites serviert.

Hunyadi-Gulasch: Schweinsgulasch.

Kaisergulasch: Gulasch aus Lungenbratenparüren mit abgeschmalzenen Nudeln.

Gulasch auf Karlsbader Art (Karlsbader Gulasch): gebunden mit 1/8 L Sauerrahm und 10 g Mehl.

Karoly-Gulasch: Rindsgulasch mit Paradeisern und würfelig geschnittenen Kartoffeln.

Lungenbratengulasch: Gulasch mit Lungenbratenparüren, angesetzt mit einen Schuss Rotwein.

Palffy-Gulasch: Rindsgulasch, obenauf garniert mit würfelig geschnittenem, in Butter gedünstetem Wurzelwerk.

Gulasch auf Pester Art: Gulasch mit Tarhonya und grünem Paprika.

Serbisches Gulasch: Rindsgulasch, mit in Streifen geschnittenen grünen Paprikas garniert oder 2 nudelig geschnittene Paprikaschoten werden mitgedünstet, zuletzt geschälte, ausgedrückte, würfelig geschnittene Paradeiser (Tomaten) dazugemengt.

Triester Gulasch: Rindsgulasch, mit Polenta garniert.

Zelny-Gulasch: Das ist die tschechische Variante des Szegediner Gulaschs.

Zigeunergulasch: Gulasch aus Rind-, Kalb- und Schweinefleisch, mit geröstetem Speck, Sauerrahm und Kartoffeln.

Gulasch auf Znaimer Art: Rindsgulasch, mit einer Julienne von kleinen Gurken obenauf garniert (mit „Znaimer Gurken").

(Quelle: teilweise übernommen aus Franz Maier-Bruck, Das große Sacher-Kochbuch. Die österreichische Küche, Weyarn 1994)

Nach einem üppigen Essen schwören manche auf einen Schnaps, wegen der Verdauung. Lassen wir das einmal so im Raum stehen. Aber was hat Physik mit Schnaps zu tun? Schnaps wird normalerweise durch Heißdestillation hergestellt. Eine alkoholhaltige Flüssigkeit wird erhitzt. Dabei verdampft aufgrund einer geringeren Siedetemperatur zuerst der Alkohol und dann erst das Wasser. Nette Idee – aber es geht auch anders.

Wasser gefriert bei 0°C, während reiner Alkohol bei –115°C gefriert. Also frieren wir das Wasser einfach aus. Gießen Sie eine Flasche guten Wein in einen Kunststoffbehälter und stellen diesen in den Gefrierschrank. Es sollte eine Temperatur um die –10°C bis –15°C herrschen. Nach rund sechs Stunden ist das Wasser gefroren und der Alkohol immer noch flüssig – einfach abseihen.

Damit haben Sie selber Schnaps hergestellt und jetzt beginnen Ihre Probleme. Nein, ich meine nicht die Gefahr des Rausches oder Ihre gefährdete Leber, sondern Ihre Brieftasche. Schnapsherstellung muss nämlich dem Finanzamt gemeldet werden, sonst droht eine saftige Strafe und das Destillationsgerät kann auch beschlagnahmt werden. Sie könnten unter Umständen Ihren Gefrierschrank verlieren ... Im Winter bietet sich die Odachlosen-Variante an. Kaufen Sie sich eine Tetrapackung Wein. Diesen Wein-Karton stellen Sie auf die Fensterbank. Wenn es richtig kalt ist, brauchen Sie nur noch die Lasche der Packung aufreißen und den Alkohol rausgießen. Dann schaue ich mir an, wie der Finanzminister Ihre Fensterbank konfisziert ...

Der Schnaps ist aber noch nicht fertig. Bisher haben Sie nur aromatisierten Alkohol gewonnen. Dieser Alkohol muss noch lagern. Ein Fässchen für zwei bis drei Liter Alkohol ist eine teure Angelegenheit. Also suchen Sie bitte den nächsten Baumarkt auf und kaufen eine unbehandelte Buchen- oder Eichenleiste. Daraus machen Sie Kleinholz. Die einzelnen Späne sollte man kurz in heißem Wasser aufkochen lassen, dadurch lösen sich einige Bitterstoffe. Die Späne geben Sie in eine Flasche aus dunklem Glas, die Sie nicht mehr benötigen – die Späne bekommen Sie nämlich nie mehr heraus. Gießen Sie den Alkohol hinein, verschließen die Flasche und warten rund zwei bis drei Monate. Dann ist er fertig, der „Selbstgefrorene"!

Dieses Verfahren funktioniert hervorragend. Sie erhalten einen wunderbaren Schnaps, der ein intensiveres Aroma als ein Heißdestillat hat.

Trotzdem sollten Sie einige Dinge beachten. Bei dieser Variante kann man die verschiedenen Alkohole nicht voneinander trennen. Es gibt Alkohole, die unser Körper verträgt, während andere Alkohole für uns hochgiftig sind. Deshalb sollte man nur Wein(brand) oder Whisky aus Bier gefrieren. Um Bier zu gefrieren, sollte man es mit einer Gabel öfter umrühren. Dadurch lösen sich die Kohlenstoffdioxidbläschen heraus. In Bier und Wein befindet sich relativ wenig Methanol, zumindest wenn das Getränk hochwertig ist. Gefrieren Sie hingegen eine Maische, kann die Konzentration gefährlichen Methanols lebensbedrohlich werden. Übrigens sind kleine Fläschchen von einem „Selbstgefrorenen" ein tolles Weihnachtsgeschenk, aber lassen Sie sich bitte nicht vom Finanzamt erwischen.

Die Physik beim Würstelstand: Opferwürste und warum Pfefferoni zweimal brennen

Wenn der Tag im Labor lang wird, der Hunger zuschlägt und eine Pause notwendig scheint, war und bin ich immer sehr froh, dass ein Würstelstand ums Eck vom Institut steht. So um drei Uhr in der Früh bestellt man dann „eine Eitrige, mit einem Buckel und einem Aluwickler" – übersetzt heißt das „eine Käsekrainer mit einem Brotanschnitt und einer Dose Bier". Wie der Senf bezeichnet wird, möchte ich hier nicht erwähnen.

Man stellt fest, dass die angebotenen Würste immer besser schmecken als die zu Hause gekochten. Manchmal fragt man nach, bei welchem Fleischhauer die Würste denn gekauft werden und erhält wider Erwarten eine freundliche Antwort. Kauft man diese Würste und kocht sie zu Hause, so schmecken sie immer noch nicht so gut wie beim Würstelstand. Warum? Gibt man ein Würstel in Wasser, so lösen sich aus dem Würstel Fette, Salze und Geschmacksstoffe. Dieser Effekt wird Diffusion genannt. Die Natur ist bestrebt, dass überall Gleichgewicht herrscht: auch im

Würstel und im kochenden Wasser. Durch das Kochen eines Würstels verliert es an Geschmack, denn viele Geschmacksstoffe gehen ins Wasser über. Man kann dies ganz einfach verhindern. Man „opfert" eine Wurst. Diese Wurst wird in kleine Teile zerschnitten und in Wasser zerkocht. Dabei entsteht ein äußerst unansehnlicher und schleimiger Sud. Lassen Sie die Würstel darin ziehen. Es herrscht ein Gleichgewicht zwischen dem Inneren der Wurst und der Flüssigkeit. In beiden befinden sich gleich viele Fette, Salze und Geschmacksstoffe. Das Wichtige, der Geschmack, bleibt im Inneren der Wurst.

Nun ist es nicht so, dass bei Würstelständen mit Opferwürsten gearbeitet wird. Dennoch befindet sich nur wenig Wasser und viel Wurst im Kessel. Jedes Würstel verliert nur wenige Geschmacksstoffe – deshalb schmeckt es auch besser.

Würste sollte man nicht kochen, sondern nur ziehen lassen. Kocht man Würste, besteht die Gefahr, dass im Inneren der Würste eine Temperatur von über 92°C herrscht. Sobald diese Temperatur überschritten wird, platzen Würste. Dies haben wir im Labor an über 30 Frankfurtern einzeln vermessen. Nur eine einzige Wurst war resistent gegenüber dem Platzen. Übrigens platzen Würste immer der Länge nach auf, das folgt aus der Kesselgleichung. Deshalb sollte man Würstel ziehen lassen.

Manchmal möchte man sein Essen noch würziger haben. Man bestellt sich Pfefferoni dazu. Beißt man hinein, scheint der Pfefferoni richtiggehend zu explodieren. Die Schärfe füllt den ganzen Mund aus, man spürt sie nicht nur auf der Zunge, sondern überall; sofort spült man mit Bier oder Wasser nach, aber die Schärfe vergeht nicht. Ganz einfach, das Capsaicin, der scharfe Wirkstoff der Pfefferoni, ist nicht wasserlöslich. Es reagiert nicht mit dem Wasser. Die Flüssigkeit führt dazu, dass diese Moleküle nur noch weiter im Mund verteilt werden. Besser wäre es, mit einer fetthaltigen Flüssigkeit, wie zum Beispiel mit Milch, zu spülen. Im Fett werden die Capsaicin-Moleküle gelöst und die Schärfe verschwindet fast augenblicklich. Man wischt sich noch den Schweiß von der Stirn und verliert sich wieder über Gedanken zur Entstehung des Universums. Stunden später auf der Toilette wird die Erinnerung an den Pfefferoni wieder aufgefrischt und man schwört sich, nie mehr wirklich scharf zu essen.

Wieso brennt Scharfes eigentlich zwei Mal: einmal, wenn es den Körper betritt, und das andere Mal, wenn es den Körper wieder verlässt? Haben wir vielleicht Geschmacksrezeptoren am Po? Nein, denn das Capsaicin, das sich im Chilipulver oder dem Pfefferoni befindet, reagiert nicht mit den Geschmacksrezeptoren, sondern mit den Wärmerezeptoren. Überall, wo wir Wärmerezeptoren besitzen, reagiert dieses Molekül mit ihnen. Deshalb spüren wir die Schärfe im gesamten Mund und nicht nur auf der Zunge. Zusätzlich wird dem Körper vorgegaukelt, dass es warm ist – man beginnt zu schwitzen: ein tolles Molekül. Dennoch kann dieses Molekül uns nicht vor Bakterien schützen. Manche glauben, wenn man Speisen besonders stark mit Chilipulver würzt, würden diese nicht mehr verderben. Chili reagiert nicht mit Bakterien, genauso wenig wie es dem Magen durch übermäßigen Genuss schaden kann. Im Magen gibt es keine Rezeptoren für dieses Molekül. Gefährlicher ist freilich die Tabascosauce. Diese erhält ihre Schärfe durch Essigsäure, die sehr wohl die Magenschleimhaut angreifen kann.

Die Physik im Casino oder was ist eigentlich Chaos?

„Um beim Roulette zu gewinnen, muss man Spielsysteme verkaufen oder Jetons klauen."

Albert Einstein

Im Casino gibt es verschiedene Spiele, so zum Beispiel das Roulette. Es wird eine Kugel in den Kessel eingeworfen. Im Inneren des Kessels bewegt sich ein Kranz mit 37 Mulden, die alle nummeriert sind. Bevor wir die reine Physik diskutieren, sollte man sich über die Wahrscheinlichkeit, zu gewinnen, Gedanken machen.

Sie können auf einzelne Zahlen setzen. Wenn die richtige Zahl kommt, erhalten Sie das 35fache des Einsatzes und den Einsatz zurück. Also bräuchten Sie nur 35-mal auf dieselbe Zahl zu setzen, um zumindest ohne Verlust auszusteigen. Leider gibt es 37 Zahlen und Sie erhalten nur das 36fache (mit dem Einsatz) zurück. Das Casino gewinnt immer. Auch wenn Sie unendlich viel Geld hätten, würden Sie auf Dauer verlieren. Genau hier hat das Casino einen Vorteil. Viele SpielerInnen stellen ihr Glück auf die Probe. Manche haben tatsächlich Glück, aber im statistischen Mittel verliert man. Sie könnten nun die Verdopplungsstrategie wählen. Das bedeutet, Sie verdoppeln jedes Mal, wenn Sie verloren haben, Ihren Einsatz. Das würde prinzipiell funktionieren, wenn man sehr viel Geld dabeihat. Für die 10fache Verdopplung benötigt man bei 10 Euro Mindesteinsatz bereits 10 240 Euro! Das bedeutet, für das erlösende elfte Spiel müssen Sie 10 240 Euro locker machen, um 10 Euro Reingewinn zu erhalten. Das nenne ich kalkuliertes Risiko.

Manche würden jetzt einwenden, dass es doch nicht passieren kann, dass 10-mal hintereinander dieselbe Farbe kommt. Praktisch ist im Casino Aachen Ende 1999 22-mal eine schwarze Zahl hintereinander gekommen. Im Casino Hohensyburg kam 5-mal hintereinander die 32. Passieren kann alles. Da es auch MillionärInnen gibt, könnten diese dennoch ihr Geld weiter auf eine einfache Art vermehren, frei nach dem Motto: „Wer hat, dem wird gegeben". Für diesen Fall hat das Casino der Verdopplung einen Riegel vorgeschoben. Es gibt ein Limit, mehr kann man nicht setzen.

Betrachten wir genauer unsere Gewinnchancen. Beim Roulette gibt es 37 Zahlen, von 0 bis 36. Statistisch gesehen werden Sie also jedes 37. Mal gewinnen. Dabei erhalten Sie dann 350 Euro. Die anderen 36-mal haben Sie 360 Euro verloren. In Summe haben Sie genau 10 Euro bei 37 Spielen verloren. Ihre Verlustrate beträgt demnach 2.7 Prozent.

Jetzt sollte man Vorsicht walten lassen. Natürlich werden Sie wahrscheinlich mehr verlieren, wenn Sie 37-mal auf dieselbe Zahl setzen, oder sehr unwahrscheinlich recht viel gewinnen. Man kann sich nicht sicher sein, dass alle Felder gleich oft gewinnen, vor allem nicht bei nur 37 Spielen.

Wenn wir auf einzelne Zahlen setzen, so können wir zwar das 35fache gewinnen, unsere Verlustrate beträgt aber 2.7 Prozent. Das Casino gewinnt also im Schnitt mit 52.7 Prozent, während alle Spieler über die ganzen Jahre hinweg nur mit einer Gewinnchance von 47.3 Prozent rechnen dürfen. Das klingt zwar ungerecht, ist es aber im Vergleich zu anderen Arten von Glücksspielen nicht. Denn alle Spieler bekommen zusammengerechnet 97.3 Prozent ihres Einsatzes auch wieder zurück. Manche mehr, manche weniger. Beim Lottospiel verhält es sich anders. Dort werden nur 50 Prozent des gesamten Einsatzes wieder an die Spieler ausbezahlt. Betrachten wir die Gewinnwahrscheinlichkeit beim Lottospiel, dann sollte man eigentlich eher von einer Verlustwahrscheinlichkeit sprechen. Nach der Wahrscheinlichkeitsrechnung hat man in 97.6 Prozent der Spiele keinen Gewinn, weder einen Dreier noch einen Sechser. Das sind gute Gründe, nicht mehr Lotto zu spielen, zumindest dann nicht, wenn man sein Geld vermehren möchte. Warum spielen trotzdem so viele Menschen Lotto? Ganz einfach, denn nur so kann man, obwohl die Chancen sehr klein sind, von viel Geld und dessen beglückenden Auswirkungen träumen …

Versuchen wir unseren Casinobesuch zu optimieren. Wie sieht unsere Verlustrate aus, wenn wir nur auf Rot oder Schwarz beziehungsweise nur auf Gerade oder Ungerade setzen? Theoretisch hat man hier eine Chance von 50 Prozent. Aber leider ist es hier auch nicht so einfach. Wenn die Null kommt, sind die Einsätze gesperrt. Das bedeutet, der nächste Wurf entscheidet, ob man sein Geld zurückbekommt oder ob man es verliert. Wohlgemerkt, man bekommt sein Geld nur zurück, leider gibt es keinen Gewinn. Hier beträgt daher die mittlere Verlustrate nur 1.35 Prozent.

Besuchen Sie ein Casino, so setzen Sie beim Roulette nur auf Gerade oder Ungerade beziehungsweise auf Rot oder Schwarz. Statistisch gesehen verlieren Sie zwar auch hier, aber mit einer etwas geringeren Wahrscheinlichkeit. Wollen Sie wirklich als Profi ins Glücksspielgeschäft einsteigen, empfehle ich Ihnen, dass Sie den ganzen Betrag einmal auf eine Farbe oder auf Gerade bzw. Ungerade setzen. Je kürzer Sie spielen, umso höher sind Ihre Gewinnchancen. Sie betragen zwar nur 48.65 Prozent, aber das ist besser, als wenn Sie oft spielen würden. Die Verlustrate addiert sich nämlich bei jedem Spiel. Nach rund 100 Spielen beträgt Ihre Verlustrate schon rund 99.6 Prozent!

Natürlich geht man ins Casino, um Spaß und einen bestimmten Nervenkitzel zu erleben. Dafür müssen Sie aber öfter als einmal spielen. Aber Nervenkitzel hat nichts mit Physik zu tun.

Kann man die Bewegung der Kugel vorherberechnen oder ist im Casino alles Zufall? Ich muss Sie enttäuschen: Nein, man kann die Bewegung der Kugel nicht vorausberechnen, und trotzdem ist es nicht Zufall. Es handelt sich um den Effekt des Chaos, um genauer zu sein: um den Effekt des deterministischen Chaos. Chaos ist nicht der Ordnungszustand meines Schreibtisches oder einer Müllhalde, obwohl sich beides manchmal sehr ähnelt. Das hört sich kompliziert an, meinen Sie? Überhaupt nicht, sage ich. Ein praktisches Beispiel soll veranschaulichen, was damit gemeint ist.

Machen wir eine Fahrt mit der Straßenbahn, zum Beispiel mit der Linie 41 von Pötzleinsdorf zum Schottentor. Als Student fuhr ich diese Strecke oft. Wenn Sie in Pötzleinsdorf einsteigen, ist es vollkommen egal, ob Sie vorne oder hinten einsteigen. Es macht keinen Unterschied, ob Sie sich während der Fahrt nach vorne oder nach hinten setzen oder ob Sie während der Fahrt Ihre Position in der Straßenbahn verändern. Nach rund 30 Minuten erreichen Sie das Schottentor, wenn es keinen Stau oder Unfall gegeben hat. Dies wäre eine nicht chaotische Fahrt: Egal wie Sie die Anfangsbedingungen gewählt haben, ob hinten, in der Mitte oder vorne, Sie kommen am Schottentor an.

Unternehmen wir nun eine Fahrt vom Wiener Südbahnhof nach Söchau. Sie kennen Söchau nicht? Das ist eine kleine, eine wirklich kleine Gemeinde in der Nähe von Fürstenfeld. Der Birnensaft dort ist sensationell. In Wien müssen wir uns für den richtigen Waggon entscheiden. Der Zug besteht aus mehreren Triebwagen, man kann nicht von einem in einen anderen gehen. Auf der Hälfte der Strecke wird der Zug halbiert. Ein Teil fährt in eine andere Gegend der Steiermark, während der andere Teil nach Söchau weiterfährt. Nach ein paar Stationen wird der Zug erneut geteilt und nur ein Triebwagen fährt nach Söchau. Dort gibt es einen sehr sauberen, aber winzigen Bahnhof – eher eine Haltestelle.

In diesem Fall hat Ihre Wahl des Triebwagens einen großen Einfluss auf das erreichte Ziel. Sitzen Sie zu Beginn der Reise nur ein paar Meter falsch, so befinden Sie sich am Ende unserer Reise möglicherweise 100 Kilometer vom eigentlichen Ziel entfernt.

Eine kleine Änderung des Anfangszustandes (vorne, Mitte, hinten) führt zu extrem unterschiedlichen Endzuständen. Hängen die Endzustände exponentiell von den Anfangsbedingungen ab, so spricht man von deterministischem Chaos. Nun kann man anführen, dass man den Anfangszustand genau genug bestimmen kann – leider nicht immer. So waren die Triebwagen am Südbahnhof nicht beschildert. Die Auskunft der beiden Schaffner war auch nicht eindeutig. Beide meinten, der Triebwagen nach Söchau sei an der Spitze des Zuges. Beide deuteten aber auf das jeweils andere Ende des Zuges. Wo ist die Spitze des Zuges? Zu meiner Erleichterung konnten mir einige Passagiere weiterhelfen. Ich kam in Söchau wohl behalten an und genoss den wunderbaren Birnensaft. Zum Glück hatten einige Seminarteilnehmer ausreichend Medikamente gegen Durchfall dabei. Seitdem schwöre ich auf Kohletabletten, die sich ab Söchau immer in meinem Rucksack befinden. Übrigens, als das Buch entstand, habe ich den Fahrplan überprüft: Es gibt nun eine direkte Verbindung zwischen Wien und Söchau mit einem Zug, der sich nicht mehr teilt.

Kann man den Anfangszustand eines physikalischen Systems eindeutig genau genug bestimmen? Leider nur in den einfachsten

Fällen. Kollegen haben eine Maschine konstruiert, die eine Kugel beim Roulette immer mit der gleichen Geschwindigkeit in den Kessel einwarf. Der Zahlenkranz bewegte sich auch immer mit derselben Geschwindigkeit. Die Messungen haben ergeben, dass die Zahlen, trotz einer sehr aufwändigen Mechanik, zufällig verteilt waren. Keine Kugel ist perfekt rund, kleinste Staubteilchen können die Bahn beeinflussen und so weiter. Wir können den Anfangszustand deshalb nicht genau bestimmen. Trotzdem bewegt sich die Kugel nach den physikalischen Gesetzen im Kessel, aber doch jedes Mal anders. Um ganz sicher zu gehen, wechseln die Croupiers nach einer festgelegten Zeit die Kugeln aus. Alle paar Tage werden die Kessel untereinander ausgetauscht und sicherheitshalber auch alle paar Monate die Croupiers.

Macht es Sinn, wenn die 17 gekommen ist, gleich wieder auf die 17 zu setzen? Dazu gibt es verschiedene Meinungen – physikalisch gesehen aber nur eine richtige. Ein Teil der Bevölkerung glaubt, dass es sehr unwahrscheinlich ist, dass unmittelbar nach der 17 wieder diese Zahl kommt. Manche glauben an das Gesetz der großen Zahlen. Theoretisch müssten nach ein paar Milliarden Würfen alle Zahlen gleich oft drangekommen sein. Nach dem Gesetz der Statistik hat diese Personengruppe durchaus Recht. Jede Zahl hat die gleiche Chance, gezogen beziehungsweise geworfen zu werden. Es sollte nach sehr vielen Spielen zu einem Ausgleich kommen. Das stimmt auch, die Betonung liegt aber auf „nach sehr vielen Spielen“! Es kann passieren, dass die Zahl 17 die nächsten 10 000 Spiele nicht geworfen wird. Möglicherweise kommt sie aber auch nach dem 10 001 Spiel nicht dran. Das Gesetz der großen Zahlen gilt wirklich nur für ganz große Zahlen.

Andere wählen bevorzugt jene Zahlen, die besonders oft geworfen wurden. Die Begründung dafür ist bestechend einfach. Wir haben kein mathematisches, sondern ein reales physikalisches Spiel. Das bedeutet, dass manche Zahlen aufgrund der Beschaffenheit des Tisches, der Kugel und so weiter bevorzugt werden. Im Prinzip hat auch diese Gruppe Recht. Die bevorzugten Zahlen kann man aber erst nach ein paar Milliarden Würfen erkennen. Ein Abend oder sogar ein paar Jahre würden nicht ausreichen, um die bevorzugten Zahlen herauszubekommen. Kurz zur Erinnerung: Die Croupiers wechseln und die Kessel werden ausgetauscht.

Es gibt kein sicheres System. Sollten Sie trotzdem eines finden, so informieren Sie mich bitte darüber. Ich werde es gerne überprüfen. Wir könnten immer Forschungsgelder brauchen, auch wenn sie aus dem Casino kommen …

Die physikalisch korrekte Antwort lautet: Die Kugel hat kein Gedächtnis. Es ist (ihr) vollkommen egal, worauf Sie setzen. Nach der Statistik werden Sie auf jeden Fall verlieren. Jetzt werden manche LeserInnen einwenden, dass es immer wieder Spieler gegeben hat, die beim Roulette sehr erfolgreich waren, sogar über Jahre hinweg. Ich kann ihnen nur Recht geben. Aber auch hier lässt sich anhand der Statistik schnell erkennen, was dahintersteckt. Die meisten Menschen verlieren etwas, ein paar gewinnen ein wenig. Manche verlieren alles und manche gewinnen sehr viel. Rein nach der Statistik wird es immer wieder Personen geben, die fast immer gewinnen, genauso wie es Personen gibt, die beim Glücksspiel stets verlieren. Die dauerhaften Gewinner sind einfach Glückspilze. Meist wird aber verschwiegen, dass diese mehr als einmal nur sehr knapp dem finanziellen Bankrott entgangen sind. Wie gesagt, die Kugel hat kein Gedächtnis.

Wie könnte man in einem Casino noch zu Geld kommen – auf ehrliche Weise, ohne zu betrügen? Beim Black Jack, zu Deutsch Siebzehn und Vier, haben Sie gute Chancen. Sie brauchen nur ein sehr gutes Gedächtnis und etwas Spielkapital. Es befinden sich im Schlitten meist sechs Kartenpäckchen mit je 52 Karten. Diese 312 Karten wurden natürlich vorher gut gemischt. Von unten werden die Karten aus dem Schlitten gezogen, dann wird mit ihnen gespielt. Wenn alle Karten auf den Tisch gelegt wurden, nach Beendigung eines Spiels, so kommen sie oben auf die restlichen Karten des Schlittens. Sie müssen sich nur merken, in welcher Reihenfolge die Karten nach den jeweiligen Spielen in den Schlitten kommen. Nachdem alle Karten durchgespielt wurden, wissen Sie nun, wer welche Karten besitzt und welche Karte als nächste kommt. Damit haben Sie gegenüber allen anderen Spielern und auch gegenüber der Bank einen gewaltigen Vorteil. Jetzt können Sie abkassieren. Das Ganze klingt zwar utopisch, aber es funktioniert. Man muss sich „nur" die Karten in der richtigen Reihenfolge merken. Dafür gibt es einige Tricks. So ordnet man die 52 möglichen Karten in der eigenen Wohnung verschiedenen Gegenständen zu. Zum Beispiel: Herzkönig zum Kühlschrank, Pikass zum Bett, Herzdrei zur Waschmaschine und so fort. Dies müssen Sie sich sehr intensiv einprägen. Wenn Sie dann spielen, gehen Sie in Gedanken durch die Wohnung, genau in derselben Reihenfolge, wie die Karten fallen. Man kann sich Orientierungen und Reihenfolgen von Orten bedeutend leichter merken als die Reihenfolge von Symbolen. Tatsächlich verwenden Berufsspieler in den USA diese Technik. Sie üben auf der Fahrt von einem Casino zum nächsten. Es ist absolut faszinierend, mit welcher Geschwindigkeit diese Personen die Reihenfolge von ganzen Stößen ungeordneter Karten erlernen können. Dies erfordert aber enorme Konzentration. Deshalb wird man in amerikanischen Casinos alle paar Minuten gefragt, ob man noch etwas trinken will. Hier geht es in erster Linie nicht um den Getränkeumsatz, sondern um die Gewinnchancen des Casinos. Wird vermutet, dass ein Spieler als Gedächtniskünstler das Casino „betrügt", sperrt man ihn kurzerhand für diese Casinokette. Dann heißt es ein neues Casino aufsuchen. Im Schnitt haben die Profis nach rund zwei Jahren alle Casinos abgeklappert. Entweder sind sie dann reich oder sie brauchen dringend ärztliche Hilfe. Letzteres ist der übliche Zustand. Diese Patienten können dann nur mehr alles speichern. Sie sind nicht mehr in der Lage, normal zu denken. Meistens sind diese Berufsspieler auch süchtig nach Aufputschmitteln. Nur so hält man es tage- und nächtelang an einem Spieltisch bei höchster Konzentration aus.

Was uns die Zukunft bringt

Leider können wir bei Glücksspielen die Zukunft nicht vorhersagen, aber trotzdem sind Physikerinnen und Physiker Hellseher.

Ein alter Traum der Menschheit ist in Erfüllung gegangen – wir können in die Zukunft blicken, nicht immer und überall, aber bei den wichtigen Dingen. Und das Tolle daran ist, dass dies jeder kann, man muss auch nicht spirituell begabt oder anderweitig esoterisch gescheitert sein, es reicht, wenn man sich in Physik auskennt. Mithilfe der Physik kann man Phänomene in der Natur erklären und beschreiben. Das Beschreiben der Natur erfolgt über mathematische Formeln. Damit kann man aber auch ausrechnen, was passiert, wenn …

Heute am Abend wird die Sonne untergehen, und morgen in der Früh wird die Sonne ganz sicher wieder aufgehen. Warum ich mir da so sicher bin? Weil es tolle Formeln gibt, welche die Bewegung der Erde beschreiben, und das für die nächsten Hunderttausende Jahre. Noch vor einigen hundert Jahren wurden in Südamerika von den Azteken Menschenopfer dargebracht, um den Fortbestand der Welt zu sichern. Man hoffte damit die Götter zu bewegen, dass auch am nächsten Tag wieder die Sonne aufgehen möge.

Mithilfe der Naturwissenschaft wissen wir viele Dinge schon früher. Wir können das Wetter vorhersagen, uns ausrechnen, wie hoch die Wahrscheinlichkeit für jemanden ist, einen Herzinfarkt zu erleiden, und wir können auch sagen, welche Bedingungen herrschen müssen, damit ein Flieger abhebt. All dies sind Dinge der modernen Naturwissenschaft. Natürlich sind die Wettervorhersagen nicht immer ganz genau, aber auf alle Fälle sind sie ehrlich. Durch die Wissenschaft werden diese Vorhersagen aber auch immer genauer. Heute können wir das Wetter für rund vier Tage gut vorhersagen, vor 30 Jahren konnte man nur zwei Tage in die Zukunft blicken.

Astronomen haben bis heute noch überhaupt nichts vorhergesagt. Esoteriker und Okkultisten haben noch nicht einmal eine Glühbirne zum Leuchten gebracht. Wir PhysikerInnen und TechnikerInnen haben sie erfunden.

Vom Urmenschen bis zum Urknall: von leuchtenden Höhlen und Sonnen

Die Physik in der Steinzeit: Feuermachen, Kochen und Jagen

Stellen Sie sich einmal vor, es gäbe eine Zeitmaschine, mit der Sie in die Steinzeit zurückversetzt werden. Könnten Sie dort überleben? Einige Bücher haben sich schon mit diesem Thema beschäftigt. Das bekannteste ist wohl Robinson Crusoe, der auf einer einsamen Insel gestrandet ist. Aber nun mal ehrlich: Robinson Crusoe hatte das Glück, dass er von seinem Schiff noch viele Gerätschaften retten konnte. Das ist unfair. Stellen Sie sich also vor, Sie hätten in der Steinzeit wirklich nichts bei sich, auch kein Schweizer Messer oder ein Feuerzeug. Könnten Sie überleben? Eine spannende Frage, vor allem wenn Sie denken, dass Sie ohne Physik auskommen können.

Betrachten wir einmal das einfachste Problem: Feuermachen.

Wie machte man nun in der Steinzeit Feuer? In den heutigen Filmen sieht man so schön, wie jemand ein Stück Holz an einer Rinde reibt, nach ein paar Minuten bläst man ein paar Mal auf die Spitze des glühenden Holzstückes und schon lodert ein freundliches Feuer. Aber ganz so einfach ist es leider nicht. Feuermachen erfordert sehr viel Intelligenz. Steinzeitliches Feuermachen war ein Beispiel beim International Young Physicist Tournament (IYPT). Dabei werden mehrere physikalische Aufgaben, teilweise experimenteller Natur, gestellt, die dann diskutiert werden sollen. Die Gruppe, die einen Effekt besser erklären kann, gewinnt dann dieses Turnier. Zumindest gab es die experimentelle Aufgabe, Feuer so zu machen wie in der Steinzeit. Tatsächlich hat es keine Gruppe geschafft. Alle sind an dieser simplen Aufgabe gescheitert.

Wie es funktioniert? Am einfachsten baut man einen Feuerbohrer. Dabei nimmt man ein Stück biegsames Holz, und mit einer Sehne aus einem geschlachteten Tier formt man einen Bogen. Dieser sieht einem Pfitschipfeilbogen sehr ähnlich. In diesen Bogen wird nun ein Holzstab so eingespannt, dass die Sehne mehrmals den runden Holzstab umschließt. Hält man den runden Holzstab leicht fest und bewegt den Bogen hin und her, so beginnt sich der runde Holzstab zu drehen. Es ist wichtig, dass die Sehne mehrmals den Holzstab umschließt. Dadurch vergrößert sich die Reibung (übrigens eine physikalische Größe) und die horizontale Bewegung des Bogens wandelt sich besser in eine Drehbewegung um. Der runde Holzstab wird nun in ein Stück Holz gesteckt. Bewegt man den Bogen, so beginnt die Spitze des runden Holzstabes zu verkohlen. Greift man diese Spitze an, so spürt man, dass Wärme entstanden ist. Die Bewegungsenergie des Bogens wurde über den runden Stab in Rotationsenergie und dann in Wärme (ebenfalls eine Energieform) umgewandelt. So weit sind auch noch unsere Studenten gekommen. Aber sie konnten sich so stark bemühen, wie sie wollten, es begann kein Feuer zu lodern. Einige haben sogar eine Bohrmaschine anstelle der Bogenkonstruktion verwendet. Zwei wesentliche Dinge wurden jedoch vergessen. Zunächst ein kleiner Spalt, durch den die Luft zur Bohrstelle gelangen kann. Für Feuer benötigt man nämlich nicht nur Wärme, sondern auch Sauerstoff aus der Luft. Man verwendet nicht einfach ein Stück Holz, sondern das Holzstück sollte einen kleinen Spalt haben, durch den Luft zur erwärmten Stelle gelangen kann. Genau in die Spitze des Spalts sollte das runde Holzstück angesetzt werden. Nun kommt aber die Geheimzutat. Dabei handelt es sich um getrocknete Distelsamen. Sie eignen sich am besten, man kann aber notfalls auch andere getrocknete Samen verwenden. Diese Samen beginnen sehr rasch zu brennen, denn zwischen ihnen befindet sich ausreichend Luft. Die Reibungswärme führt dazu, dass das Holz leicht verkohlt. Aber nicht das Holz soll brennen, sondern die Samen. Da die Samen sehr klein sind und sich viel Luft zwischen den Samen befindet, benötigt man nur „wenig“ Energie, damit die Samen zu brennen beginnen. Der Samen hat eine große Oberfläche im Verhältnis zu seinem Volumen. Es ist nicht so, dass dadurch meterhohe Flammen entstehen, aber es reicht aus. Auf diese glühenden Samen legt man nun ein paar Büschel trockenes Gras oder Moos und schon lodert das Feuer.

Es gibt auch noch eine andere Art Feuer zu machen. Dafür braucht man etwas Zunder. Dabei handelt es sich um einen getrockneten Baumpilz. In Baumpilzen gibt es große Luftblasen und gleichzeitig genügend brennbares Material. Nun muss man nur mehr mit etwas Feuerstein ein paar Funken schlagen. Allerdings sollten diese Funken auch den Schwamm treffen. Sobald der Schwamm zu glosen beginnt, benötigt man nur mehr etwas trockenes Gras und der Rest ist einfach: nur mehr etwas blasen und vorsichtig größere Holzstückchen dazulegen.

Nun haben Sie Feuer. Hurra! Aber was machen Sie damit? Einerseits können Sie jetzt Jagen gehen und das Fleisch grillen oder mit dem Feuer wilde Tiere abschrecken. Andererseits lässt sich das Feuer zum Wärmen in der bitterkalten Nacht verwenden. Wahrscheinlich, wenn Sie in die Steinzeit zurückversetzt worden sind, wird es jetzt Abend sein, bis Sie es geschafft haben, Feuer zu machen. Wo findet man aber auf die Schnelle trockenen Distelsamen, getrocknete Baumpilze und Sehnen, vom Feuerstein gar nicht zu reden? Also werden Sie noch etwas Feuerholz sammeln gehen, ehe Sie sich aufs Ohr hauen. Zum Glück ist es windstill und am fernen Horizont trübt auch keine Wolke den Himmel. Sie müssen sich keine Unterkunft bauen, sondern können einfach beim Feuer nächtigen. Beim Sammeln von Feuerholz finden Sie auch ein Nest mit ein paar Eiern. Das könnte natürlich ein köstliches Frühstück abgeben. Aber die Eier sollte man kochen. Sicherheitshalber. Eine Salmonellenvergiftung in der Steinzeit könnte schließlich mehr als unangenehm sein. Aber das Eierkochen ist ein Problem für den nächsten

Morgen. Also legen Sie sich nieder und genießen den Sternenhimmel. Da fällt Ihnen auf, dass Sie den Polarstern nicht finden können. Vielleicht befinden Sie sich ja auf der Südhalbkugel? Sie suchen verzweifelt das Sternbild des Kleinen Bären: Vier Sterne in einem Rechteck angeordnet, einer ist heller als die anderen drei, und drei weitere Sterne ziehen von einem Eckpunkt eine kleine Schleife. Der letzte dieser drei Sterne ist der Polarstern. Aber Sie finden den Polarstern nicht, zumindest nicht dort, wo er sein sollte.

Das hängt mit der Verschiebung der Tagundnachtgleiche zusammen. Die Erde rotiert einmal pro Tag um sich selbst. Diese Rotationsachse ist aber leicht verschoben gegenüber der Bahnebene zur Sonne. Diese Rotationsachse bewegt sich zusätzlich ganz langsam um sich selbst, wie ein Kreisel, der leicht schräg steht. Dieses Phänomen heißt Präzession. Im Jahr 2150 nach Christi steht der Polarstern genau im Norden. In 25 790 Jahren wird der Polarstern wieder genau im Norden stehen und in rund 12 000 Jahren (von 2000 nach Christi Geburt gerechnet) wird die Wega der neue Polarstern sein. Damit wissen Sie, dass Sie sich in der Steinzeit nicht unbedingt auf den Polarstern verlassen können. Also brauchen Sie eine andere Navigationshilfe. Aber über dieses Problem wird erst morgen nachgedacht …

In den frühen Morgenstunden werden Sie aufgrund der bitteren Kälte munter. Sie haben wohl vergessen, ausreichend Feuerholz nachzulegen. Dasselbe Problem hatte auch der Neandertaler. Ihm wurde lange Zeit eine geringe Intelligenz zugeschrieben. Er galt als ein Primitivling, der unbekleidet in Europa herumwanderte. Tatsächlich konnte aber gezeigt werden, dass er dem modernen Menschen fast ebenbürtig war. Seine Lagerstellen befanden sich meist in der Nähe eines kleinen Wasserlaufs. So konnte er rasch seinen Durst löschen. Die Feuerstellen waren aber noch nicht mit Steinen eingefasst. Physikalisch bedeutet das mehrere Nachteile. Erstens kann der Wind das Feuer leichter anfachen. Das hat den Vorteil, dass das Feuer nicht so schnell ausgeht, aber gleichzeitig

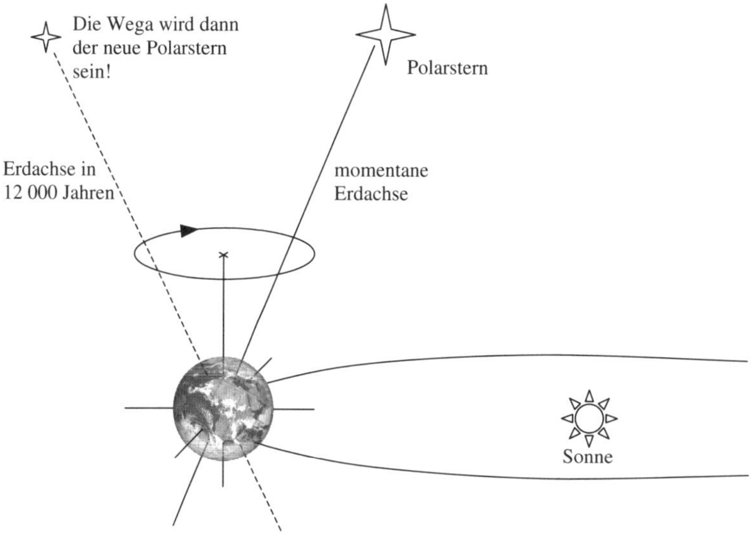

Da sich die Erdachse im Laufe von über 25 790 Jahren verschiebt, zeigt der Polarstern nicht immer nach Norden.

braucht man mehr Feuerholz. Aber viel wichtiger wären die Steine für die Nacht, wenn sich eine Neandertalerfamilie um die Feuerstelle kuscheln würde. Die Steine können viel Wärmeenergie speichern. Sie werden durch das Feuer im Laufe des Abends erwärmt. Wenn das Feuer in der Nacht erloschen ist, würden die Steine noch weiterhin eine wohlige Wärme abgeben. Die Neandertalerfamilie müsste in den frühen Morgenstunden nicht frieren. Am nächsten Abend werden Sie nicht mehr vergessen, Steine um das Lagerfeuer zu legen. Nun sind Sie schon munter und können über das Problem der Eierzubereitung nachdenken. Sie besitzen keine Pfanne oder einen Topf. Um dies herzustellen, war bislang noch keine Zeit.

Wie könnte man in der Steinzeit Eier kochen? Aber wahrscheinlich hätte der Cro-Magnon-Mensch auch am Sonntag ein perfektes Frühstücksei nicht verschmäht. Dazu grub er einfach eine kleine Grube. Diese legte er mit einem frisch abgezogenen Fell aus und goss Wasser in die Mulde. Wie bekommt man dieses Wasser nun heiß? Die Lösung ist einfach. Verwenden wir die Steine vom Lagerfeuer. Sie sind sehr heiß und haben viel Wärme gespeichert. Legt man diese Steine in das Wasser, so wird das Wasser binnen kurzer Zeit sehr heiß. Man muss nur mehr die Eier hineinlegen und etwas warten. In manchen Jäger- und Sammlerkulturen wird heute noch auf diese Art gekocht.

Bisher haben wir eine Menge Feuerholz verbraucht und auch schon tierisches Material, wie Fell oder Sehnen. Natürlich liegt ausreichend Holz in der Gegend herum, aber dieses ist morsch und alt. Aus diesem Holz wird man kein gutes, widerstandsfähiges Werkzeug bauen können. Also versuchen Sie mit der Hand und einem Stein ein paar Äste abzuschlagen. Aber dies ist mühsam. Wie schön wäre es, eine Axt zu haben? Aber warum bauen Sie sich keine? Dazu benötigt man eigentlich nur einen Stein mit einer scharfen Kante, einen langen Stiel und ein paar Lianen, um den Stein am Stiel zu befestigen. Je länger der Stiel ist, umso länger ist der Kraftarm. Im Prinzip handelt es sich bei einem Hammer um einen einfachen Hebel. Wenn Sie ausholen, haben Sie mehr Zeit, dem Hammer Schwung mitzugeben. Dadurch benötigen Sie einen geringeren Kraftaufwand, um dasselbe Ziel zu erreichen. Bewegen Sie nur das Handgelenk, ist der Radius gering. Mit Hilfe des Unterarms können Sie den Radius weiter vergrößern und mit einem Hammer wird das Unterfangen Holzschlagen zum Kinderspiel. Der Stein muss zwar nun einen längeren Weg zurücklegen, aber dafür ist der Kraftaufwand geringer. Wichtig ist auch noch ein schwerer Stein. Nachdem der Stein bewegt wurde, durch das Schwungholen, behält er seine Geschwindigkeit bei. Den Luftwiderstand können wir vernachlässigen. Die Energie des Steines hängt ausschließlich von seiner Geschwindigkeit und seiner Masse (einfach gesagt: seinem Gewicht) ab. Für die Wirkung des Schlages ist die Geschwindigkeit zwar viel wichtiger als die Masse, aber man sollte Letztere nicht unterschätzen. Mit diesem einfachen Werkzeug, wenn es im vorderen Bereich noch etwas geschärft wird, können Sie nun schon dicke Äste abholzen. Nun haben Sie die erste einfache Maschine.

Das Konzept Arbeit zu speichern kann uns in der Steinzeit auch bei anderen Problemen helfen, etwa bei der Jagd. Mit Pfeil und Bogen ließen sich sicher leichter Tiere jagen. Was benötigt man dafür? Einen biegsamen Holzstab, eine etwas längere Sehne und natürlich Pfeile. Aus der Sehne und dem biegsamen Holzstab baut man sich einen Bogen. Spannt man ihn, wird Energie in der Verbiegung gespeichert. Wir müssen nur mehr loslassen und die Energie kann freigesetzt werden. Wie aber muss der Pfeil beschaffen sein? Logischerweise sollte er gerade geformt sein. Dadurch hat er einen geringeren Luftwiderstand und wird länger fliegen. Wir benötigen noch eine scharfe Spitze. Eine stumpfe Spitze würde dem Tier gerade einmal eine Prellung einbringen. Aber für die Jagd brauchen Sie etwas, das auch Knochen, insbesondere Rippen, durchschlägt. Deshalb sollte die Pfeilspitze aus einem schweren Material sein.

Zur Erinnerung: Die Bewegungsenergie hängt von der Geschwindigkeit (zum Quadrat) und von der Masse ab. Wenn der Pfeil aber zu schwer wird, benötigen Sie einen überdimensional großen Bogen. Der wird aber erst im Mittelalter erfunden sowie verwendet werden und ist mehr zum Erstürmen von Festungen, jedoch nicht für die Jagd auf Kleintiere geeignet. Als Pfeilspitzen sind kleine spitze, scharfe Steine verwendbar. Man spaltet die Pfeilspitze und steckt den spitzen Stein hinein. Mit ein paar längeren Gräsern wird der gespaltene Pfeil wieder zusammengeknotet. Dadurch bleibt der Stein an seiner Stelle. Je spitzer und schärfer der Stein ist, umso geringer ist der Widerstand, in das Fleisch einzudringen. Leider erfordert es sehr viel Übung, mit Pfeil und Bogen zu jagen. Man muss die Tiere und ihre Gewohnheiten gut kennen, um bei der Jagd erfolgreich zu sein. Wahrscheinlich wären wir als Neuzeitmenschen längst verhungert, bis wir ein ausreichend großes Tier erlegt haben.

Also nützen wir die Schwerkraft direkt und bauen eine Falle. Man muss dafür nur eine große Grube am richtigen Ort ausheben, diese mit Laub, Reisig und ein paar Ästen abdecken. Den Rest übernimmt die Schwerkraft nach genügend langer Zeit. Spaziert ein ausreichend schweres Tier darüber, so fällt es in die Grube. Die Schwerkraft hat ihren Dienst getan. Das Tier ist hilflos und kann nun mit der Axt, die hoffentlich schon funktioniert, endgültig erlegt werden.

Damit stellt sich die nächste Frage: Wie bereitet man ein Mammut zu? Zum Glück hat sich kein Mammut, sondern ein Reh verfangen. Dabei hat es sich das Genick gebrochen und Sie müssen das Tier nur mehr häuten und von den Innereien befreien. In weiser Voraussicht haben Sie schon einen Faustkeil hergestellt. Das war sicher nicht einfach. Es benötigt schon viel Übung, bis man aus einer Steinknolle einen handfesten Faustkeil erhält. Bei der Clacton-Technik wird ein Stein auf einen Amboss (einen größeren Stein) gelegt und mit einem Behaustein auf den zu bearbeitenden Stein geschlagen. Hierbei ist es nicht möglich, die Form der erzielten Abschläge vorher zu bestimmen. Wenn man nur genügend Steine behaut, erhält man schon etwas Brauchbares. Besser wäre es, den zukünftigen Faustkeil in der Hand zu halten und mit dem Behaustein zu bearbeiten. Das erfordert zwar mehr Kraft, aber die Splitter sind kleiner. Dadurch bricht der Stein nicht in der Mitte, sondern es entstehen nur kleine Splitter. Mit jedem weiteren Schlag kann man dann gezielt den Stein an der richtigen Stelle bearbeiten. Ein solcher Faustkeil ist sicher ein brauchbares Werkzeug.

Aber nun müssen Sie das Tier häuten. Mit dem Faustkeil geht das schwer. Einfacher funktioniert es mit den flächenartigen Splittern, die bei der Faustkeilherstellung entstanden sind. Diese Splitter sind sehr scharf. Sie lassen sich als Schaber und Messer verwenden. Mit diesem Steinzeitbesteck kann man nun dem toten Reh zu Leibe rücken, das Fell vom Fleisch abschaben und Letzteres in kleinere Stücke zerlegen. Das Fell lässt sich als Decke für das Bett verwenden und das Fleisch kommt auf einen Spieß. In das Fleisch werden Wacholderbeeren mit Hilfe von langen Dornen hineingedrückt. Das ganze Fleisch noch mit etwas Asche einreiben, denn Salz oder andere Gewürze finden Sie nicht so schnell. Nach ein paar Stunden Grillzeit ist das Fleisch gar. In der Zwischenzeit haben Sie aus ein paar Sauerampferblättern, Waldpilzen und Preiselbeeren einen köstlichen Salat zubereitet. Dieses Mahl hätte Ihnen sicher geschmeckt.

Bis jetzt hätten Sie schon ziemlich viel Müll in der Steinzeit produziert: falsch abgeschlagene Steine aus der Faustkeilproduktion, Knochen, aus denen sich keine Pfeilspitzen mehr machen lassen, und ungenießbare Innereien. Wohin damit? Im Gegensatz zum modernen Menschen warf die Neandertalerfamilie den Müll, sprich nicht mehr benötigte Knochen, Fellreste oder auch Steinsplitter, einfach weg. Gerade dort, wo sie gerade stand. Für Archäologen wird die Arbeit dadurch nicht leichter. Gehört dieser oder jener Steinsplitter zur Ausrüstung für die Jagd oder war er einfach Abfall? Der moderne Mensch hätte anders als seine steinzeitlichen Ahnen wohl erkannt, dass es aus hygienischen Gründen besser sei, eine eigene Abfallgrube in der Nähe der Siedlung zu haben. An den Müllgruben kann man am leichtesten den Unterschied zwischen einer Neandertalersiedlung und der eines modernen Menschen erkennen.

Bei der Herstellung der Faustkeile und Schaber ist Ihnen auch eine Steinscheibe mit einer Vertiefung „passiert". In diese Vertiefungen hatte schon der Cro-Magnon-Mensch Talgklumpen hineingelegt und ein Stück Wacholderrinde diente als Docht. Die Hitze erwärmt den Talg, der in der Wacholderrinde nach oben steigen kann. Dort verbrennt der Talg dann langsam, die Flamme spendet angenehmes Licht. Der Benutzer hätte sich aber nach kürzester Zeit die Finger verbrannt. So entstand zusätzlich ein Griff, an dem diese Lampe gehalten werden konnte. Mit diesen Lampen begann wahrscheinlich auch die Höhlenmalerei. Nur so konnten die KünstlerInnen in den Höhlen steinzeitliche Graffiti malen. Damit könnten Sie in einer dunklen Höhle eine Nachricht für die Jetztzeit hinterlassen.

Aber Zeitreisen gibt es nur im Film, Sie haben also noch einmal Glück gehabt.

Entstehung des Lebens

Wie ist wohl das Leben entstanden? Lange Zeit rätselte man darüber und tischte viele Erklärungen auf. Heute können wir sagen, dass Leben zwangsläufig entsteht, wenn nur alle Bedingungen gegeben sind.

1953 führte der junge Chemiker Stanley Lloyd Miller (*1930) eines der bemerkenswertesten Experimente der Geschichte durch. Er schüttete etwas Wasser in einen Kolben und erhitzte es. In diesen Kolben leitete er zusätzlich die Gase Methan, Ammoniak und Wasserstoff (im Verhältnis von 2:2:1) ein. Durch den entstandenen Wasserdampf vermischten sich diese Gase. Zusätzlich schickte er Strom durch das Gas und so erhellten Blitze diese einfache Apparatur. Nach rund 7 Tagen Gewitter bildete sich an den Wänden des Kolbens eine goldbraune ölige Schicht. In dieser Schicht befanden sich Aminosäuren, verschiedene Zuckerarten und Harnstoff. Das Ergebnis klingt nicht besonders spektakulär. Aber aus einfachen Gasen und etwas Strom wurden die Basisbausteine des Lebens hergestellt! Dabei handelt es sich um Aminosäuren. So sind Glycin und Alanin die einfachsten Aminosäuren.

Aminosäuren bilden die Basisstoffe des Eiweißes und sind daher für den Stoffwechsel besonders wichtig. Diese Aminosäuren funktionieren, ähnlich wie die Lego-Bausteine, in Verbindung mit anderen einfachen Molekülen, aus denen ein Lebewesen besteht.

Keiner hielt es für möglich, mit einer solch einfachen Apparatur die Vorstufe des Lebens zu erzeugen. Der Materialwert für das Experiment beträgt vielleicht ein paar Euro. Damit wurde aber auch gezeigt, dass es zwangsläufig zur Vorstufe von Leben kommen muss, wenn die Grundbedingungen gegeben sind. Man benötigt nur Wasserstoff, Methan, Ammoniak und etwas Strom. Die drei Gase findet man überall im Universum. Der Strom dürfte aus Blitzen von Gewittern der Uratmosphäre gekommen sein – fertig.

Auf der Erde und in der Atmosphäre dürften sich in rascher Zeit viele Aminosäuren gebildet haben.

Nun diskutiert man darüber, wie denn die nächste Stufe des Lebens entstanden ist. Ein paar Aminosäuren machen schließlich noch keine Zelle. Man benötigt noch eine DNS (Desoxyribonukleinsäure), eine Zellhülle und Mechanismen, die einer Zelle beim Duplizieren helfen. Miller ist der Meinung, dass sich das Leben in kleinen Tümpeln gebildet haben mag. Diese waren möglicherweise früher einmal große Seen. Manche von ihnen sind fast ausgetrocknet. In ihnen hat sich damit die Konzentration der Aminosäuren und Zuckermoleküle stark erhöht. Viele Moleküle konnten nun leichter eine Verbindung eingehen, einfach deshalb, weil sie sich näher waren. Das klingt alles ziemlich zufallsbestimmt, aber betrachten wir einmal die Möglichkeiten. Wenn ein Ereignis sehr unwahrscheinlich ist, man aber lange genug Zeit hat, dann wird aus einem unwahrscheinlichen Ereignis ein sehr wahrscheinliches. Wenn Sie einmal einen Lottoschein ausfüllen, haben Sie eine geringe Wahrscheinlichkeit zu gewinnen. Wenn Sie freilich viele Lottoscheine ausfüllen und längere Zeit spielen, sagen wir ein paar hundert Millionen Jahre, werden Sie sicher einmal einen Lotto-Sechser tippen. Allerdings müssen Sie beim Lottospielen ein Vermögen investieren, während es die Natur nichts gekostet hat, Moleküle zu bilden und neue Kombinationen auszuprobieren.

Unter Umständen entstand das Leben aber im Ton oder auf Kristallen. Die neuen, möglicherweise sich selbst vermehrenden Moleküle waren sicher sehr anfällig gegenüber UV-Strahlung. Sie benötigten Schutz gegenüber dieser Strahlung der Sonne. In Mineralien, wie zum Beispiel in Bimsstein, bietet sich in den kleinen Hohlräumen viel Unterschlupf. Es zeigte sich auch in einigen Experimenten, dass viele komplexe Kohlenstoffverbindungen in den Mineralien gegenüber hohen Temperaturen viel unverwüstlicher sind. Normalerweise zerfällt die Aminosäure Leucin bei 200°C binnen Minuten. Befindet sich diese Aminosäure aber in einem Eisensulfid-Mineral eingelagert, dann zerfällt dieses Molekül nicht und bleibt tagelang stabil. Man konnte auch feststellen, dass Tone besonders Biomoleküle festhalten konnten. Man hat sogar schon kurze Proteine im Labor mit Ton als Oberfläche hergestellt.

Zu der Frage, wie Leben entstanden ist, gibt es sicher noch eine Menge spannender Fragen. Sie betreffen alle die Physik, Chemie und die Biologie.

Vor knapp vier Milliarden Jahren war die Erde noch eine rot glühende Kugel. Diese war noch sehr lebensfeindlich, denn es herrschten Temperaturen weit über 100°C. Aber rund 500 Millionen Jahre später gab es Leben. Vor 3.2 Milliarden Jahren existierten bereits Bakterien. Diese ernährten sich allerdings noch von Schwefel und brauchten kein Sonnenlicht.

Vor 2.5 Milliarden Jahren entwickelten sich die ersten Sauerstoff erzeugenden Lebewesen. Die Photosynthese war erfunden. Mit der Hilfe von Licht konnte über verschiedene chemische Prozesse Kohlenstoffdioxid in Sauerstoff umgewandelt werden. Den Lebewesen stand nun eine neue Energieform zur Verfügung. Vorher mussten sich die Lebewesen über chemische Energie, wie sie zum Beispiel in Schwefelverbindungen steckt, „ernähren". Der Sauerstoff löste sich aber zuerst in den Ozeanen. Erst nach längerer Zeit stieg auch der Sauerstoffgehalt in der Atmosphäre. Das war für das weitere Leben von entscheidender Bedeutung. Es dauerte aber rund 200 Millionen Jahre, bis eine richtige Uratmosphäre mit ausreichend Sauerstoff entstehen konnte. Dieser Sauerstoff war insofern wichtig, dass damit das Leben auf der Erde zusätzlich geschützt wurde. Vergessen wir nicht, dass die Sonne mit ihrer harten ultravioletten Strahlung (UV-Strahlung) die Existenz der Lebewesen auf der Erde massiv erschwert hatte. UV-Strahlung wird auch heute noch zum Desinfizieren verwendet. Die Strahlung bricht manche Kohlenstoffverbindungen einfach auf. Dadurch werden möglicherweise wichtige Moleküle zerstört. Alles in allem mussten diese Kleinstlebewesen einen harten Überlebenskampf führen. Aber mit der Sauerstoffatmosphäre änderte sich das. In der oberen Atmosphäre spaltete die harte UV-Strahlung einige Sauerstoffmoleküle (O_2) auf und es entstanden freie Sauerstoffmoleküle. Die freien Sauerstoffatome hefteten sich an die übrigen Sauerstoffmoleküle und es bildete sich Ozon (O_3). Dieses lässt kein UV-Licht mehr durch und die Erdoberfläche wird nicht mehr von der harten UV-Strahlung getroffen. Dann ging es schnell, zumindest wenn man in kosmischen Maßstäben rechnet.

Vor rund 2.1 Milliarden Jahren entstanden die ersten Lebewesen mit einem Zellkern. Innerhalb der Zelle setzte eine Spezialisierung ein, die immer weiter voranschritt.

Vor 1.5 Milliarden Jahren wurde es amüsant und traurig zugleich und die wirklichen Probleme begannen, die auch heute noch viele Schriftsteller inspirieren. Der Sex und der Tod wurden erfunden. Bis zu diesem Zeitpunkt gab es nur einfache Bakterien. Diese konnten nur sehr bedingt Genmaterial austauschen. In den Genen ist der Bauplan einer Zelle gespeichert. Ein Bakterium kann sich teilen. Aus einem Bakterium werden nun zwei gleiche Bakterien. Manchmal kommt es zu Kopierproblemen. Das bedeutet, dass das neu entstandene Bakterium einen geringfügig anderen Bauplan in sich trägt. Das heißt, dass dieses neue Bakterium auf die Umwelt eine Spur anders reagiert. Stellen wir uns einen Topf mit warmem Wasser, rund 38.5°C, vor. Dort drinnen leben Bakterien und fühlen sich wohl. Wenn sich Bakterien wohl fühlen, vermehren sie sich. Die meisten Bakterien stellen eine exakte Kopie von sich selbst her. Auch diese Bakterien werden sich in diesem Topf wohl fühlen. Aber ein paar Bakterien sind mutiert – ihr Bauplan hat sich etwas gegenüber dem Originalbauplan verändert. Manche von ihnen können nun höhere Temperaturen aushalten, andere brauchen niedere Temperaturen, um sich wohl zu fühlen. Die Bakterien, die nicht optimal angepasst sind, sterben ab. Aber vielleicht wird der Wassertopf nun etwas wärmer. Dann überleben die Bakterien-Mutanten, die sich bei hö-

heren Temperaturen wohl fühlen, und die Original-Bakterien sterben aus. Damit wäre das Leben gerettet. Aber leider hat das Ganze einen Haken. Die meisten Mutationen sind nicht lebensfähig, da in lebenswichtigen Teilen des Bauplans eine Änderung „passiert" ist. Das bedeutet, es entstehen nur wenig neue, veränderte lebensfähige Lebewesen. Für eine Umwelt, die sich nicht verändert, wäre die ungeschlechtliche Paarung perfekt, um diesen Lebensraum zu erobern. Aber wehe, wenn sich der Lebensraum bloß ein wenig verändert …

Ganz anders sieht das bei geschlechtlichen Lebewesen aus. Bei ihnen müssen sich erst zwei finden, die sich miteinander paaren. Das bedeutet, dass ein neues Lebewesen aufgrund zweier Baupläne entsteht. Aber es können nicht einfach beide Baupläne übernommen werden. Jeder der beiden Partner steuert einen Teil für den Nachkommen bei. Welche Teile übernommen werden, bestimmt der Zufall. Das Kind ist somit eine Kombination aus den beiden Bauplänen der Eltern. Das Kind wird sicher auf die Umwelt anders reagieren als die Eltern. Dieser Bauplan wurde bisher noch nicht umgesetzt. Vielleicht tut sich dieses Kind mit der Umwelt leichter als die Eltern. Aber auf alle Fälle können diese Kinder in der bisher gewohnten Umwelt überleben, da auch die Eltern hier überlebt haben. Der neue Bauplan des Kindes ist wieder nur eine Kombination des bisher bekannten. Hier wird nicht auf die Mutation gesetzt, sondern auf die Kombination von bisher Bekanntem. Ändert sich der Lebensraum, dann können die Lebewesen, die besser aufgrund ihres Bauplanes angepasst sind, leichter überleben. Es gibt auch ausreichend viele Individuen, die unterschiedliche Baupläne aufweisen.

Allerdings hat eine geschlechtliche Fortpflanzung auch einen Nachteil. Die Zellen mussten sich spezialisieren. Ab diesem Zeitpunkt gibt es Zellen, die der Weitergabe des Bauplans, sprich des genetischen Materials, dienen. Diese Zellen werden als Keimzellen bezeichnet. Die Körperzellen können kein genetisches Material weitergeben. Sie sterben nach einer bestimmten Zeit ab. Der sichere Tod ist geboren. Bei manchen Lebewesen ist die Frage nach der Geschlechtlichkeit gar nicht so einfach zu beantworten. So können sich die Wasserflöhe, die Lotusblume und der Jungkarpfen, um nur ein paar Beispiele zu nennen, sowohl geschlechtlich als auch ungeschlechtlich fortpflanzen.

Bakterien können, wenn sich die Umwelt nicht ändert, praktisch ewig leben. Jedes geteilte Bakterium hat denselben Bauplan wie das Original. Es ist aber sehr spezifisch an die Umwelt angepasst.

Geschlechtliche Lebewesen sterben nach einer bestimmten Zeit. Ihre Nachkommen können etwas flexibler auf die Umwelt reagieren als die Einzeller. Man kann auch sagen, seitdem es Sex gibt, müssen wir sterben. Wie würden Sie sich entscheiden: Sex oder sehr langes Leben?

Vor 750 Millionen Jahren kam es für 170 Millionen Jahre zu einer extrem mächtigen Eiszeit. Große Teile der Erde waren vereist. Zum Glück gab es immer noch genügend aktive Vulkane. Diese spien nicht nur heiße Gesteinsbrocken aus, sondern sie speisten die Atmosphäre mit Kohlenstoffdioxid (CO_2). Dieses Treibhausgas führte dann vor 580 Millionen Jahren zu einem Anstieg der globalen Temperatur. Während der Eiszeit betrug die durchschnittliche Temperatur auf der Erde –50°C. Durch den Treibhauseffekt stieg die globale Temperatur auf +50°C an. Es brauchte dann ein paar Millionen Jahre, bis sich die Temperatur auf ein erträgliches Maß einpendelte.

Vor 542 Millionen Jahren entstanden dann die Vorläufer der Schwämme, Weichtiere, Nesseltiere, Gliederfüßer und Stachelhäuter. Es trat eine Explosion der Arten auf. Die Erde lieferte nun für die Vielfalt des Lebens einen perfekten Platz. Das Leben konnte sich jetzt im großen Stil über die gesamte Erde ausbreiten.

Der Kommentar zum Kapitel: Treffen sich zwei Planeten in den Weiten des Universums. Sagt der eine zum anderen: „Du, auf meinem Planeten gibt es Leben.“ Darauf sagt der andere: „Keine Sorge, das vergeht schon wieder.“

Entstehung unseres Sonnensystems und der Erde

Seit 13.4 Milliarden Jahren erschüttern Supernovae das Universum. Extrem massereiche Sonnen, die aber nur kurze Zeit brennen, stoßen ihre Sternhüllen ab, der Rest zieht sich zusammen und bildet einen kleinen Weißen Zwerg. Dieser wird noch ein „paar" Jahre nachleuchten. Bei der Abstoßung der Sternhülle entstand ein dichter Nebel aus verschiedenstem Material. Aus dieser Sternenasche bildete sich dann unsere Galaxie. Wenn wir in einer sternenklaren Nacht senkrecht nach oben blicken, so erkennen wir ein milchiges Band, das sich wie eine Straße über das dunkle Firmament zieht. Aufgrund der milchigen Struktur erhielt unsere Galaxie den Namen „Milchstraße". Dieses Band besteht aus rund 400 Milliarden Sternen (in der Literatur findet man verschiedene Angaben: von 100 bis 400 Milliarden Sterne). Als unsere Galaxie in das Gravitationsfeld einer anderen Galaxie gelangte, stießen Gas und Staubmassen zusammen. Es bildeten sich „Dunkelwolken". In diesen Regionen ballten sich Eis, Gas und Sternenstaub dicht zusammen. Es entstand ein dichter Kern innerhalb dieses lokalen Nebels. Sicher sind auch Asteroide (große Brocken aus Gestein oder Eis) durch diesen Nebel hindurchgeflogen. Manche Staubteilchen versuchten aufgrund der Schwerkraft diesen Asteroiden zu folgen. Aber sie wurden von der Schwerkraft der Wolke wieder eingefangen. So begann sich dieser Nebel um die eigene Achse zu drehen. Es entstand eine Scheibe mit einem starken Magnetfeld. Die geladenen Teilchen stürzten in die Mitte der Scheibe und wurden über das Magnetfeld in die Tiefen des Alls geschleudert. Ober- und unterhalb der rotierenden Scheibe bildeten sich so genannte „Jets". Über die Pole des Magnetfeldes des entstehenden Sonnensystems wurden die zu schnellen Teilchen in das All entsorgt. Dadurch drehte sich die Scheibe langsamer. Im Zentrum sammelte sich der leichte Wasserstoff. Rund 99 Prozent der gesamten Masse des Sonnensystems befanden sich nun im Zentrum. Aus dem restlichen 1 Prozent der Masse, einfacher, gewöhnlicher Staub, bildeten sich dann die Planeten. Das Zentrum glühte schon leicht auf. Die rasch um das Zentrum rotierenden

Teilchen rieben aneinander. Durch diese Reibung entstand das erste Licht in unserem Sonnensystem.

Daten über unsere Milchstraße

Dicke im Kernbereich	16 000 Lichtjahre
Dicke in den äußeren Regionen der Scheibe	3 000 Lichtjahre
Abstand der Sonne vom galaktischen Zentrum	28 000 Lichtjahre
Gesamtmasse	$1.4 \cdot 10^{12}$ Sonnenmassen
mittlere Dichte	0.1 Sonnenmassen pro Kubikparsec
interstellares Gas	10 %
interstellarer Staub	0.1 %
Kugelsternhaufen (geschätzt)	300
offene Sternhaufen (geschätzt)	15 000
Rotationsgeschwindigkeit am Ort der Sonne	220 km/s
Rotationsdauer am Ort der Sonne	$200 \cdot 10^{6}$ Jahre
Alter der Galaxis	ca. 10^{10} Jahre

Vor 4.567 Milliarden Jahren entzündete sich unsere Sonne. Im Inneren der Wasserstoffkugel herrschte so großer Druck, dass sich aus dem Element Wasserstoff das vierfach so schwere Element Helium bildete. Wasserstoff ist die leichteste Atomsorte, die wir kennen, Helium die zweitleichteste Atomsorte. Atome bestehen wiederum aus einem Atomkern und einer Atomhülle. In der Atomhülle befinden sich die Elektronen, während der Kern aus Protonen und Neutronen besteht. Das Wasserstoffatom besteht

aus einem Proton, um das sich ein Elektron befindet, während im Heliumkern zwei Protonen und ein bis zwei Neutronen sind. In der Hülle des Heliumatoms befinden sich dann ebenfalls zwei Elektronen. Allgemein kann man sagen, Atomsorten unterscheiden sich durch die Anzahl der Protonen im Kern. Die Vorstellung, dass in einem Atom das Elektron um das Proton kreist, ist leider falsch. Sagen wir der Einfachheit halber, dass es sich in der Nähe des Protons befindet. Elektronen und Protonen sind elektrisch geladen. Diese Teilchen haben die Eigenschaft, dass sie sich anziehen, wenn sie unterschiedliche Vorzeichen haben (Elektron e^- und Proton p^+), oder sich abstoßen, wenn sie die gleiche Ladung besitzen (e^- und e^-). Ein Elektron ist negativ geladen, während ein Proton positiv geladen ist. Schießt man ein Proton auf ein anderes Proton (das Gleiche gilt natürlich auch für Elektronen), dann werden sich diese aus dem Weg gehen. Sie treffen sich nicht. Wenn man aber die Geschwindigkeit dramatisch erhöht, dann können sich die beiden Protonen sehr nahe kommen. Man muss nur mehr richtig treffen, denn Protonen sind wirklich sehr klein. Trotzdem bleiben die beiden Protonen nicht beieinander. Ihre abstoßenden Kräfte sind zu stark. Treffen sich aber zwei Protonen und ein

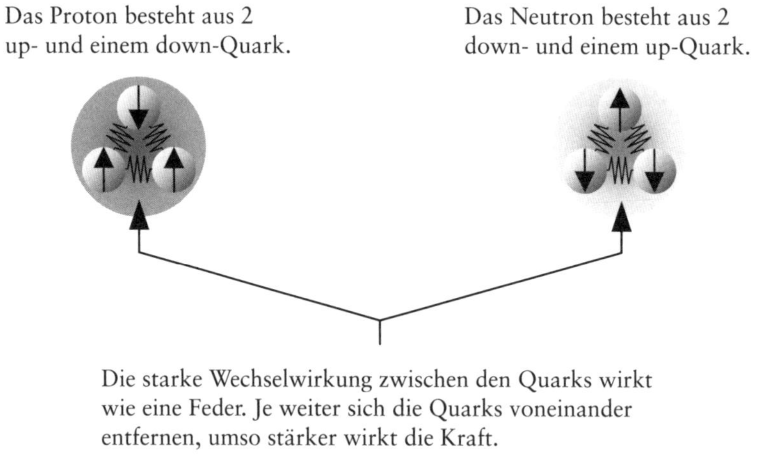

Die modellhafte Darstellung eines Protons und eines Neutrons

Neutron, so bleiben die drei zusammen. Das Neutron ist elektrisch neutral. Weshalb sollten sich die beiden Protonen vom Neutron beeindrucken lassen und zusammenbleiben? Die Protonen und Neutronen bestehen auch wieder aus kleineren Teilchen, den Quarks. Der Name ist dem Roman „Finnegans Wake" (1939) von James Joyce (1882–1941) entlehnt. So heißt es „Three quarks for Master Mark" und im ganzen Roman wurde nie aufgelöst, worum es sich dabei eigentlich handelt. Jedes Proton, und auch jedes Neutron, besteht aus drei Quarks. Es gibt sechs verschiedene Quarks (up, down, charm, strange, top, bottom). Die Protonen bestehen aus zwei up-Quarks und einem down-Quark, während ein Neutron nur aus einem up-Quark und zwei down-Quarks besteht.

Diese drei Quarks werden aufgrund der starken Wechselwirkung zusammengehalten. Wenn sich ein Quark von den anderen beiden Quarks entfernen will, so sorgt die starke Wechselwirkung dafür, dass die drei zusammenbleiben. Diese Wechselwirkung ist extrem stark, deshalb auch der Name. Teilchenphysiker gehen davon aus, dass man nie ein Quark einzeln wird beobachten können. Die Energien in den Teilchenbeschleunigern sind einfach viel zu gering, um ein Quark von den anderen beiden zu trennen. Kommen sich nun 2 Protonen und ein Neutron wirklich nahe, dann spüren sie die starke Wechselwirkung der anderen. Deshalb können sie „aneinanderkleben". Die starke Wechselwirkung reicht ein bisschen über die Grenzen (sofern man überhaupt von einer Grenze sprechen sollte) des Protons beziehungsweise des Neutrons

Zwei Protonen und ein Neutron bilden den Helium-3-Atomkern.

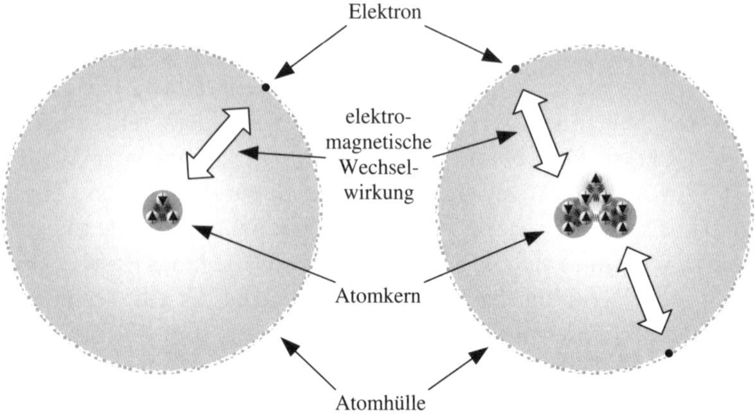

Ein Wasserstoff- und ein Helium-3-Atom. Die Elektronen befinden sich auf einer klar definierten Energie um den Atomkern. Normalerweise gibt es für jedes Proton im Kern ein Elektron in der Atomhülle. Die Abstände sind nicht maßstabsgetreu. Wäre der Atomkern so groß wie ein Ping-Pong-Ball, so wäre das Elektron rund 1500 Meter weit entfernt.

hinaus. So können sich auch andere Protonen oder Neutronen anheften. Die starke Wechselwirkung sorgt dafür, dass die Quarks zusammenbleiben.

Zurück zur elektromagnetischen Wechselwirkung. Die elektromagnetische Wechselwirkung sorgt dafür, dass die Elektronen bei den Atomen bleiben. Manche Teilchen, etwa Neutronen, sind nicht elektrisch geladen. Die elektromagnetische Wechselwirkung beschreibt nicht nur die elektrischen, sondern auch die magnetischen Eigenschaften von Objekten. Bewegen sich elektrisch geladene Teilchen, so entsteht ein Magnetfeld um die Bahn der Teilchen.

Dann gibt es noch zwei weitere Eigenschaften oder auch Wechselwirkungen der Materie. Die schwache Wechselwirkung fällt uns im Alltag nicht wirklich auf. Unter bestimmten Umständen kann sich ein Neutron in ein Proton oder umgekehrt umwandeln. Aber ganz so einfach ist die Sache auch nicht. Es kann ja nicht einfach eine elektrische Ladung verschwinden oder hinzu-

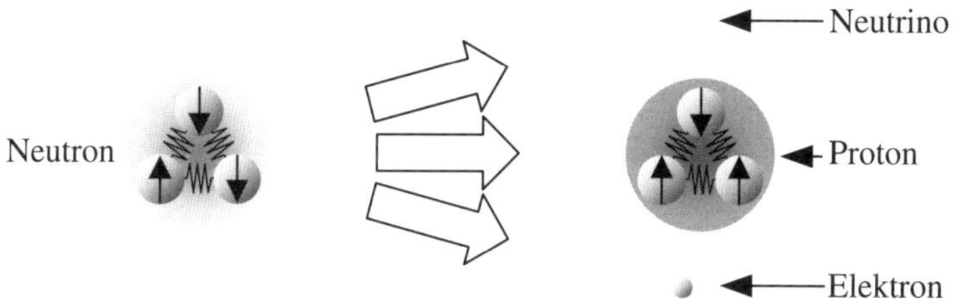

Durch die schwache Wechselwirkung können sich Neutronen im Atomkern unter Abgabe eines Elektrons und eines Neutrinos in ein Proton umwandeln.

kommen. Zumindest würde das die Erhaltungssätze der Physik und damit das ganze Gebäude der modernen Naturwissenschaft erschüttern. Oder etwas volkstümlicher formuliert: „Von nichts kommt nichts“ oder „Ohne Geld ka Musi“. In einem physikalischen System muss die Summe der Energie und der Ladungen immer gleich bleiben. Damit die Summe der Ladungen konstant bleibt, brauchen wir für die Umwandlung eines Neutrons in ein Proton noch ein Elektron. Zählt man die Ladungen des Protons und Elektrons zusammen, ergibt sich genau null. Damit auch die Energie erhalten bleibt, benötigt man noch ein Neutrino. Dieses Teilchen ist ebenso neutral, extrem klein und wiegt fast nichts. Die Umkehrung – aus einem Neutron und einem Neutrino werden ein Proton und ein Elektron – ist ebenfalls möglich. Die schwache Wechselwirkung tritt beim radioaktiven Beta-Zerfall auf.

Wir haben uns jetzt mit dem Aufbau der Materie beschäftigt und Quarks, Elektronen und Gluonen kennengelernt. Aber es gibt noch mehr Teilchen. Ein besonderes ist das Higgs-Teilchen. Worum geht’s dabei?

Am 4. Juli gab das CERN bekannt, dass es neue Ergebnisse zum Higgs-Teilchen gibt. Es liegen nun die Ergebnisse der beiden Detektoren ATLAS und CMS vor. Aufgrund dieser Ergebnisse besitzt das Higgs-Teilchen eine Masse von rund 125–127 Gev/c^2. Die Physikerinnen freuen sich, die Teilchenphysiker jubeln und freuen sich sehr, aber was steckt dahinter, wofür braucht man dieses verflixte Higgs-Teilchen, das in den Medien auch gern als Gottesteilchen bezeichnet wird?

Peter Higgs ist ein theoretischer Physiker aus England, der seine wohl wichtigste Arbeit im Jahre 1964 veröffentlichte. Diese Arbeit wurde von einem renommierten Journal zurückgewiesen (bei nobelpreisverdächtigen Arbeiten gehört dies fast schon zum guten Ton), konnte aber später dann doch noch veröffentlicht werden. Unabhängig von Peter Higgs wurde der Higgs-Mechanismus auch noch von anderen Wissenschaftlern entdeckt. Ziemlich zeitgleich veröffentlichten François Englert und Robert Brout, beide aus Brüssel, sowie die Wissenschaftler Gerald Guralnik, Carl. R. Hagen und T. W. B. Kibble vom Imperial College in London einen Mechanismus, der heute nur als Higgs-Mechanismus bekannt ist. Eigentlich müsste er Englert-Brout-Higgs-Guralnik-Hagen-Kibble-Mechanismus heißen, aber Peter Higgs war damals einfach bekannter. Spannend wird es für das Nobelpreiskomitee, denn mindestens einer der Herren wird in den nächsten Jahren nach Stockholm fahren und mit dem Physiknobelpreis ausgezeichnet werden. Bei Peter Higgs müssen sie sich beeilen, denn er ist schon 81 Jahre alt.

Was hat es nun mit dem Higgs-Mechanismus auf sich?

Um das zu erklären, ist es wichtig, das Standardmodell der Elementarteilchen zu erläutern. Alles, was es in unserem Universum gibt, besteht aus Atomen, oder es ist dort nichts. Dann spricht man vom Vakuum. Diese Atome bestehen wiederum aus Elektronen, die sich um den Atomkern befinden, und im Kern sind dann die Protonen und Neutronen. Es hat sich gezeigt, dass diese Neutronen und Protonen wiederum aus kleineren Elementarteilchen bestehen: den Quarks.

Es gibt nur eine Handvoll Teilchen, die man grob in drei Gruppen unterteilen kann. Als erste Gruppe sind die Quarks (up, down, charm, strange, top, bottom) zu erwähnen – es gibt nur sechs verschiedene Arten davon. Die zweite Gruppe sind die Leptonen. Dabei handelt es sich um das Elektron mit seinen schwereren Brüdern, dem Myon und dem Tauon. Zu den Leptonen gehören auch noch die drei dazugehörigen Neutrinos (Elektron-Neutrino, Myon-Neutrino, Tau-Neutrino). Lassen Sie sich nicht von den Namen verwirren, Namen sind nur Schall und Rauch, wichtig sind die Wechselwirkungen. Ein Teilchen per se ist uninteressant, wenn es keine Eigenschaften hat. Das Tolle in der Physik ist, dass es nur vier Wechselwirkungen gibt. Die Gravitation, auch als Schwerkraft bekannt, ist den meisten geläufig. Diese lassen wir außer Acht, sie wird durch die Relativitätstheorie beschrieben. Dann haben wir noch die elektromagnetische Wechselwirkung. Im Alltag hat sie eine große Bedeutung, denn sie sorgt dafür, dass Glühbirnen leuchten, Radios funktionieren, Herzen schlagen oder auch dass wir nicht durch den Tisch greifen können – außer wir zerbrechen ein paar elektromagnetische Verbindungen im Tisch. Sowohl die Quarks als auch das Elektron und seine Brüder wechselwirken elektrisch.

Die starke Wechselwirkung ist im Alltag nicht so bekannt, aber ohne diese Wechselwirkung würde es uns alle nicht geben. Sie sorgt dafür, dass die Quarks zusammenbleiben, dass die Quarks im Neutron beziehungsweise im Proton aneinander haften bleiben. Sie ist die stärkste Kraft im Universum, aber sie hat die geringste Reichweite.

Die schwache Wechselwirkung sorgt dafür, dass sich – wenn alles passt – Neutronen in Protonen oder umgekehrt umwandeln können. Dabei kann ein Elektron aus dem Kern geschleudert werden, man spricht dann von Beta-Strahlung. Die Quarks als auch die Leptonen werden von der schwachen Wechselwirkung beeinflusst.

Schön, und wo taucht nun das Higgs-Teilchen auf? Noch gar nicht, denn es fehlt noch die dritte Gruppe von Teilchen: die sogenannten Austauschteilchen. Warum sollten die Quarks im Atomkern zusammenbleiben? Aufgrund der starken Wechselwirkung, wäre eine korrekte Antwort, aber doch nicht vollständig. Die starke Wechselwirkung interagiert über die sogenannten Gluonen. Der Name sagt schon alles, die Gluonen kleben die Quarks zusammen. In der modernen Physik werden die Wechselwirkungen der einzelnen Teilchen über sogenannte Austauschteilchen vermittelt. Die starke Wechselwirkung arbeitet mit den Gluonen, die elektromagnetische Wechselwirkung mit den Photonen und die schwache Wechselwirkung nützt drei Teilchen: das W^+, das W^- und das Z^0.

Aus mathematischen Gründen müssten alle Austauschteilchen (die Gluonen, das Photon, das W^+, das W^- und das Z^0) masselos sein. Die Photonen und die Gluonen sind masselos, sonst könnten sich die Photonen ja nicht mit Lichtgeschwindigkeit bewegen. Das Problem sind die Austauschteilchen der schwachen Wechselwirkung. Sie haben eine Masse, sogar eine sehr große. Wo aber kommt die Masse dieser drei Teilchen her?

Der Higgs-Mechanismus löst dieses Problem. Higgs und seine Kollegen wandten einen mathematischen Trick an. In der ursprünglichen Theorie durften die Teilchen ohne Masse sein, aber durch den Higgs-Mechanismus bekamen die $W^\pm$- und Z^0-Teilchen eine Masse. Viele mögen sich jetzt vorstellen, dass die $W^\pm$- und Z^0-Teilchen aus Higgs-Teilchen aufgebaut sind. Leider falsch gedacht, denn der Higgs-Mechanismus beschreibt eigentlich ein Feld. Dieses Feld erstreckt sich durch das gesamte Universum. Sobald sich ein $W^\pm$- und Z^0-Teilchen bewegen will, werden diese Teilchen durch das Higgs-Feld abgebremst. Stellen Sie sich einen flaumigen Biskuitboden vor, er stellt das Universum dar. Legen Sie ein paar Heidelbeeren (die $W^\pm$- und Z^0-Teilchen) drauf und bewegen sie das Biskuit. Die Heidelbeeren rollen ungehindert umher. Nun gießen sie eine feine Vanillecreme – oder für die Kalorienbewussten: ein Joghurt – über das Biskuit. Diese Sauce stellt das Higgs-Feld dar und die Heidelbeeren können sich nun nicht mehr so leicht bewegen. Sie werden durch das Feld gebremst. Diese Bremswirkung entspricht salopp gesprochen der Masse. Nun kann man noch zeigen, dass auch Quarks und Elektronen über diesen Mechanismus einen Teil ihrer Masse erhalten (der Rest kommt von der relativistischen Bindungsenergie!). Würde man diesen Mechanismus nicht nachweisen können, wäre dieses schöne Modell schlicht und einfach falsch.

Nun ist es sehr schwierig, das Higgs-Feld zu vermessen. Wenn man es aber richtig anstellt und zwei Protonen genau aufeinander schießt, sich die Quarks dabei mit der richtigen Geschwindigkeit berühren, dann manifestiert sich aus dem Higgs-Feld das dazugehörige Higgs-Teilchen. Dafür wurden im CERN, im größten Teilchenbeschleuniger der Welt, Protonen (fast) auf Lichtgeschwindigkeit beschleunigt und aufeinander geschossen. Alle 25 Nanosekunden prallen Protonen aufeinander und nichts passiert. Die Protonen sind einfach zu klein. Deshalb wird der Teilchenbeschleuniger praktisch rund um die Uhr betrieben und ganz selten wird ein Higgs-Teilchen gefunden. Nun konnten die vorausgesagte Masse und auch die anderen Eigenschaften des Higgs-Teilchen bestätigt werden. Trotzdem wird man noch weiter beschleunigen, um die Daten weiter zu verfeinern.

Was bringt das der Anna und dem Otto Normalverbraucher? Da eine wichtige Theorie bestätigt ist, können sich Physiker jetzt anderen Dingen zuwenden, wie schnellere Handys oder auch bessere Computer. Zusätzlich können wir jetzt viel entspannter auf

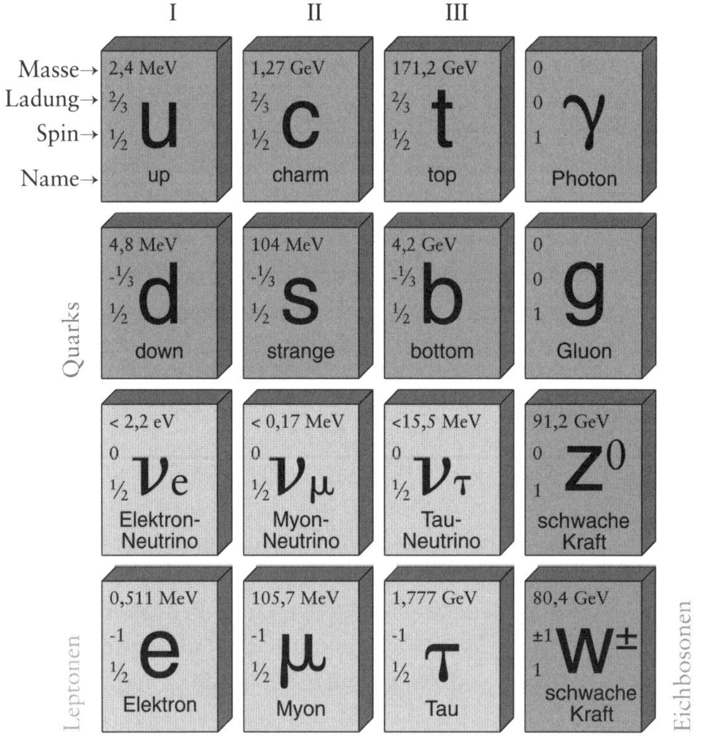

Aus diesen Teilchen besteht das gesamte Universum. So setzt sich das Proton aus zwei Up- und einem Down-Quark (uud) zusammen. Mehr gibt es nicht, außer sehr viel Vakuum.

diese Theorie aufbauen, denn sie ist nun wirklich abgesichert. Und eines darf man nicht vergessen: die Spin-offs des Beschleunigers. Teile dieser Technologie werden im österreichischen Med-Austron, einem Teilchenbeschleuniger für medizinische Zwecke, verwendet. Für viele Krebspatienten wird dieser Beschleuniger die Heilung bedeuten.

Danke, Englert-Brout-Higgs-Guralnik-Hagen-Kibble – und mit dem lieben Gott (Gottesteilchen) hat das alles nichts zu tun.

Die letzte Wechselwirkung ist die Schwerkraft. Alle Teilchen unterliegen ihr. Wenn ein Teilchen Masse besitzt, so wie Elektronen, Protonen oder Neutronen, dann ziehen sie sich an, egal wie weit sie entfernt sind. Allerdings ist diese Wechselwirkung schwach gegenüber der elektrischen und noch viel schwächer gegenüber der starken Wechselwirkung. Bei einzelnen Teilchen kann man die Schwerkraft nur sehr schwer messen. Erst wenn viele Teilchen zusammenkommen, so wie in einer Sonne oder einem Planeten, dann bemerken wir die Schwerkraft. So werden wir aufgrund dieser Wechselwirkung auf der Erde festgehalten. Genauso hält die Sonne die Erde wegen der Gravitation, das ist bloß ein anderes Wort für Schwerkraft, fest.

In unserem Universum gibt es nur diese vier Wechselwirkungen und Elementarteilchen sowie das Vakuum. Diese Elementarteilchen können sich aufgrund dieser Wechselwirkungen beeinflussen oder sich sogar umwandeln.

Kommen wir wieder zu unserem Problem mit dem Wasserstoff zurück. Wie können sich vier Wasserstoffatome, jeweils bestehend aus einem Proton, in ein Heliumatom, bestehend aus zwei Protonen und zwei Neutronen, verwandeln? Es müssen sich durch die schwache Wechselwirkung Protonen unter der Beteiligung von Elektronen in Neutronen umwandeln. Wenn nun zwei Protonen und zwei Neutronen nahe genug zusammengebracht werden, dann bleiben sie auch beieinander (starke Wechselwirkung). Aus vier Wasserstoffatomen wurde ein Heliumatom. Es ist vor allem der hohe Druck aufgrund der Schwerkraft, der im Inneren der Sonne dafür sorgt, dass die Protonen und Neutronen nahe zueinander gebracht werden. Wenn dieses Kunststück vollbracht wurde, dann wird dabei zusätzlich Energie freigesetzt. Genau diese Energie bringt die Sonne zum Leuchten. Dabei entstehen im Inneren Temperaturen von 5–15 Millionen Grad Celsius. Genau vor 4.567 Milliarden Jahren entstand im Inneren der Sonne ein so hoher Druck, dass Wasserstoffatome zu Heliumatomen verschmolzen. Die Sonne begann zu leuchten.

Daten über die Sonne	
mittlere Entfernung von der Erde	149.6 Mio. km
wahrer Durchmesser	1.392 Mio. km
Masse	$1.989 \cdot 10^{30}$ kg
Schwerebeschleunigung an der Oberfläche	274 m/s^2
Leuchtkraft	$3.847 \cdot 10^{26}$ W
effektive Temperatur	6 000°C

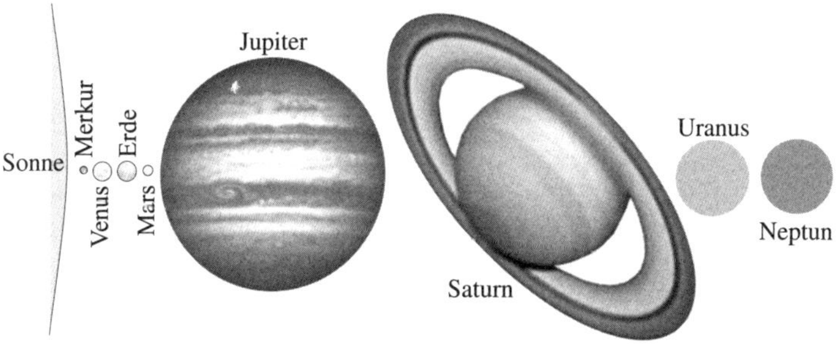

Die Planeten unseres Sonnensystems und die Sonne im Größenvergleich

Ungefähr zum selben Zeitpunkt entstanden die großen Planeten. Als Erstes bildete sich Jupiter. Er besteht fast nur aus Wasserstoff und Helium. Allerdings ist die Masse dieses Planeten, obwohl Jupiter schon ein ganz großes Bröckerl ist, viel zu gering, als dass dort die Fusion einsetzen könnte. Jupiter ist der größte Planet im Sonnensystem, und wir können froh sein, dass

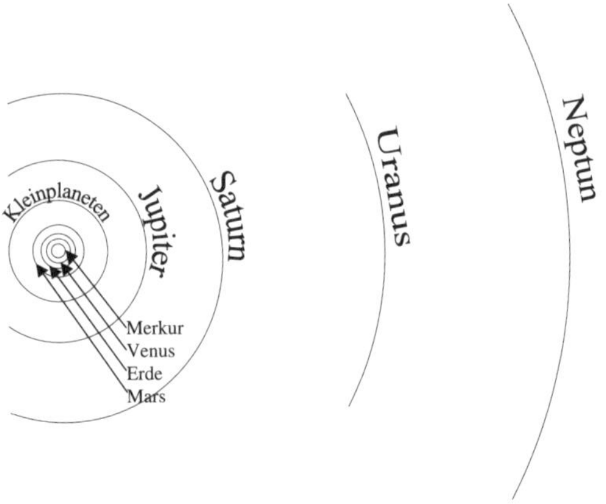

Die Umlaufbahnen der Planeten unseres Sonnensystems im Größenvergleich. In der Mitte sitzt die Sonne.

es ihn gibt und dass er weit weg ist von uns. Durch seine Größe hat er ein stärkeres Schwerfeld. Er fängt aufgrund seiner Schwerkraft viele große Gesteinsbrocken, herumschwirrende Überreste aus der Planetenentwicklung, ein. Diese Gesteinsbrocken stürzen dann auf Jupiter und verglühen in seiner Atmosphäre. Wenn große Meteoriten auf die Erde fallen würden, würde möglicherweise das Leben auf der Erde zerstört. Meterhohe Flutwellen, ausbrechende Vulkane und eine Verdunklung der Atmosphäre wären die Folgen. Aber zum Glück fängt Jupiter die meisten gefährlichen Gesteinsbrocken ab. Da er weit genug von uns entfernt ist, kreuzen die Asteroide meistens nicht die Erdbahn und tangieren uns so auch nicht.

Die beiden Planeten Uranus und Neptun holten sich Staub und Methan aus dem äußeren Bereich des Planetensystems und wurden daher immer größer.

Vor ein paar Jahren zählte man noch Pluto zu den Planeten. Dies hat sich am 24. August 2006 geändert: Pluto wurde der Planetenstatus aberkannt. Diese Meldung wurde von den Medien hochgespielt, obwohl die meisten kaum fünf Daten über Pluto zusammengebracht hätten (2390 km Durchmesser, 1.75 g/cm^3 Dichte, 0.58 m/s^2 Fallbeschleunigung, 6 d, 9 h, 17 min Tageslänge, –229°C mittlere Oberflächentemperatur).

Aber ein Planet ist ein Planet ist ein Planet und es gibt viele Dinge im Leben, die sich ändern, aber der Lauf der Gestirne und auch ihre Namen sollten unverändert sein.

Was steckte hinter all dem? Wer war gegen Pluto?

Das Ganze wurde vor allem von den US-Amerikanern hochgespielt. Sie waren sauer, denn Pluto war der einzige „Planet“, der von einem Amerikaner entdeckt wurde. Clyde Tombaugh wurde extra dafür angestellt, einen Planeten zu suchen. Man darf es sich aber nicht so vorstellen, dass man dem jungen Mann gesagt hatte: Entdecken Sie einen Planeten! Aufgrund der Bahndaten der bisher bekannten Planeten wusste man, dass es ein Objekt gibt, welches zu Störungen der Bewegung des Neptuns führt. Damit konnte man zurückrechnen, wie groß dieses Objekt sein müsste und wo es sich ungefähr befinden sollte. Das ist echte Physik – man kann Dinge vorausberechnen und das stimmt dann auch noch. So wurde ein Objekt mit den geeigneten Eigenschaften am 18. Februar 1930 durch das Lowell-Observatorium in Arizona gefunden. Später stellte sich heraus, dass Pluto im Jahr 1915 schon von Percival Lowell, der auch nach diesem Planeten suchte, beobachtet wurde. Man konnte den Planeten gut auf einer Fotoplatte erkennen, aber Lowell übersah dieses Objekt, wahrscheinlich weil es nicht so hell war wie vermutet.

Der Name Pluto stammte von dem elfjährigen Mädchen Venetia Burney, welches sich gut in der Mythologie auskannte und meinte, dass ein Planet, der so weit von der Sonne entfernt ist, mit dem römischen Herrscher der Unterwelt vergleichbar sei. Interessanterweise schlug der Großonkel von Venetia Burney die Namen Phobos und Deimos für die beiden Marsmonde vor. Übrigens erhielt auch Micky Maus’ Hund seinen Namen nach diesem Planeten – Pluto hieß vorher eigentlich *Rover*.

Bevor man nun erklärt, wo Pluto dazugehört, sollte man noch einmal kurz über das Sonnensystem reden: Im Zentrum sitzt die Sonne, welche fast die gesamte Masse vereint. Um diesen Stern kreisen die Planeten. Zwischen dem Mars und dem Jupiter kreisen viele Gesteinsbrocken. Diese Gesteinsbrocken befinden sich größtenteils auf derselben Ebene wie die Planeten. Dann gibt es noch die Kometen. Diese Objekte kommen aus dem äußeren Sonnensystem und bewegen sich auf die Sonne zu, und wenn sie nicht zerbrechen oder verglühen, dann werden sie, nachdem sie die Sonne umrundet haben, wieder in die Weiten des Universums geschleudert, um in ein paar Jahrzehnten oder Jahrhunderten wieder zurückzukommen. Beim Halleyschen Kometen passiert dies alle 76 Jahre.

Um zu erklären, wo denn diese Objekte herkommen, mussten der Kuiper-Gürtel und die Oortsche Wolke eingeführt werden. Vor über vier Milliarden Jahren, als das Sonnensystem entstanden ist, sammelte sich die Masse im Zentralgestirn, aus dem Rest wurden die Planeten, und der Rest hielt einen großen Respektabstand. Die Objekte jenseits der Neptunbahn, aber auf derselben Rotationsebene wie die Planeten, bilden den Kuiper-Gürtel, während die Objekte der Oortschen Wolke sich außerhalb der Neptunbahn kugelförmig über das Sonnensystem ausbreiten.

Leider kann man die Oortsche Wolke nicht direkt beobachten, weil die Objekte zu weit entfernt sind. Diese Schale dürfte einen Innendurchmesser von rund 1.6 Lichtjahren haben, während sich der Außendurchmesser bis zum nächsten Stern Proxima Centauri – 4.2 Lichtjahre – erstreckt.

Damit gehört Pluto eigentlich schon zum Kuiper-Gürtel. Dort befinden sich noch viele andere Objekte. Man vermutet, dass es einige Zehntausende Objekte mit über 100 km Durchmesser jenseits des Neptuns gibt. Damit wir nicht alle paar Monate neue Planeten lernen müssen, hat die Internationale Astronomische Union eine neue Definition von Planeten geschaffen. Ein Himmelskörper ist dann ein Planet, wenn er

- sich auf der Bahn um die Sonne befindet,
- über eine ausreichend große Masse verfügt, um über seine eigene Schwerkraft eine kugelförmige Gestalt bilden zu können,

- die Umgebung seiner Bahn von anderen Objekten bereinigt hat.

Leider befinden sich zu viele Objekte auf der Plutobahn, sodass der dritte Punkt nicht erfüllt ist. Somit – leider – kein Planet mehr.

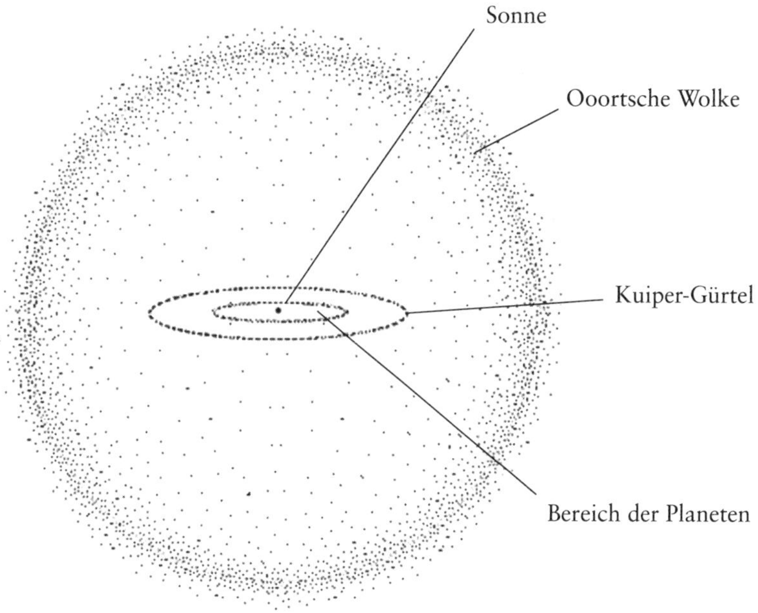

Darstellung der Oortschen Wolke und des Kuiper-Gürtels

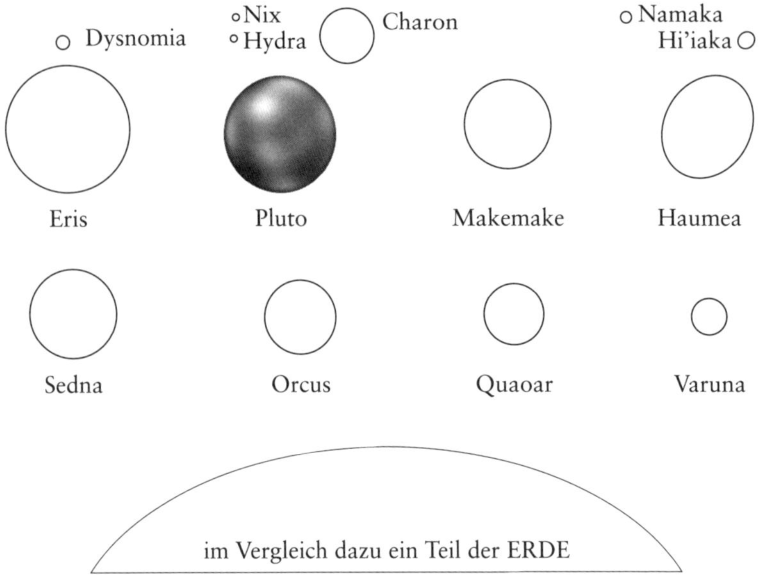

Hier sind ein paar transneptunische Objekte in ihrer (soweit bekannt, vermuteten) Größe dargestellt. Man kann leicht erkennen, dass es Objekte gibt, die größer sind als Pluto. Die Darstellung von Pluto ist das beste Bild, das wir haben – verantwortlich dafür ist das Weltraumteleskop Hubble.

Vor 4.56 Milliarden Jahren entstand unsere Erde. Sie war damals nur ein großer Klumpen aus Gesteinsmaterial, der um die Sonne kreiste. Er war ungefähr so groß wie die heutige Erde. Diese Protoerde bestand aus vielen einzelnen Klumpen, die miteinander leicht „verklebt" waren. Im Sonnensystem gab es noch viele Gesteinsbrocken, die umherirrten. Manche wurden von der Schwerkraft der Erde eingefangen und stürzten auf die Erde. Ein unablässiges Bombardement setzte ein. Dadurch wurde der große Gesteinsklumpen einerseits etwas schwerer. Andererseits wurde die Erde als Ganzes erhitzt. Es kam zu einem so genannten „Aufschmelz-Prozess". Eisen und Nickel, die sich zuvor ziemlich

gleichmäßig über den Planeten verteilt hatten, wurden nun flüssig. Sie schmolzen, und da sie schwerer waren als die restlichen Materialien, aus denen die Erde bestand, sanken Eisen und Nickel in das Zentrum der Erde, wo sie heute noch lagern.

Vor rund 4.5 Milliarden Jahren hätte schon das Ende der noch sehr jungen Erde sein können. Aber die Erde und damit auch wir kamen mit einem blauen Auge davon. Ein marsgroßer Klumpen touchierte in einem spitzen Winkel mit 36 000 km/h die noch junge Erde. Es bildeten sich ein großer Klumpen, der um die Erde kreiste, und eine Scheibe von aufgeschmolzenem Material rings um die Erde. Ein Teil dieser Gesteinsbrocken fiel auf die Erde zurück und das andere Material sammelte der Mond auf. So besagt es zumindest die „Impact-Hypothese". Korrekterweise muss man aber sagen, dass es auch andere Meinungen zur Entstehung des Mondes gibt. Die „Abspaltungs-Hypothese" dagegen besagt, dass der Mond sich vor rund 4.5 Milliarden Jahren von der Erde einfach getrennt hat. Betrachtet man die Protoerde als einen großen Flüssigkeitstropfen, der um die eigene Achse rotiert, dann können zwei etwas kleinere Flüssigkeitstropfen entstehen. Genauso hätte gemäß der „Doppelplaneten-Hypothese" der Mond gleichzeitig wie die Erde entstehen können. Oder der Mond ist unabhängig von der Erde entstanden und wurde später einfach von der Schwerkraft eingefangen – so erklärt es die „Einfanghypothese".

Vor 4.45 Milliarden Jahren bildete sich dann die heutige Schalenstruktur. Die Erde war etwas abgekühlt. Es entstand eine dünne Kruste mit einer Stärke von ein paar Kilometern. Es gab aber noch eine Menge an Vulkanen.

Gleichzeitig stürzten unzählige Meteoriten auf die Erde. Diese enthielten vor allem Wasser. Sie stammten noch aus der Gründerzeit des Sonnensystems. Zuerst verdampften diese Meteoriten einfach auf der Erdoberfläche. Es war noch zu heiß für flüssiges Wasser. Aber im Laufe von ein paar Millionen Jahren kühlte die Erdoberfläche so weit ab, dass das Wasser flüssig blieb. Vor rund 4.2 Milliarden Jahren sank die Oberflächentemperatur auf unter 100°C. Die Eismeteoriten lieferten immer noch Wasser und der erste Ozean entstand. Wir können sagen, dass das gesamte Wasser auf der Erde aus dem Weltall kommt. Mit dem ersten Ozean bildete sich auch der erste Kontinent: Pangaea. Aus diesem Urkontinent entstanden im Laufe von Jahrmilliarden durch die Verschiebung der großen Platten unsere heutigen Kontinente.

Erst vor 3.5 Milliarden Jahren bildete sich das Magnetfeld der Erde. Dieses ist für das Leben unabdingbar. Die Sonne schickt uns nicht nur wärmende Strahlen, sondern auch den Sonnenwind. Er besteht aus geladenen Teilchen, vor allem aus Protonen und Elektronen. Diese Teilchen bewegen sich mit rund einem Drittel der Lichtgeschwindigkeit von der Sonne weg. Wenn sie die Erde treffen, würden sie das Leben darauf zerstören. Treffen allerdings geladene Teilchen – Elektronen sind elektrisch negativ geladen und Protonen sind elektrisch positiv geladen – auf ein Magnetfeld, so werden sie von diesem abgelenkt. Das Magnetfeld der Erde lenkt

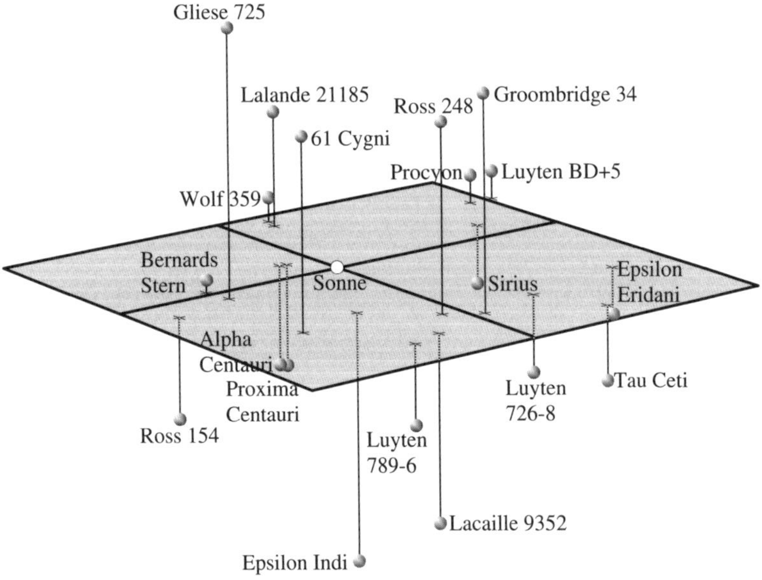

Die Sonnen in unserer unmittelbaren kosmischen Nachbarschaft. Aber bitte bedenken Sie, dass die nächste Sonne Proxima Centauri rund 4.2 Lichtjahre von uns entfernt ist.

die schnellen geladenen Teilchen so ab, dass sie über den Polen auf die Atmosphäre treffen. Dies ist ein wunderschön-schauriges Spektakel. Die schnellen Teilchen treffen die Luftmoleküle und bringen diese zum Leuchten. Dieses Phänomen wird als Polarlicht bezeichnet. Bei dem Leuchtprozess wird radioaktive Strahlung freigesetzt. Zum Glück leben auf den Polen keine Menschen, denn für sie wäre es dort gefährlich, besonders über einen größeren Zeitraum hinweg.

In sechs Milliarden Jahren wird unsere Sonne zu sterben beginnen. In weiteren zwei Milliarden Jahren wird sie sich zu einem Roten Riesen aufblähen. Dabei wird auch das Leben auf der Erde zerstört.

Deshalb sollten wir uns jetzt schon Gedanken machen, wie wir dann das Leben auf der Erde retten können.

Daten über die Erde	
Äquatorradius	6 378.137 km
Polradius	6 356.752 km
Gesamtoberfläche Erde	$5.10 \cdot 10^8$ km^2
Oberfläche Land	$1.48 \cdot 10^8$ km^2
Oberfläche Ozeane	$3.62 \cdot 10^8$ km^2
Volumen	$108.321 \cdot 10^{10}$ km^3
Masse Erde	$5.9736 \cdot 10^{24}$ kg
Masse Atmosphäre	$5.1 \cdot 10^{18}$ kg
Masse Ozeane	$1.4 \cdot 10^{21}$ kg
mittlere Dichte	5 515 kg/m^3
Schwerebeschleunigung am Äquator, g	9.780327 m/s^2
Schwerebeschleunigung an den Polen, g	9.832186 m/s^2
mittlerer Mondabstand	384 400 km
geomagnetischer Nordpol (Stand 1980)	78.8°N, 70.9°W

Entstehung des Universums

Vor rund 13.7 Milliarden Jahren begann **alles**, wirklich **alles**. Vor dem Urknall gab es nichts. In der ersten 10^{-43}-tel Sekunde existierten weder Raum noch Zeit. Das sind ausgeschrieben 0.000 000 000 000 000 000 000 000 000 000 000 000 000 000 1 Sekunden nach dem Urknall. Zu diesem Zeitpunkt war das ganze Universum nur eine extrem kleine heiße „Kugel". Man sollte hier sehr mit dem Begriff „Kugel" aufpassen. Es würde implizieren, dass es ein Inneres der Kugel, unser Universum, und ein Äußeres der Kugel gibt. Aber hier besteht kein Äußeres. Eine Kugel würde auch bedeuten, dass es schon einen Raum gibt, in dem die Kugel eingebettet ist, ein Raum, in dem die Kugel „explodiert" ist. Aber die „Kugel" ist der Raum und die Zeit. Klingt ein bisschen verwirrend, aber wenn man einmal diese Tatsachen akzeptiert, wird das Leben einfacher, zumindest das Leben in der Physik.

Manchmal wird das Universum als Luftballon beschrieben. Wenn man Luft in den Ballon bläst, wird der Ballon größer. Dieses Modell ist anschaulich, hat aber auch seine Schwachstellen. Wo ist nun das Universum? Es ist nicht im Luftballon, sondern wenn man bei diesem einfachen Modell genau sein will, ist das Universum die Luftballonhaut. Diese Luftballonhaut stellt das Raum-Zeit-Gefüge dar, das wir schon vom Gummimattenmodell aus der Relativitätstheorie her kennen – Vorsicht, Modell. Diese Haut hat keinen Anfang oder kein Ende. Leider gibt es bei diesem Modell einen inneren und einen äußeren Bereich des Luftballons, in der Realität hingegen nicht.

Alle Objekte unseres Universums befanden sich zu diesem Zeitpunkt in einem extrem kleinen Bereich, wirklich alles. Zu diesem Zeitpunkt gab es aber noch keine Elementarteilchen oder gar Atome. Diese bildeten sich erst später.

Zu diesem Zeitpunkt, knapp nach dem Urknall, kann man zwischen den vier Wechselwirkungen – der gravitiven, der elektromagnetischen, der schwachen oder der starken – noch nicht unterscheiden. In unserem heutigen Universum treten aber nur geringe Energien auf. Dies lässt sich mit den vier Wechselwirkungen beschreiben. Hätten wir Experimente mit eindeutig größeren Energien, so treten neue Effekte auf, die mit den Formeln für die vier Wechselwirkungen nicht mehr beschrieben werden können. Dann braucht man neue Formeln, um die Welt zu beschreiben. In Experimenten haben wir herausgefunden, dass bei sehr hohen Energien die vier verschiedenen Wechselwirkungen einander immer ähnlicher werden. Daher glauben viele PhysikerInnen, dass unmittelbar nach dem Urknall nur eine Wechselwirkung wirksam war. Leider haben wir bis heute keine Formel, um diese eine Wechselwirkung zu beschreiben. Aber viele Kollegen, vor allem auf dem Gebiet der theoretischen Physik, arbeiten daran. Es wäre für uns viel angenehmer, wenn wir nicht vier einzelne Formeln für die vier elementaren Wechselwirkungen hätten, sondern nur eine Formel für alle Energiebereiche. Man spricht in Fachkreisen von der „Theory of Everything“ (TOE). Die TOE stellt den heiligen Gral für die Physik dar. Zumindest ist es bisher

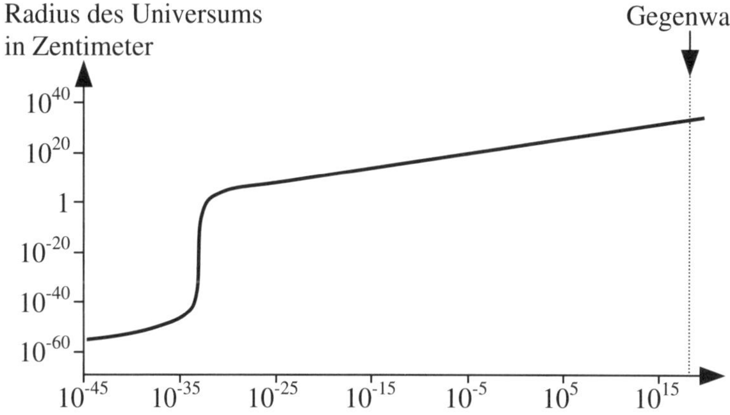

Die Größe des Universums zu verschiedenen Zeiten. Beachten Sie bitte, dass das gesamte Universum einmal nur einen Durchmesser von einem (!) Zentimeter hatte.

gelungen, die elektromagnetische, die starke und die schwache Wechselwirkung miteinander zu vereinigen. Diese Theorie wurde auch schon im größten Teilchenbeschleuniger, dem CERN, überprüft. Man spricht von der „Grand Unified Theory“ (GUT). Aber leider steht in CERN im Moment nicht mehr Energie zur Verfügung, um Experimente für die große Vereinheitlichung durchzuführen. Mit der vierten Wechselwirkung gibt es noch große Probleme. Die Gravitation lässt sich mit den anderen Theorien bislang nicht vereinheitlichen. Aber mit der hat es immer schon Probleme gegeben.

Wenig später, etwa von der 10^{-35}-ten bis zur 10^{-30}-ten Sekunde, hat sich das Universum in extrem kurzer Zeit extrem rasch ausgedehnt. Diese Phase wird als Inflation des Universums bezeichnet. Die „Kugel“ – das Universum – besaß vorher einen Radius von 10^{-55} cm und nach der Phase der Inflation wies es einen Radius von rund einem Zentimeter auf. Dieser Vorgang dauerte etwa 10^{-30} Sekunden. Während dieser Phase entstanden die ersten Elementarteilchen, wie die Quarks, Neutrinos und Photonen. Aus den Photonen, den Lichtteilchen, die eine enorme Energie hatten, wurden die Elektronen und ihre Antiteilchen. Die Antiteilchen der Elektronen werden als Positronen bezeichnet. Sie sind mit den Elektronen in allen Eigenschaften identisch. Aber sie besitzen anstelle einer negativen Ladung eine positive Ladung, die betragsmäßig gleich groß ist. Lange Zeit wurde darüber spekuliert, ob sich Antiteilchen im Schwerfeld der Erde anders verhalten würden. Vielleicht würden die Antiteilchen nicht nach unten fallen, wie es alle anderen „normalen“ Teilchen auch tun, sondern eventuell nach oben „fallen“. Aber viele Experimente haben gezeigt, dass Antiteilchen, genauso wie es die Gravitation vorsieht, einander anziehen beziehungsweise von allen anderen Teilchen, egal welchen, angezogen werden. Die Antiteilchen haben nur eine dem normalen Teilchen entgegengesetzte Ladung. Treffen sich ein Elektron und ein Positron, so hören beide auf zu existieren. Gleichzeitig entstehen zwei Lichtblitze. Diese Lichtblitze, auch Photonen genannt, haben genau dieselbe Energie wie die beiden Teilchen. Es kann sich Materie in Energie umwandeln und umgekehrt kann aus Energie Materie, sprich ein Teilchen und ein Antiteilchen, entstehen. Genau das ist vor rund 13.7 Milliarden Jahren passiert.

Damals standen wir uns alle viel näher. Sie – oder besser gesagt Ihre Atome beziehungsweise die Elementarteilchen, aus denen Ihre Atome bestehen – waren damals sicher den Atomen Ihres Chefs oder Ihrer Familie näher, als Sie es jetzt sind – eine beängstigende und faszinierende Vorstellung.

Rund eine Millionstel Sekunde nach dem Urknall dehnte sich das Universum weiter aus. Dadurch wurden aus den Photonen mit hoher Energie Photonen mit geringerer Energie. Zuerst gab es nur Gamma-Strahlung. Mit der Zeit wurde aus dieser Gamma-Strahlung Röntgenstrahlung und erst später Licht. Heute können wir immer noch Reste dieser Photonen vom Ursprung des Urknalls beobachten. Allerdings sind es heute Mikrowellen-Photonen, die das ganze Universum beleuchten. Das Universum hat sich bis heute immer weiter ausgedehnt und die Energie der ursprünglichen Teilchen ist immer weiter gesunken. Da wir gegenwärtig immer noch diese Lichtteilchen vom Beginn des Urknalls beobachten können, den zuvor besprochenen Mikrowellen-Hintergrund, können wir uns ziemlich genau ausrechnen, wie stark sich das Universum ausgedehnt hat und welche Energie früher geherrscht haben muss.

Nachdem zigtausende Jahre vergangen waren, wurde das Universum nach rund 380 000 Jahren durchsichtig. Es hatten sich schon Wasserstoffatome aus den Quarks und den Elektronen gebildet. Allerdings gab es bisher zu wenig Raum zwischen den Atomen. Die Lichtteilchen konnten sich nicht einfach frei ausbreiten, sondern sie wurden von den Atomen absorbiert und nach einer bestimmten Zeit wieder abgegeben. Erst jetzt war genügend Platz, damit sich die Lichtteilchen größtenteils unbeeinflusst durch das Universum bewegen konnten. Zu diesem Zeitpunkt gab es aber nur einfache Wasserstoffatome. Das Universum dehnte sich weiter aus und die Atome entfernten sich immer weiter voneinander.

Arten von Sonnen im Universum

Spektraltyp	**Masse (Sonne = 1)**	**Leuchtkraft (Sonne = 1)**	**Temperatur (°C)**	**Radius (Sonne = 1)**	**Farbe**	**Lebensdauer (Jahre)**
O5	40	$7 \cdot 10^5$	40 000	18	violett	1 Million
B0	16	$27 \cdot 10^4$	28 000	7	blau	10 Millionen
A0	3.3	55	10 000	2.5	blau	500 Millionen
F0	1.7	5	7 800	1.4	blauweiß	2.7 Milliarden
G0	1.1	1.4	6 300	1.1	weißgelb	9 Milliarden
K0	0.8	0.35	5 300	0.8	orangerot	14 Milliarden
M0	0.4	0.05	3 800	0.6	rot	200 Milliarden

Nach rund 100 bis 200 Millionen Jahren nach dem Urknall bildeten die Atome aufgrund der Schwerkraft dichte Gaswolken. Daraus entstanden gigantische Sonnen. Diese waren um ein Vielfaches schwerer als unsere Sonne. Sie brannten nur eine kurze Zeit. Manche leuchteten nur 25 000 Jahre. Aber im Inneren dieser Sonnen wurde nicht nur aus Wasserstoff das schwerere Helium, sondern es wurden noch schwerere Elemente, wie zum Beispiel Kohlenstoff oder Eisen, fusioniert. Nachdem die Sonnen ausgebrannt waren, explodierten sie. Dabei handelte es sich um eine gewaltige Explosion, in der die Sonnen binnen kürzester Zeit sehr viel von ihrem Material in das All schleuderten. Eine Supernova kann so hell leuchten, dass sie sogar am Tag sichtbar ist. Allerdings muss sich dieses Phänomen in unserer kosmischen Nachbarschaft befinden. Aus diesem abgestoßenen Material bildeten sich rund 200 bis 500 Millionen Jahre nach dem Urknall die ersten Galaxien. Zuerst waren es noch große Staubwolken. Aber mit der Zeit formten sich innerhalb der Staubwolken einzelne große Gaskugeln, die dann zu leuchten begannen. Neue Sonnen wurden geboren und um diese Sonnen kreisten neue Planeten.

Aufgabe: Beschreiben Sie die Entstehung des Universums mit 500 Wörtern und geben Sie drei weitere Beispiele dafür an.

Auch heute dehnt sich das Universum noch aus. Beobachten wir fernste Galaxien, so stellen wir fest, dass sie nicht in einem hellen weißen Licht leuchten, sondern dass wir sie in einem rötlichen Licht wahrnehmen. Man spricht hier von der kosmologischen Rotverschiebung. Betrachten wir den einfachsten Fall: Ein Objekt leuchtet in einem satten Grün. Wenn sich dieses Objekt uns nähert (mit hoher Geschwindigkeit), dann ändert sich für uns die Farbe. Das Objekt leuchtet dann nicht mehr grün, sondern es erscheint uns bläulich. Wenn sich das Objekt von uns entfernt, dann sehen wir das Objekt rötlich. Je schneller sich das Objekt von uns fortbewegt, umso rötlicher wird es. Wenn wir Pech haben, dann bewegt es sich so schnell von uns weg, dass es sogar nur mehr im infraroten Licht leuchtet. Man spricht dann von der Rotverschiebung. Dieses Phänomen kennen wir vom Schall. Wenn sich uns ein Zug nähert, wird der Ton höher, und wenn sich der Zug von uns wegbewegt, nehmen wir einen tieferen Ton wahr. Mit Licht verhält es sich ähnlich. Dieser Effekt wurde von dem Physiker Christian Johann Doppler zuerst entdeckt. Doppler war einer der bedeutendsten österreichischen Physiker und Mathematiker, geboren am 29. November 1803 in Salzburg, gestorben am 17. März 1853 in Venedig. Seit dem Jahr 1851 war er Professor für Physik an der Universität Wien und Direktor des neu gegründeten Physikalischen Instituts.

Jetzt müssen wir aber aufpassen. Oft findet man in der Literatur die Erklärung für das rötliche Leuchten von weit entfernten Galaxien durch den Dopplereffekt. Beim Dopplereffekt bewegen sich die Lichtquelle (Galaxie) und der Empfänger (unsere Teleskope) aufeinander zu oder voneinander weg.

Aber die Galaxien „bewegen" sich nicht von uns weg, sondern der Raum zwischen den Galaxien wird größer, da sich das Universum weiter ausdehnt. Deshalb sehen wir vor allem die weit entfernten Galaxien besonders ausgeprägt rotverschoben. Galaxien, die sich in unserer kosmischen Nachbarschaft befinden, sind kaum rotverschoben, da sich auch weniger „Raum" zwischen diesen Galaxien und uns befindet.

Die Vorstellung, dass sich die Galaxien im Universum voneinander entfernen, ist problematisch, denn es ist die Expansion des Raumes selbst, die die „Galaxienflucht" verursacht. Lebten wir in einer anderen Galaxie, so stellten wir auch dort fest, dass sich alle Galaxien von uns entfernen. Diese Expansion des Universums bewirkt eine „Dehnung" der Lichtwellen. Die Rotverschiebung addiert sich also entlang des gesamten Lichtlaufwegs von einer weit entfernten Galaxie. Sie hängt nicht allein von der Relativgeschwindigkeit von Sender und Empfänger zum Emissions- oder Empfangszeitpunkt ab, sondern von der Expansion des Raumes selbst.

Wie groß ist nun die Expansion des Raumes? Man bestimmt die Entfernung und die Rotverschiebung von mehreren Galaxien. Damit können wir über wirklich große Distanzen bestimmen, um wie viel der Raum größer wird. Die Messungen haben ergeben, dass eine Entfernung im Universum von einer Million Lichtjahre pro Sekunde um 20 Kilometer größer wird. Ein Lichtjahr ist die Entfernung, die das Licht in einem Jahr zurücklegt. Oft findet man auch die Angabe H = 71 Kilometer pro Sekunde pro Megaparsec. Ein Megaparsec (eine Million Parsec) sind 3.262 Millionen Lichtjahre und dieser Abstand entspricht der durchschnittlichen Entfernung von zwei Galaxien. Das bedeutet, dass sich zwei benachbarte Galaxien, egal welche, mit rund 71 Kilometer pro Sekunde voneinander entfernen. Diese Größe H wird als „Hubble-Konstante" bezeichnet. Der Astronom Edwin Powell Hubble (1889–1953) entdeckte die Rotverschiebung der Galaxien als Erster.

Astronomische Einheit	(AE)	1 AE ist die mittlere Entfernung der Erde von der Sonne, entsprechend der großen Halbachse der ellipsenförmigen Erdbahn. Eine AE entspricht 149 597 870 km.
Lichtjahr	(Lj)	1 Lichtjahr ist die Entfernung, die ein Lichtsignal während eines (tropischen) Jahres zurücklegt; der Wert berechnet sich aus der Lichtgeschwindigkeit c im Vakuum und der Dauer des tropischen Jahres: 1 Lj = 9.460 5 · 10^{12} km = 63 240 AE

Parsec	(pc)	Ein Parsec, oder auch Parallaxensekunde, ist die Entfernung, unter der der Abstand Erde – Sonne mit einem Winkel von einer Winkelsekunde gesehen wird: 1 pc = 3.263 3 Lj = 206 264.8 AE = $3.08 \cdot 10^{16}$ m Sterne sind in der Größenordnung von einem Parsec voneinander entfernt.
Megaparsec	(Mpc)	Ein Megaparsec sind eine Million Parsec. Das entspricht dem durchschnittlichen Abstand von Galaxien.

Diese kosmische Expansion hat noch andere weit reichende Auswirkungen. Wenn wir heute in den nächtlichen Himmel blicken, dann sehen wir Sterne. Viele sind sehr weit von uns entfernt. Wenn wir heute ihr Licht sehen, dann sind diese Sterne vielleicht schon ausgebrannt. Obwohl sich das Licht extrem schnell bewegt, braucht es auf kosmischen Distanzen teilweise sehr lange, bis es uns erreicht. Licht, das gerade jetzt in 16 Milliarden Lichtjahren Entfernung zu uns geschickt wird, zum Beispiel von einer kleinen, netten Sonne, kann uns niemals erreichen. Der Raum dehnt sich zu stark aus, sodass uns dieses Licht für immer verborgen bleiben wird. Es existiert ein kosmischer Ereignishorizont und nur Objekte innerhalb dieses Bereiches können wir wahrnehmen.

Wenn es nur so einfach wäre! Es gibt Objekte, die wir gerade mit den besten Fernrohren noch sehen können. Diese weitest entfernten Objekte sind 46 Milliarden Lichtjahre von uns entfernt. Eigentlich steht das im Widerspruch zum vorigen Absatz. Wir können nur Objekte erkennen, die näher als 16 Milliarden Lichtjahre entfernt sind. Tja, jetzt müssen wir wieder genau sein. Als die 46 Milliarden Lichtjahre entfernten Objekte begannen, ihr Licht zu uns zu schicken, was schon vor langer Zeit der Fall war, war auch das Universum noch kleiner. Deshalb kann uns ihr Licht heute noch erreichen. Aber Objekte, die heute zu leuchten beginnen, dürfen nicht weiter als 16 Milliarden Jahre entfernt sein, damit wir ihr Licht bemerken können.

Oft führt die Expansion des Raumes zu der Vorstellung, dass sich auch die Dinge im Raum vergrößern. Das würde bedeuten, dass alle Objekte, bestehend aus Atomen, größer werden würden. Vielleicht ist dies auch der Fall. Mit Physik hat das nichts zu tun, denn einerseits könnten wir dies nicht beobachten, denn auch unsere Messgeräte würden größer werden. Andererseits gibt es auch keine Theorie, die das vorhersagt.

Die Vergrößerung des Raumes bedeutet, dass sich der Raum vergrößert und nicht, dass sich die Elementarteilchen vergrößern. Ebenso wird der Abstand zwischen dem Atomkern und den Elektronen, die sich um diesen befinden, nicht größer. Die dafür verantwortliche elektrische Wechselwirkung ist um ein Vielfaches stärker als die Kräfte, die das Universum auseinander ziehen. Deshalb bleiben Atome und die daraus gebildeten Objekte, trotz der Expansion des Raumes, gleich groß.

Vom Standpunkt der Naturwissenschaft aus ist ein Weltuntergang eher schwierig durchzuführen. Also betrachten wir alle Möglichkeiten:

Das Universum wird untergehen, und zwar in rund 22 bis 26 Milliarden Jahren. Dazu gibt es mehrere Möglichkeiten – die theoretischen Physiker haben sich noch nicht entschieden:

Beim „big crunch“ dehnt sich das Universum aus, um sich wieder zusammenzuziehen und in einem Punkt zu verschwinden.

Beim „big bounce“ dehnt sich das Universum aus, zieht sich auf einen extrem kleinen Punkt zusammen, um sich wieder auszudehnen. Das dürfte dann einige Zeit so dahingehen.

Aber es geht dramatischer. Gefährlich ist der „big rip“. Dabei dehnt sich das Universum so schnell aus, dass zu einem bestimmten Zeitpunkt alles – auch Raum und Zeit – zerreißt, während beim „big freeze“ das Universum sich einfach so lange ausdehnt, bis alle Teilchen nicht mehr wechselwirken.

Eine Supernova in der Nähe der Erde ist im Moment relativ unwahrscheinlich, wäre aber wirklich gefährlich. Bei einer Supernova explodiert ein Stern, und dieses Material würde dann die Atmosphäre der Erde mit sich reißen.

Natürlich könnte auch ein Asteroidenabsturz oder ein massiver Vulkanausbruch – zum Beispiel im Yellowstone-Nationalpark – für die Menschheit bedrohlich werden, genauso wie der Klimawandel. Aber die Menschheit ist wandlungsfähig. Es gäbe sicher einige Milliarden Tote, aber überleben würden wir, und das wäre dann kein Weltuntergang, sondern NUR ein Fast-Untergang der Menschheit.

Wahrscheinlicher ist, dass die Erde durch die Sonne zerstört wird. In rund einer Milliarde Jahre wird die Strahlungsleistung der Sonne so groß sein, dass sie die Atmosphäre der Erde zerstört. Dabei gelangt dann so viel UV-Strahlung auf die Erde, dass diese steril wird. In rund vier Milliarden Jahren wird sich die Sonne so stark ausdehnen, dass die Erde in die Sonne stürzen wird.

Deshalb ist es wichtig, dass wir heute schon darüber nachdenken, wie wir dieses Problem in einer Milliarde Jahre lösen …

Lasst uns die Forschungsmittel erhöhen!

Wie lange braucht es, bis ein Gedanke entsteht?

Was ist ein Gedanke, und gibt es vielleicht verschiedene davon? Die Neurowissenschaften haben in den letzten Jahrzehnten gewaltige Fortschritte gemacht. Das Wichtigste davon begann vor über 100 Jahren.

Camillo Golgi entdeckte eine Färbetechnik, mit der es möglich war, endlich feine Strukturen des Gehirns einzufärben. Das Problem bestand bisher darin, dass man entweder alles oder nichts einfärbte. Schwarze Strukturen sind auf einem schwarzen Hintergrund nur sehr schwer zu erkennen. Aber zum Glück konnte Golgi einzelne Strukturen einfärben, und nun erkannte man unglaublich viele Details, Bahnen, die quer durch das Gehirn verlaufen, geschichtete Strukturen oder auch kleinste Kerne. Golgi färbte einzelne Neuronen ein, obwohl es für diese Strukturen noch nicht einmal einen Namen gab.

Der wohl wichtigste (der Albert Einstein der) Neurowissenschaftler Santiago Ramón y Cajal konnte zeigen, dass das Gehirn aus kleinsten Strukturen besteht. Diese Strukturen wurden dann als Neuronen bekannt. Die wichtigste Erkenntnis von Cajal war, dass die Neuronen einzelne unabhängige Strukturen waren. Diese Neuronen sind durch einen Spalt getrennt. Für ihre Erkenntnisse bekamen Golgi und Cajal im Jahr 1906 den Nobelpreis.

Man kann die Neuronen nach ihrer Funktion oder nach ihrem Aussehen unterscheiden, und man kann über 100 verschiedene Arten identifizieren. Praktisch reicht es aber, dass es zwei Arten von Neuronen gibt: erregende und hemmende. Die erregenden Neuronen, auch als Pyramidenzellen bekannt, besitzen einen pyramidenförmigen Zellkörper. Im Zellkörper werden ausreichend Moleküle für das übrige Neuron hergestellt, und es dient der Regeneration des Neurons. Oberhalb des Neurons befinden sich die Dendriten. Dabei handelt es sich um Äste, die sich in alle Richtungen erstrecken.

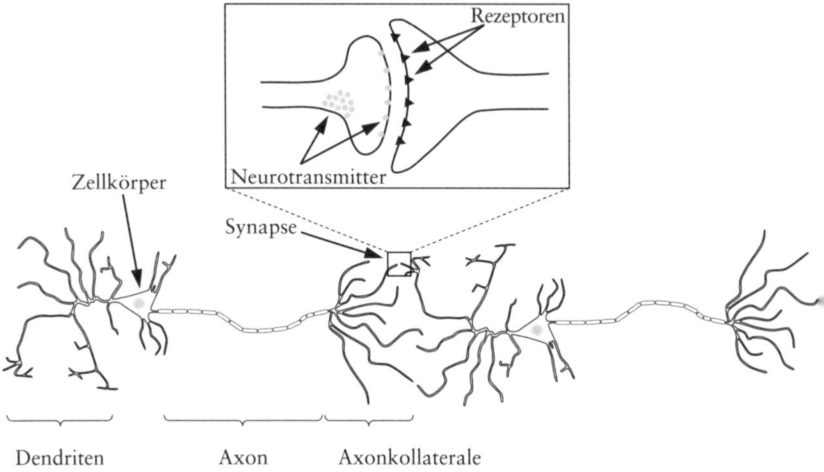

Unterhalb des Zellkörpers befindet sich das Axon, ein langer dünner Strang, der die Signale über größere Distanzen weiterleiten kann. Am Ende des Axons verzweigt es sich wie die Wurzeln eines Baumes. Diese Verzweigungen nehmen dann mit anderen Neuronen, vor allem über die Dendriten, Kontakt auf. Deshalb sind sowohl die Dendriten als auch die Enden der Axone so extrem verzweigt, damit möglichst viele Kontakte hergestellt werden können.

Diese Kontaktstellen haben einen eigenen Namen, sie werden als Synapsen bezeichnet. Man kann zwar sagen, dass die Neuronen die Basisbausteine des Gehirns sind, aber die wirkliche Arbeit und leider auch die Probleme machen in der Regel die Synapsen. An den Synapsen entscheidet sich, ob wir etwas lernen, ob wir an Schizophrenie oder an Depression leiden.

Was passiert dort genau? Ein elektrisches Signal kommt über ein Axon zu den Axonkollateralen. Auf dieser Verästelung befindet sich eine Ausstülpung, die sogenannte Präsynapse. Dort führt das elektrische Signal dazu, dass an der Oberfläche der Präsynapse eine chemische Substanz freigesetzt wird. Diese chemische Substanz, auch als Neurotransmitter bezeichnet, wandert durch den synaptischen Spalt, der 30-mal kleiner ist als die

Lichtwellenlänge von rotem Licht. Die einzelnen Neuronen sind durch diesen Spalt voneinander getrennt. Der Neurotransmitter wandert dann zum anderen Neuron und wird dort an speziellen Rezeptoren gebunden. Dadurch entsteht wieder ein elektrisches Signal, welches über einen einzelnen Dendriten zum Axonhügel wandert. Deshalb ist auch die Verästelung besonders hoch, denn es müssen viele Signale an das Neuron weitergegeben werden. Über 8000 Neuronen versuchen anzudocken. Auch wenn ein Neuron nur wenig Platz dafür braucht – eine Synpase –, so gilt das für 8000 Synapsen nicht mehr. Am Axonhügel werden nun alle Signale zusammengezählt, und wird ein bestimmter Wert überschritten, dann wird ein Aktionspotenzial ausgelöst. Dieses Signal ist besonders stark und wandert über das Axon weiter, und über die Axonkollateralen werden Synapsen …

Wird die Schwelle nicht erreicht, dann verschwindet das Signal im Rauschen des Gehirns und hat keine Bedeutung mehr für die Zukunft.

Damit haben wir die Grundelemente des Gehirns kennengelernt. Nun gibt es verschiedene Bereiche, die für verschiedene Aufgaben zuständig sind. Generell können wir das Gehirn aber in zwei Bereiche unterteilen: die Großhirnrinde und die Kerne, und dann gibt es natürlich noch die Verbindungen und auch die Stützzellen.

Bevor wir uns mit der Großhirnrinde beschäftigen, betrachten wir ein sehr kleines Gebiet der Großhirnrinde. Eigentlich ist es ein Modellgehirn, aber die Prinzipien lassen sich auch auf mehr Neuronen übertragen. Dieses Modellgehirn besteht nur aus neun Neuronen. Diese neun Neuronen bekommen Signale vom „Auge“. Drei Neuronen sind für die Körpergröße zuständig, drei für das Körpergewicht und drei für die Haarfarbe. Jedes Neuron erhält auch Signale von allen anderen Neuronen. Jetzt werden viele der Biologie kundigen LeserInnen entgegnen, dass sich die Großhirnrinde in sechs Schichten aufteile. Das stimmt, ist aber für uns hier unwichtig, denn zwei Schichten brauchen wir, damit dieses Areal besser oder schlechter „denken“ kann, über eine Schicht kommen Signale hinein, über eine andere Schicht kommen Signale heraus –

zu anderen Gebieten – und die anderen beiden Schichten dienen nur dazu, dass alle Neuronen sich gegenseitig mitteilen können, was die anderen gerade tun. Das kann auch unser Modellgehirn, wir zeichnen die einzelnen Verbindungen halt nicht ein, damit es nicht zu kompliziert wird.

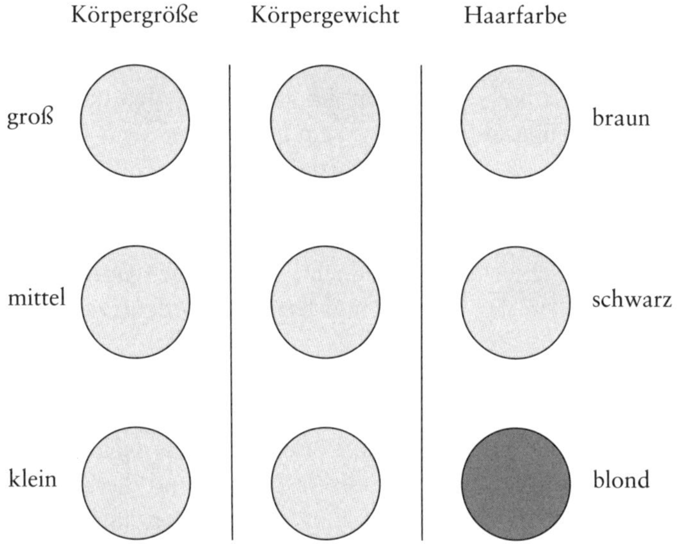

Die Kreise stellen die Neuronen dar, jedes ist für eine bestimmte Eigenschaft zuständig. Das dunkle Neuron ist zufällig gerade aktiv.

Aufgrund der Querverbindungen weiß das Neuron, das für die blonde Haarfarbe zuständig ist, ob das Neuron, das für mittleres Körpergewicht zuständig ist, gerade gefeuert hat. Zur Erinnerung: *Feuern* bedeutet, dass ausreichend viele Signale gleichzeitig am Axonhügel sind, die dazu führen, dass über ein Aktionspotenzial alle anderen Neuronen ein Signal erhalten.

Normalerweise feuern die Neuronen in der Großhirnrinde ungefähr einmal pro Sekunde zufällig. Das entspricht dem Ruhezustand, wenn wir nichts denken oder gerade am Einschlafen sind.

Nimmt aber das Auge eine Person mit Übergewicht und braunen Haaren wahr, so wird das Neuron mit großem Körpergewicht, das Neuron mit normaler Größe und das Neuron, welches die braune Haarfarbe präsentiert, aktiv werden.

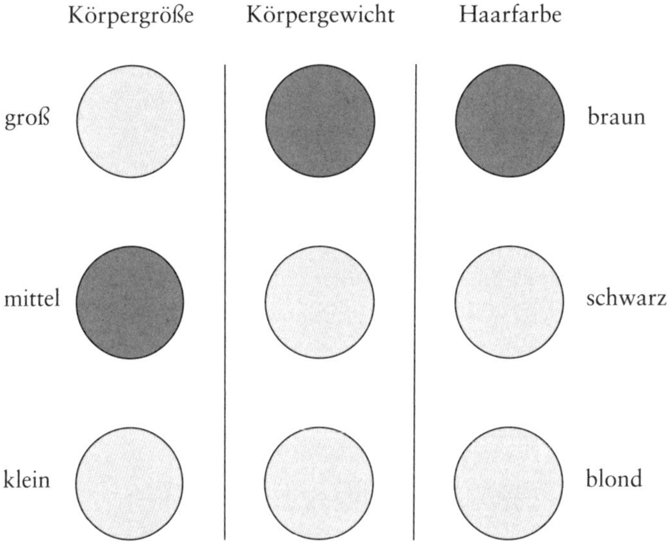

Das Modellgehirn erkennt gerade eine Person mit Übergewicht und braunen Haaren. Die dunkelgrauen Neuronen feuern 40-mal pro Sekunde – sie sind aktiv.

Ist ein Neuron aktiv, dann feuert es. Das bedeutet, dass es rund 40-mal pro Sekunde ein Aktionspotenzial abgibt. Diese drei Neuronen werden aber nicht nur einfach aktiv, sie werden sich synchronisieren, und zwar auf die Tausendstelsekunde. Das heißt, alle Neuronen feuern absolut gleichzeitig. Alle anderen Neuronen verhalten sich dann still.

Wenn sich die drei Neuronen synchronisiert haben, spricht man von einem Gedanken. Würde das Modellgehirn eine Person mit Normalgewicht und brauner Haarfarbe sehen, dann wären die Neuronen für normale Körpergröße und normales Körpergewicht und das Neuron für die braune Haarfarbe aktiv. Das wäre ein anderer Gedanke – andere Neuronen haben sich synchronisiert.

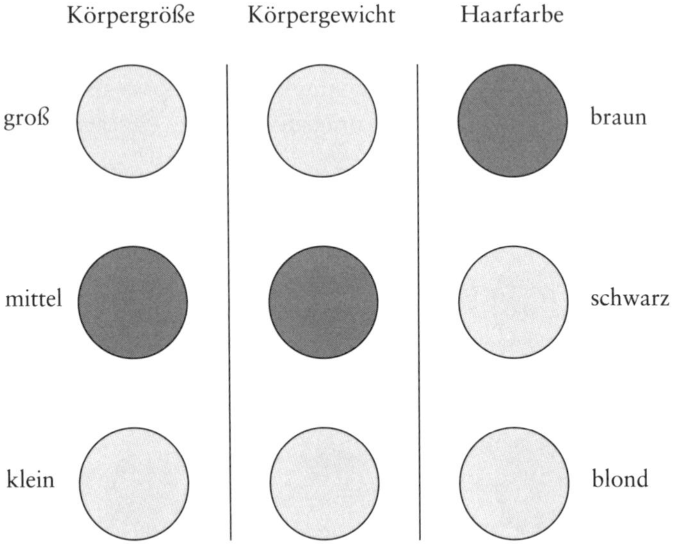

Wird eine andere Person gesehen, so entsteht auch ein anderer Gedanke und andere Neuronen sind aktiv.

Natürlich sind es in der Realität viel mehr Neuronen und manchmal sind diese auch über ein größeres Gebiet verteilt. Die Antwort, ein Gedanke sei „nur“ die synchrone Aktivität von bestimmten Neuronen, klingt doch ziemlich primitiv. Tatsächlich kann dieses Konzept aber mehr.

Sind mehrere Neuronen gleichzeitig aktiv – haben sie sich synchronisiert –, dann verstärken sich ihre Verbindungen, so formulierte Donald. O. Hebb seine Lernregel. Genau das passiert auch. Die Synapsen zwischen den beteiligten synchron aktiven Neuronen steigern ihre Übertragungsrate, das heißt, sie arbeiten viel effektiver. Im Normalzustand hat ein Neuron mitgeteilt, dass es aktiv war, aber durch die Verstärkung bekommt das Signal möglicherweise eine doppelt so große Bedeutung. Es gibt verschiedene Mechanismen, die dafür sorgen, dass dann mehr Neurotransmitter ausgeschüttet wird als normal. Eric Kandel bekam 2000 den Nobelpreis, weil er einen von mehreren Prozessen erklären konnte, bei dem die Synapsen während der Hebb'schen Lernregel ihre Aktivität erhöhen.

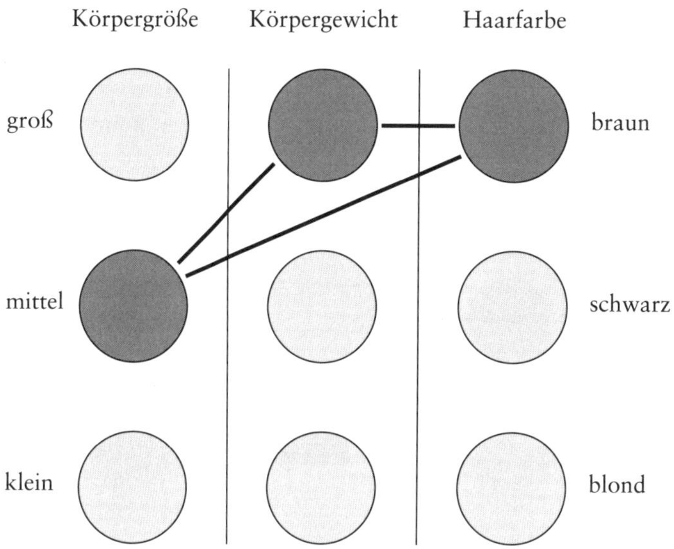

Aufgrund der Hebb'schen Lernregel werden die Verbindungen zwischen den Neuronen verstärkt. Es ist zwar jedes Neuron mit jedem Neuron verbunden, aber diese Verbindungen sind aufgrund der Übersichtlichkeit nicht eingezeichnet.

Welchen Vorteil hat es, dass die Verbindungen zwischen den Synapsen erhöht werden?

Wird zukünftig mehr Neurotransmitter zwischen den Synapsen freigesetzt, bedeutet dies, dass wir den Gedanken, sprich das Bild der Person mit Übergewicht, gelernt haben. *Lernen* bedeutet, dass sich Synapsen verstärken. Das hat den Vorteil, dass wir den Gedanken an die Person mit Übergewicht oder auch an die Person mit Normalgewicht in Zukunft leichter denken können. Der Spruch „Es geht in Fleisch und Blut über" kann durchaus als richtig bezeichnet werden. Es ist nicht das Fleisch oder das Blut, dennoch ist es eine physiologische Veränderung im Gehirn.

Es gibt aber noch einen Vorteil. Stellt man sich die Frage, was das Gehirn kann, so sind die Antworten vielfältig: denken, handeln, lernen, erinnern, entscheiden, fühlen und so weiter. Aber streng genommen kann unser Gehirn nur eines: Mustervervollständigung. Stellen wir uns wieder das Beispiel von vorhin vor, unser Modellgehirn sieht wieder die Person mit Übergewicht, dieses Mal trägt die Person aber einen Hut. Somit erkennt man nicht die Farbe der Haare. Es werden sich von den neun Neuronen nur zwei synchronisieren.

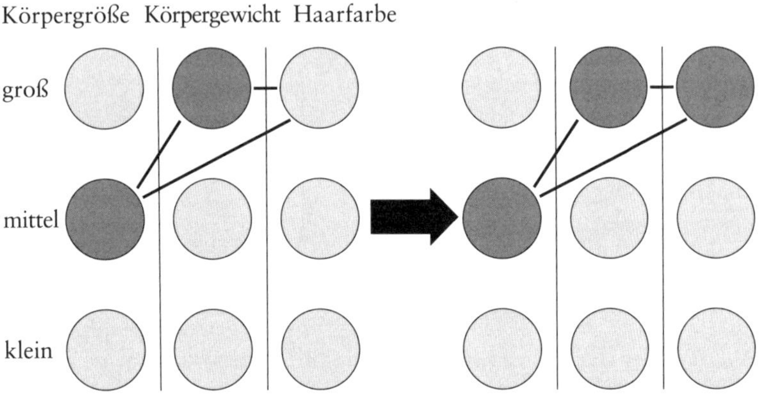

Sind die Verbindungen zwischen den Neuronen stark genug, werden Neuronen dazu-synchronisiert, ein Muster oder auch Gedanke wird vervollständigt.

Das „Haarneuron“ bleibt stumm. Aber durch die verstärkten Synapsen wird nun das dritte Neuron dazu gebracht, sich mit den anderen beiden zu synchronisieren. Obwohl diese Information nicht direkt durch die Sensorik (das Auge) aktiviert wurde, wird es über das bisher Gelernte – die beiden anderen Neuronen – aktiviert. Wir können so weit gehen und sagen, das Gehirn konstruiert sich seine Umwelt.

Diese Mustervervollständigung ist nicht nur ein grafisches Phänomen. Alles, was uns umgibt, ist ein Muster, sei es ein Sprachmuster oder ein Verhaltensmuster. Betrachten wir dazu folgende Aufgabe: 2 + 2 =

Auch das ist ein Muster, es besteht aus vier Symbolen, und eigentlich sollte jeder dieses Muster ganz automatisch vervollständigen. Auch Rechnen ist eine Mustervervollständigung.

Die Synchronisation hat aber leider auch eine unangenehme Seite. Sind ein paar Neuronen synchron, dann werden nach einiger Zeit benachbarte Neuronen dazu-synchronisiert. Nach einiger Zeit würden alle Neuronen im Gehirn sich synchronisieren. Dieser Zustand wird als Epilepsie bezeichnet. Damit es nicht zum Zustand der Supersynchronisation kommt, gibt es hemmende Neuronen. Diese Neuronen geben einen anderen Typ von Neurotransmitter ab, der bei den Pyramidenneuronen die Synchronisation sofort unterbricht.

Die Effektivität der erregenden und der hemmenden Neurotransmitter ist ungefähr gleich groß. Die Synchronisation kann sowohl lokal gehemmt werden bzw. auch global. Zwischen den erregenden Neuronen befinden sich hemmende Neuronen, die nach ein paar Millisekunden Synchronisation diese verhindern. Eine andere Möglichkeit ist die Hemmung durch die Kerne. Diese befinden sich im Innersten des Gehirns und erhalten Signale aus der Großhirnrinde. Damit wissen die Kerne, in welchen Gehirngebieten viel gedacht wird.

Die Kerne können in unterschiedlichen Arealen der Großhirnrinde die Synchronisation unterbinden oder sogar fördern. So gibt es Momente, in denen wir zwar denken, uns aber nicht bewegen können. Man kann sich das so vorstellen: Die Großhirnrinde denkt und sagt den Kernen, was sie zu „fühlen" haben, während die Kerne der Großhirnrinde erlauben, bestimmte Dinge zu denken. Es können aber auch einzelne Bereiche der Großhirnrinde andere beeinflussen. Manchmal sprechen wir schneller als wir denken. Dann möchte der Bereich hinter der Stirn die Neuronen des Sprechareals (auch als Broca-Areal bekannt) an der Synchronisation hindern.

Die Kerne steuern unser Hungergefühl, sagen „uns", wann wir müde werden, und sie sagen uns, welche sexuelle Orientierung wir haben – sprich, auf welche äußerlichen Reize wir wirklich reagieren. Die Kerne geben die grobe Richtung vor, die Großhirnrinde überlegt sich, wie wir dies erreichen.

Damit stellt sich die Frage, wie lange ein Gedanke dauert. Ganz einfach, es hängt davon ab, welcher Gedanke gedacht wird. Erkennen wir ein Gesicht oder ein Bild wieder, kann dies in nur 1/10 Sekunde geschehen, müssen wir uns an etwas erinnern, kann das durchaus 0,3 Sekunden dauern, und denken wir über etwas Komplexes nach, so kann dies bis zu einigen Sekunden dauern – dann sind wir geistesabwesend. Und sind wir höchst konzentriert – befinden wir uns im Flow –, dann geht ein Gedanke in den nächsten über und wir können praktisch nicht abgelenkt werden. Wie das genau funktioniert, wissen wir nicht, aber es wird daran geforscht.

Aber welche Gedanken können wir eigentlich denken? Das hängt von der Großhirnrinde ab. Betrachten wir diese einmal genauer.

Die Großhirnrinde hat eine Fläche von rund 1.5 m^2, ist aber nur rund 2 mm dick. In der Großhirnrinde wird gesehen, gehört und getastet. Diese Informationen können dann ebenfalls in der Großhirnrinde gespeichert werden. Das Verständnis für Sprache wie auch die Grammatik ist ebenfalls dort gespeichert. Einige spezielle Bereiche versuchen zu berechnen, was in den nächsten Sekunden, Minuten oder Stunden passieren wird.

Die Großhirnrinde:

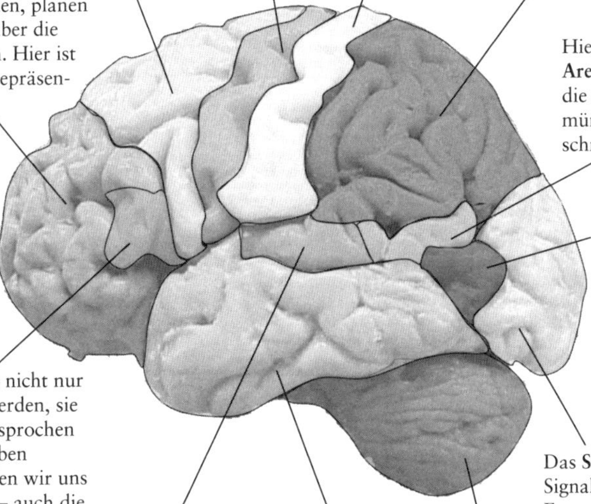

Die Kerne des Gehirns:

Durch den **Balken** werden die beiden Gehirnhälften verbunden.

Fast alle Signale von außen – den Augen, den Ohren, der Haut – müssen durch den **Thalamus**. Er bestimmt, was das Gehirn sehen, hören oder tasten darf.

In der **Zirbeldrüse** wird der Tag-Wach-Rhythmus gesteuert.

Im **Hypothalamus** werden Hunger, Schlaf und die sexuelle Orientierung gesteuert. Über die Hypophyse werden verschiedenste Reaktionen ausgelöst.

Im **Mittelhirn** werden alle Signale für die Bewegungen umgeschaltet. Dort wird auch die Aufmerksamkeit gesteuert.

Die **Brücke** ist für die Aufmerksamkeit und teilweise für die Bewegung wichtig.

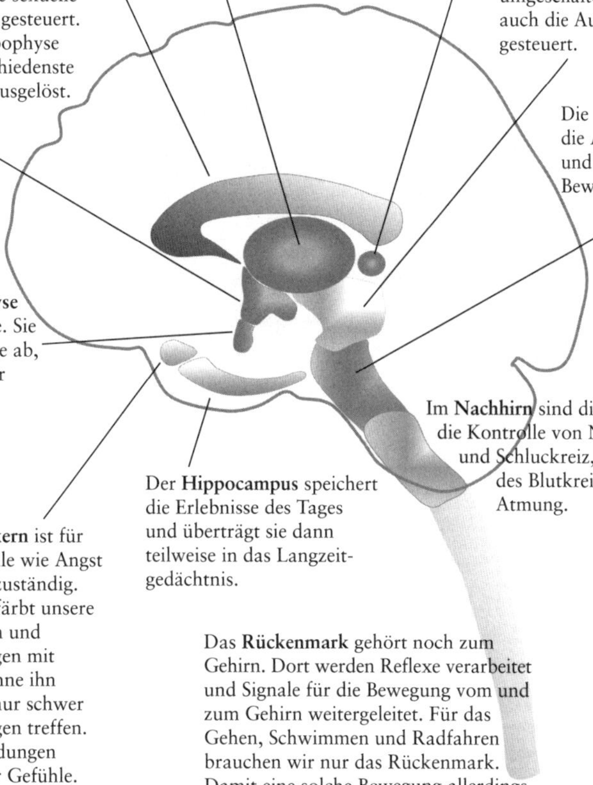

Die **Hypophyse** ist eine Drüse. Sie gibt Hormone ab, die im Körper verschiedene Reaktionen verursachen.

Im **Nachhirn** sind die Zentren für die Kontrolle von Nies-, Husten- und Schluckreiz, die Kontrolle des Blutkreislaufs und der Atmung.

Der **Hippocampus** speichert die Erlebnisse des Tages und überträgt sie dann teilweise in das Langzeitgedächtnis.

Der **Mandelkern** ist für unsere Gefühle wie Angst oder Furcht zuständig. Dieser Kern färbt unsere Erinnerungen und Entscheidungen mit Gefühlen. Ohne ihn können wir nur schwer Entscheidungen treffen. Für Entscheidungen brauchen wir Gefühle.

Das **Rückenmark** gehört noch zum Gehirn. Dort werden Reflexe verarbeitet und Signale für die Bewegung vom und zum Gehirn weitergeleitet. Für das Gehen, Schwimmen und Radfahren brauchen wir nur das Rückenmark. Damit eine solche Bewegung allerdings beginnt, brauchen wir das motorische Zentrum.

Über das Gehirn gibt es viele Vorurteile, hier sind zwei davon:

Wir nutzen 10 % des Gehirns.

Diese Meinung geht auf den Neurowissenschaftler Marie-Jean-Pierre Flourens zurück. Er entfernte Tauben – den Tieren mit Federn – die Schädeldecke, um daraufhin etwas Gehirnmasse herauszuschneiden. Dann kamen die Tiere wieder in den Käfig. Konnten sie noch die Tränke finden und den Futternapf, dann war nach Meinung von Flourens mit der Taube alles in Ordnung. So konnte man über 90 % des Gehirns entfernen, und die Tiere fanden sich im Käfig immer noch zurecht.

Hätte man die Tiere besser untersucht, wäre einem schnell klar geworden, dass diese Tiere in der freien Wildbahn keine Überlebenschance gehabt hätten.

Wir nutzen 100 % des Gehirns, es ist nur eine Frage, was wir daraus machen …

Das Gehirn von Frauen ist besser vernetzt als das der Männer.

Das Gehirn besteht aus zwei Hälften. Das hat den Vorteil, dass viele Arbeitsbereiche doppelt vertreten sind. So bekommt der Bereich in der rechten Hemisphäre, der für das Sehen zuständig ist, genau so viel Information vom linken wie vom rechten Auge.

Die Unterschiede zwischen den Verteilungen der Informationsverarbeitung der Körperhälften sind ausgesprochen gering. Einfach gesagt: Die linke Hirnhälfte weiß, was das rechte Hirn tut, und umgekehrt. Eine große Ausnahme gibt es bei den Männern. Die Männer haben nur ein Sprachzentrum in der Großhirnrinde, während das bei den Frauen auf beide Hälften verteilt ist. Bei beiden Geschlechtern sind gleich viele Neuronen beteiligt, aber eben unterschiedlich verteilt. Um genau zu sein, handelt es sich bei den Frauen nicht um zwei getrennte Sprachareale, sondern nur um eines, das allerdings auf zwei Gebiete aufgeteilt ist. Damit diese beiden Gebiete zusammenarbeiten können, müssen sie gut miteinander verbunden sein. Genau das hat man festgestellt: **Die beiden Sprachareale der jeweiligen Hirnhälften sind stark vernetzt. Ansonsten sind die Hirnhälften beider Geschlechter gleich gut vernetzt.**

Über das Gehirn könnte man noch viel erzählen. Welche Arten von Depressionen es gibt, warum Schizophrenie nichts mit einer gespaltenen Persönlichkeit zu tun hat, warum man erfolgreiche Psychopathen nur schwer erkennt, wie es zu Autismus kommt, und so weiter. Das alles kann man relativ leicht beantworten, aber das wäre dann ein neues Buch …

Witze, über die nur Physiker lachen

Produktwarnhinweis auf einer Waschmaschine:

BITTE BEACHTEN: Aufgrund quantenmechanischer Effekte kann es sein, dass dieses Produkt durch einen Prozess, der als „Tunneln" bekannt ist, von seinem Platz verschwindet und an einer anderen Stelle des Universums wieder auftaucht. Der Hersteller ist für daraus entstehende Schäden nicht haftbar. Der Gebrauchswert ist davon jedoch nicht betroffen.

Und auch etwas für Mathematiker:

Zwei Mathematiker sitzen in einer Bar: Einer sagt zum anderen, dass der Durchschnittsbürger nur wenig Ahnung von Mathematik habe.

Worauf der zweite nicht einverstanden ist und meint, dass doch noch ein gewisses Grundwissen vorhanden sei.

Als der erste kurz einmal die Toilette besucht, ruft der zweite die blonde Kellnerin zu sich und sagt ihr, dass er sie in ein paar Minuten, wenn sein Freund zurück ist, etwas fragen wird, und sie möge doch bitte auf diese Frage mit „ein Drittel x hoch drei" antworten.

Etwas unsicher bejaht die Kellnerin und wiederholt im Weggehen mehrmals: „Ein Drittel x hoch drei …"

Der Freund kommt zurück und der andere sagt: „Ich werde dir zeigen, dass die meisten Menschen doch etwas von Mathematik verstehen. Ich frage einfach die blonde Kellnerin, was das Integral von x zum Quadrat ist."

Der zweite Mathematiker grinst bloß und ist einverstanden.

Also wird die Kellnerin gerufen und gefragt, was das Integral von x zum Quadrat sei. Diese antwortet wie vereinbart: „Ein Drittel x hoch drei."

Im Weggehen dreht sie sich noch einmal um und meint zu den beiden: „Plus c."

Und zu guter Letzt der kürzeste Witz:

$\varepsilon = 0$

Physikalische Basiseinheiten

Es gibt sieben physikalische Basiseinheiten, aus denen sich alle anderen Einheiten herleiten lassen:

Meter (m) Das Meter leitete sich ursprünglich vom Pariser Urmeter, das ungefähr ein Meter lang war, ab. Heute ist es definiert als die Strecke, die das Licht im Vakuum in 1/299 792 458 Sekunden durchläuft.

Sekunde (s) Die Sekunde ist gleich der Dauer von 9 192 631 770 Schwingungen der Strahlung eines Cäsiumatoms unter sehr besonderen Bedingungen.

Kilogramm (kg) Mit dem Kilogramm haben die PhysikerInnen ihre ganz großen Probleme. Ursprünglich sollte 1 kg der Masse von einem Liter Wasser bei 4°C entsprechen. Dies stellte sich aber als zu ungenau heraus, und so wurde ein Platin-Iridium-Zylinder von rund 39 mm Höhe und Durchmesser hergestellt, der per Definition die Masse von einem Kilogramm besitzt.

Ampere (A) Das Ampere ist die Stärke eines zeitlich konstanten elektrischen Stromes, der, durch zwei parallele, geradlinige, unendlich lange und im Vakuum im Abstand von 1 m voneinander angeordnete Leiter von vernachlässigbar kleinem kreisförmigen Querschnitt fließend, zwischen diesen Leitern je 1 m Leitungslänge Kraft von $2 \cdot 10^{-7}$ N hervorrufen würde.

Kelvin (K) Beim Trippelpunkt des Wassers existiert gleichzeitig Wassereis, Wasser und Dampf. Genau bei 0.01°C bei geringem Druck ist dies der Fall. Das Kelvin ist der 273.16te Teil der thermodynamischen Temperatur des Trippelpunktes des Wassers.

Candela (cd) Die Candela ist die Lichtstärke in einer bestimmten Richtung einer Strahlungsquelle, die Strahlung nur der Frequenz $540 \cdot 10^{12}$ Hz aussendet und deren Strahlstärke in dieser Richtung 1/683 W/sr beträgt.

Mol (mol) Das Mol ist die Stoffmenge eines Systems, das aus ebenso vielen Einzelteilchen besteht, wie Kohlenstoffatome in 0.012 kg des Kohlenstoffisotops enthalten sind. Bei Benutzung des Mol müssen die Einzelteilchen spezifiziert sein und können Atome, Moleküle, Ionen, Elektronen sowie andere Teilchen oder Gruppen solcher Teilchen genau angegebener Zusammensetzung sein.

Tabelle der Präfixe – Vorsilben

Es ist angenehmer, sehr große oder sehr kleine Zahlen mit Hochzahlen oder einem Präfix zu versehen. Man kann damit leichter arbeiten. So ist zum Beispiel

1 Kilometer = 1 km = 10^3 m = 1 000 Meter

Tabelle (siehe nächste Seite)

Quelle: Wikipedia, überarbeitet.

Hinweis:

In diesem Buch wird die amerikanisch-wissenschaftliche Notation verwendet. Das bedeutet, Kommata werden durch Punkte dargestellt und die Trennung von Dreiergruppen von Ziffern erfolgt durch ein Leerzeichen: 1 234 567 oder 890 123.

Kürzel	Name	Ursprung		Wert	
Y	Yotta	ital. *otto* = acht	$(10^3)^8 = 10^{24}$	1 000 000 000 000 000 000 000 000	Quadrillion
Z	Zetta	ital. *sette* = sieben	$(10^3)^7 = 10^{21}$	1 000 000 000 000 000 000 000	Trilliarde
E	Exa	gr. *εξάκις*, *hexákis* = sechsmal	$(10^3)^6 = 10^{18}$	1 000 000 000 000 000 000	Trillion
P	Peta	gr. *πεντάκις*, *pentákis* = fünfmal	$(10^3)^5 = 10^{15}$	1 000 000 000 000 000	Billiarde
T	Tera	gr. *τέρας*, *téras* = Ungeheuer, tetrákis = viermal	$(10^3)^4 = 10^{12}$	1 000 000 000 000	Billion
G	Giga	gr. *γίγας*, *gígas* = Riese	$(10^3)^3 = 10^9$	1 000 000 000	Milliarde
M	Mega	gr. *μέγας*, *mégas* = groß	$(10^3)^2 = 10^6$	1 000 000	Million
K	Kilo	gr. *χίλιοι*, *chílioi* = tausend	10^3	1 000	Tausend
H	Hekto	gr. *εκατόν*, *hekatón* = hundert	10^2	100	Einhundert
Da	Deka	gr. *δέκα*, *déka* = zehn	10^1	10	Zehn
			1	1	Eins
d	Dezi	lat. *decimus* = zehnter	10^{-1}	0.1	Zehntel
c	Zenti	lat. *centesimus* = hundertster	10^{-2}	0.01	Hundertstel
m	Milli	lat. *millesimus* = tausendster	10^{-3}	0.001	Tausendstel
Ì	Mikro	gr. *μικρός*, *mikrós* = klein	$(10^{-3})^2 = 10^{-6}$	0.000 001	Millionstel
n	Nano	gr. *νάνος*, *nános* = Zwerg	$(10^{-3})^3 = 10^{-9}$	0.000 000 001	Milliardstel
p	Piko	ital. *piccolo* = klein	$(10^{-3})^4 = 10^{-12}$	0.000 000 000 001	Billionstel
f	Femto	skand. *femton* = fünfzehn	$(10^{-3})^5 = 10^{-15}$	0.000 000 000 000 001	Billiardstel
a	Atto	skand. *arton* = achtzehn	$(10^{-3})^6 = 10^{-18}$	0.000 000 000 000 000 001	Trillionstel
z	Zepto	lat. *septem* = sieben	$(10^{-3})^7 = 10^{-21}$	0.000 000 000 000 000 000 001	Trilliardstel
y	Yokto	lat. *octo* = acht	$(10^{-3})^8 = 10^{-24}$	0.000 000 000 000 000 000 000 001	Quadrillionstel

Wichtige Maßeinheiten beim Kochen

1 Teelöffel [TL], gestrichen voll sind

	3 Gramm Salz
	4 Gramm Zucker
	2 Gramm Kaffee/Kakao, gemahlen
	4 Gramm Mehl

1 Esslöffel [KL], gestrichen voll sind

	9 Gramm Salz
	15 Gramm Zucker
	10 Gramm Mehl, Brösel
	10 Gramm Öl
	15 Gramm Butter
	5 Gramm Kaffee/Kakao, gemahlen

1/8 Liter	8 Esslöffel
1 Messerspitze	ca. 1 Gramm

Eine Viertelliter-Tasse fasst

	225 Gramm Butter
	185 Gramm Öl
	165 Gramm Grieß
	85 Gramm Haferflocken
	225 Gramm Wasser
	110 Gramm Mehl
	200 Gramm Staubzucker (Puderzucker)
	200 Gramm Reis
	185 Gramm Kristallzucker
	130 Gramm Salz

1 kg = 2 Pfund = 100 dag = 1000 g

Stichwortverzeichnis

Biografie

Werner Gruber, geboren 1970 in Ostermiething, ist seit 1997 wissenschaftlicher Mitarbeiter an der Fakultät für Physik an der Universität Wien. Dort gilt er als *der* Experte für alle Fragen der Alltagsphysik. Bereits als 17-Jähriger erhielt er in Linz für die Entwicklung eines dreidimensionalen Bildschirms den „Ersten österreichischen Jugendforschungspreis“, dem zahlreiche weitere Auszeichnungen und Preise folgten. Als Kolumnist schreibt Gruber für verschiedene Zeitschriften wie *Gusto* und *Profil,* er war Redakteur der „Physikalischen Soiree“ bei Ö1 und sprengte mit den Science Busters im ORF alle Quotenrekorde. Seine ebenfalls im Ecowin Verlag erschienenen Bücher *Die Genussformel* und *Wer nichts weiß, muss alles glauben* wurden beide Bestseller. Seit Anfang 2013 ist Werner Gruber Direktor des Planetariums und der Kuffner- und Urania-Sternwarte in Wien.

Die Genussformel
KULINARISCHE PHYSIK
Werner Gruber
ecowin